以德齐家

新时代家训家风研究

杨 威◎著

人民日报出版社

北京

图书在版编目（CIP）数据

以德齐家：新时代家训家风研究 / 杨威著.—北
京：人民日报出版社，2020.8
ISBN 978-7-5115-6507-5

Ⅰ.①以… Ⅱ.①杨… Ⅲ.①家庭道德—研究—中国
Ⅳ.①B823.1

中国版本图书馆CIP数据核字（2020）第158709号

书　　名：以德齐家：新时代家训家风研究
著　　者：杨　威

出 版 人：刘华新
责任编辑：袁兆英
封面设计：中尚图

出版发行：人民日报出版社
社　　址：北京金台西路2号
邮政编码：100733
发行热线：（010）65369527　65369512　65369509　65369510
邮购热线：（010）65369530
编辑热线：（010）65363105
网　　址：www.peopledailypress.com
经　　销：新华书店
印　　刷：河北盛世彩捷印刷有限公司

开　　本：710mm×1000mm　1/16
字　　数：260千字
印　　张：16.5
印　　次：2020年8月第1版　2020年8月第1次印刷
书　　号：ISBN 978-7-5115-6507-5
定　　价：69.00元

文化自信视阈下的中国文化百年发展历程
（代 序）

2016 年 11 月 30 日，习近平总书记在中国文联第十次全国代表大会、中国作协第九次全国代表大会开幕式上的讲话中指出，"实现中华民族伟大复兴必须坚定中国特色社会主义道路自信、理论自信、制度自信、文化自信"[①]，这就是人们所熟知的"四个自信"。相比较而言，"文化自信，是更基础、更广泛、更深厚的自信"。[②] 追本溯源，不难发现，文化自觉和文化自信在中国提出时间较短。文化自觉是 20 世纪 80 年代末兴起的一个概念，许苏民、楼宇烈等进行了初步探索。90 年代末，费孝通先生对"文化自觉"进行了较为深刻的论述，并且引起了强烈反响。而"文化自信"的理论文章则要稍晚些，于 20 世纪 90 年代末才以文题形式出现。进入 21 世纪后，相关研究越来越深入，开始有核心期刊刊发此类研究成果，其影响也日益广泛，例如云杉在《红旗文稿》上对文化自觉、文化自信、文化自强的三篇论述受到了社会广泛关注。五四运动以来，尽管中国文化自信的发展历史很长，但是关于文化自信的研究史却很短，对于中国特色社会主义文化自信的理论自觉则更短。在较短的时间里，文化自信成为中国共产党提出的"四个自信"之一，凸显了加强文化自信建设的必要性与迫切性。

---

① 《习近平谈治国理政》第 2 卷，北京：外文出版社，2017 年版，第 349 页。
② 《习近平谈治国理政》第 2 卷，北京：外文出版社，2017 年版，第 36 页。

回首五四运动以来的百年历程可以发现，中国的文化自信逐渐由低谷走向新的高度。今日的中国特色社会主义文化自信，不是凭空产生的。早在 1921 年之后的革命求索时期，中国共产党人就拥有了对革命文化必胜的文化自信；在新中国成立后，则拥有了对社会主义文化引领的文化自信；在改革开放后，更是拥有了对中国特色社会主义文化必兴的文化自信。

（一）文化坚持：对新文化运动引领的多元革命文化的求索

文化自信的前提是坚持，失去坚持的文化谈不上自信。在新民主主义革命时期，文化自信集中体现为对革命胜利信心锲而不舍的坚持，体现为对民族独立的不懈追求。五四运动之前，近代中国人在文化的迷途中艰难地跋涉，在遭受无数次的失败后终于找到了马克思主义。虽然马克思主义的光芒在当时很微弱，却是黑暗中指引中国走向光明的唯一希望。马克思主义将中国旧有的一切文化逐渐地纳入自身文化体系中，融入中华民族救亡图存的历史任务中。新文化运动高举民主和科学两面旗帜积极宣传马克思主义，此后许多文化纷纷承担起自身文化转型的艰巨任务，并开始逐渐接受马克思主义的思想洗礼，以契合中华民族独立与复兴的需要。

首先，传统文化在反思与坚持中发展。传统文化是中华民族的精神命脉，这是五千年生生不息的根源之一。传统文化生生不息则中华民族命脉不断，在五千年的文明发展史中，中国传统文化从来都是自信满满，以致形成了一种难以改变的惯性。但是到了近代，这种文化自信却陷入了暂时的"迷局"，一些人的自信在世界资本主义和社会主义发展的浪潮中出现动摇，有的人踟蹰徘徊无计可施、茫然不知所措；有的人认为中国百事不如人，主张全盘西化；也有不断坚持、不断创新、不断赋予传统以新生命力的人。赋予传统以新生命力的这部分人，有以"新儒家"身份出现肯定传统文化时代价值的熊十力、钱穆等，也有以无产阶级"革命家"身份出现的毛泽东、周恩来等。尤其是无产阶级革命家及其后继者，他们从传统文化中汲取营养，将马克思主义文化应用到中国具体革命实践中来，以独特的中国理念、中国思维、中国情感、中国意志创造出了具有中国特色的革命文化，实现了中华文化质的飞跃。中华传统文化中的传统革命精神，给无产阶级革命领导人以深刻的智慧启迪。中华民族的革命斗争精神、反抗剥削压迫的抗争精神，是五四运动后中国放弃传统革命方式寻求新的革命方式的精神文化基础。中国农村包围城市道路是马克思主义与中国本土相结合的产物。游击战优于阵地战也是中国特色的革命文化之一，中国革命文化离不开传统革命精神的支撑。传统文化之所以能够成为中国革命文化生长的文化沃土，是因为传统文化有一份坚持，即对自身发展信念的笃定以及对民族崛起的执着追求。因此，传统文化在这一阶段的主要任务就是如何服务于马克思主义中国化，由此成为中国革命文化的组成部分。

其次，无产阶级革命文化在曲折中不断前进。中国的无产阶级革命文化开始于五四运动前后。新文化运动中马克思主义走上中国文化历史舞台，此后无产阶级革命风起云涌，短短30年里我们以愚公移山的精神坚持不懈地移走了"三座大山"，探索出了毛泽东思想进而建立了新中国。中华民族抗争百年，从未放弃成为一个独立民族的自觉追求。追求民族独立、实现民族解放是中国近现代史上一以贯之的主线。这种信心在各种道路的探索中从未间断，在各阶级的求索中从未阻断。中国的无产阶级革命文化是在对民族独立满怀信心的实践斗争中探索出来的。在争夺领导权的斗争中，中国共产党从坚持不懈的斗争中找到了能够带领中国人民取得革命胜利的信心；在与"一次革命论"和"二次革命论"的斗争中科学评价了中国共产党的力量，克服了"一次革命论"的盲目自信转向联合多数反对少数，也克服了"二次革命论"对无产阶级力量及其建立新社会的疑虑。新民主主义革命中，每当革命危机重重，无产阶级革命者都以其对革命必胜信念的坚持而力挽狂澜，使中国革命转危为安。历史证明，对革命失去信心的那些人，最终都被历史无情地抛弃。那些因为失去革命必胜信念和民族独立信心而背叛中国共产党和中华民族的历史罪人，不能代表人民的意志，也不是中国历史的主流，不能以其判定中国革命文化的自信与否。中国共产党代表中国人民的意志，中国共产党的文化自信代表了中华民族的文化自信状态，是衡量当时中国文化自信的主要标准，这样才能充分体现出中华民族的民族精神。

再次，"三民主义"在与无产阶级革命文化合作中消融。五四运动后，由于资产阶级旧民主主义革命的失败使一些"三民主义"的资产阶级文化倡导者，开始搁置道路争议转而依靠无产阶级革命文化寻求救国救民的出路。20世纪20年代初，孙中山提出"联俄、联共、扶助农工"三大政策。此后，随着大革命的失败由无产阶级代替资产阶级完成新民主主义革命任务，部分国民党左派人士逐渐转向中国共产党。旧民主主义革命失败并未使中国人民失去信心，而是拿起实现民族独立的和民族解放的武器，继续坚持斗争。如果说，此前各个阶级的力量各自为政的话，那么，此时中国的各个阶级、各种势力都能够团结起来，共同为实现民族独立和解放而奋斗。究其根本原因，爱国主义是资产阶级"三民主义"、无产阶级革命文化以及中华传统文化三大文化体系的核心，是三种文化理念的价值圆点、价值交点。此外，民族独立、国家富强也是三者的共同价值追求。这个交点汇集了亿万民众的力量，也决定了最终在新中国成立后，曾经的诸多文化能够以和平改造的方式实现制度的最终抉择。

这种文化坚持，究其根本是源于对未来光明前景的信心，源于对革命必胜的坚定信念，更是源于对科学理论的信仰和五千年民族力量的一种持久自信。鲁迅先生曾经高声呐喊："中国人失掉自信力了吗？"针对这一问题，陈先达认为，面对存亡危机时"有些人丧失信心，但深受中国文化精神培育的中国人民并没有失去民族自信"①。可见，这一时期国人的民族文化自信是存在的，只不过是以更为隐蔽的爱国精神、独立精神、自强精神等民族精神和以艰苦奋斗、顽强斗争、不怕牺牲等革命精神体现出来。这种对民族独立信心的坚持，对民族独立能力的自信，是民族独立得以实现的力量源泉。它使中国走上无产阶级革命道路，也使中华民族精神得以彰显。即使在短时间内这种文化自信处于低谷、力量薄弱，但最终却成为一股席卷中华大地的文化洪流，创作出了一篇波澜壮阔

---

① 陈先达：《文化自信中的传统与当代》，北京：北京师范大学出版社，2017年版，第114页。

的革命史诗。在此过程中，如果要说失去自信的话，那么我们逐渐失去的是对封建制度的自信、失去的是对资本主义救中国的自信、失去的是对单纯的农民革命的自信、失去的是对军阀建国的自信，我们没有失去对作为一个共同体的中华民族的自信，而对马克思主义来讲这个过程则是一个不断获得自信的过程。在此过程中，中华优秀传统文化则承担起了马克思主义中国化的历史任务，实现了从文化保守到兼收并蓄的角色转换。我们开始摆脱苏联的经验、模式走向文化自觉、文化独立，民族资产阶级则搁置道路之争逐渐融入民族独立和解放运动之中。在马克思主义的指导下，各种进步文化纷纷摆脱"迷局"，以革命的、大无畏的自信精神大踏步地迈进新中国的大门，成为社会主义的主要建设力量。

（二）文化整合：对社会主义文化引领的多元治国文化的探索

中华人民共和国成立后，诸多文化都开始服务于来之不易的和平。这一时期，文化格局已经发生巨大变化，有的文化被消灭，有的文化被净化，有的文化被大力倡导，也有新的文化被不断创造，从而开创了中国文化发展的新阶段。

首先是新民主主义文化对既有文化的净化。民主的、科学的、大众的文化成为新民主主义社会大力倡导的主流文化，不符合历史潮流的文化或被剔除、或被转化、或被净化。具体而言，第一，殖民主义、大地主、大资产阶级的文化走向消亡。第二，我们不仅将原有的无产阶级文化群体扩大了，还将其他文化群体逐渐净化为无产阶级文化群体。民族资本家逐渐转变为自食其力的劳动者，成为工农大众中的一员，为祖国的繁荣发展献力献策。第三，中国传统文化被反思与重构。近代中国历史上，不少人曾将传统文化不分稂莠地奉为圭臬，甚至在中国革命取得胜利后，仍然有文化糟粕沉渣泛起。于是，扫除封建迷信，宣传科学文化等活动也如火如荼地开展起来。民族精神越来越得到人们的重视，而"吃人"的封建礼教则越来越遭到人们摒弃。传统文化中的优秀成分，诸如自强不息、锐意进取等仍然被保留下来。在被改造的过程中，传统文化的"文化领袖"们越发重视以马克思主义世界观、方法论来净化传统文化，以适应时代发展的客观需要。文化整合的前期，中国社会以传统文化为主要运行机制，因而以批判为主，主要使用"传统文化"一词，而"中华优秀传统文化"则是在批判的后期兴起的一个词语，是对传统文化价值的肯定，并由批判转向弘扬。批判是解构过程，弘扬是建构过程，这既是时势所需，也是自身发展所需。批判不代表不发挥作用，只是隐性作用居多。在中国历史上，许多文化恰似流星转瞬即逝，但传统文化却是自清末以来中华民族一直面临的一个长期的、重大的、复杂的文化问题，以至于对传统文化的创新和转化一直延续到今天。

其次是社会主义文化的快速发展。一是新民主主义文化开始向社会主义文化转变。自1956年"三大改造"基本完成后，新民主主义文化开始向社会主义文化转变，并在思想、制度、文艺、风俗等各个方面的变革中突显出来。其间民族资产阶级思想观念的和平转变，极大地增强了人们对社会主义文化的信心。二是马克思主义与社会主义建设实践总结出来的经验相互结合、相互补益。步入新时期，我们又在解决新问题的过程中积累了一系列新经验、新方法。这些经验方法与马克思主义理论体系也存在一个协调性的问题。只有二者整合得当、协调一致，有所创新，才能真正探索出属于中国人民自己的社会主义文化建设之路。三是本国的社会主义文化与其他社会主义文化建设经验，在借鉴中不断突破、创新。苏联在中国社会主义建设初期具有重要影响，我们在吸收苏联社会主义文化建设经验中获得了自身的快速发展。在"四个自信"探索中，文化自信最后出现，但却是我们能够一直坚持其他自信的精神力量源泉。历史证明，繁荣是中华民族的常态，国家强盛是中华民族的主流，一些人所讲的"文化迷失"[1]或者说"文化自卑"[2]，不过是中华文明历史长河中的短暂阴霾，终将被文化自信的光芒驱散。

再次是中国特色社会主义文化的飞跃。改革开放以后，随着对精神文明、文化建设的重视以及与西方文化的碰撞，我们在反思社会主义文化的基础上，

---

[1] 周伟良：《文化安全视野下中华武术的继承与发展——试论当代武术的文化迷失与重构》，《学术界》，2007年第1期。

[2] 黄有东：《从"文化自卑"到"文化自信"——对"五四"以来中国三次文化宣言的诠释》，《中华文化论坛》，2005年第3期。

逐渐发展出具有自身特色的文化体系。中国价值、中国道德、中国精神不断得到丰富和发展，中国力量、中国自信、中国梦想成为人们的精神追求。社会主义核心价值体系和核心价值观的提出，使马克思主义与中国传统文化的整合达到了新高度，为中国特色社会主义文化建设注入了灵魂。中国特色社会主义文化乃是积数代之功而成——改革开放初期，邓小平同志便将精神文明作为国家建设的重要内容。他指出："要建设社会主义的精神文明，最根本的就是要使广大人民有共产主义的理想，有道德，有文化，守纪律。"①21世纪初，江泽民同志则在党的建设方面提出了党代表先进文化前进方向这一本质属性。党的十六大以后，胡锦涛同志则把中国文化的建设引向深入，探索了文化与市场经济之间的关系，又进一步提出了社会主义核心价值体系，认为应"走出一条有中国特色社会主义精神文明建设新路子"②。随后，在党的十八大报告中社会主义核心价值观被提出。这既是近代以来中国在本土文化的基础上吸收了各种外来文化，经历大规模的文化融合的结果；也是社会主义文化和中华优秀传统文化相融合，从而形成的中国历史上从未出现过的"新文化"。

（三）文化自信：对新时代中国特色社会主义文化的思索

党的十九大指出，中国特色社会主义进入新时代，社会主要矛盾已经发生变化。进入21世纪，文化自信逐渐成为学界关注的热点问题。这与境外反华势力以"中国崩溃论""文明冲突"等唱衰中国、歪曲否定中国的论调有关，个别人或因崇洋媚外、或因思想意志不坚定、或因认识不清开始出现自信迷失、自信涣散的情况。正是在这种背景下，我们才要强调树立中华民族的"文化自信"。党的十八大报告指出，"坚持社会主义先进文化前进方向，树立高度的文化自觉和文化自信"③。特别是在2019年10月，《中国共产党第十九届中央委员会第四

---

① 《邓小平文选》第3卷，北京：人民出版社，1993年版，第28页。
② 《胡锦涛文选》第1卷，北京：人民出版社，2016年版，第222页。
③ 《胡锦涛文选》第3卷，北京：人民出版社，2016年版，第640页。

次全体会议公报》指出："发展社会主义先进文化、广泛凝聚人民精神力量，是国家治理体系和治理能力现代化的深厚支撑。必须坚定文化自信，牢牢把握社会主义先进文化前进方向，激发全民族文化创造活力，更好构筑中国精神、中国价值、中国力量。"①回顾历史，展望未来，我们都能从中得出一个基本结论，那就是一个民族的未来要在文化自信中构筑。而在当下要树立这种文化自信，则需要我们做到不失民族性、创新性和预见性。

1. 不失民族性，立足自身特色坚守文化立场

习近平总书记指出，"有这样伟大的民族，有这样伟大的民族精神，是我们的骄傲，是我们坚定中国特色社会主义道路自信、理论自信、制度自信、文化自信的底气。"②所谓"不失民族性"，就是要依托民族主体、立足民族特色、彰显民族特质、熔铸民族精神、着眼民族未来。立足自身特色本身就是马克思主义与中国本土文化结合的重要方法，其在不同历史时期的表现不尽相同。首先，在革命时期，具体体现为中国特色的革命文化。中国革命道路的独特性、中国革命理论的独特性、中国革命者历史任务的独特性，都使中国革命文化具有了民族性，成为世界无产阶级革命中有别于其他国家革命文化的标志。正是因为有了这一特色，中华民族才能在世界上创造了奇迹，赢得了世界人民的尊重。其次，在新民主主义社会时期，具体体现为具有中国特色的以和平方式进行的社会主义"三大改造"理论。它使我国避免再次陷入战争的泥潭而迅速地进入到社会主义建设模式。毛泽东同志在新民主主义文化纲领中将"民族"一词放在文化定语的第一位，突显了中国特色的重要性。认为"这种新民主主义的文化是民族的。它是反对帝国主义压迫，主张中华民族的尊严和独立的"③文化。最后，在改革开放以来的新的历史时期，中国特色又具体体现为具有社会主义

①《中共十九届四中全会在京举行》，《人民日报》，2019年11月01日。
②《习近平在第十三届全国人民代表大会第一次会议上的讲话》，北京：人民出版社，2018年版，第6页。
③《毛泽东选集》（第2卷），北京：人民出版社，1991年版，第706页。

文化建设的鲜明立场。引导人们将中国特色作为一种自觉、一种自信，进而积极主动地创造、构建中国当代文化。

2. 不失创新性，置身世界文化不断推陈出新

首先，这种创新性体现在对中国特色社会主义文化"原材料"锻造上的创新。中国特色社会主义文化的产生、发展具有一定的历史脉络，是个渐进的过程。这个过程是同世界多种文化交锋撞碰出的新的文化，是经过打磨的文化真知。这些文化既包括资本主义文化、社会主义文化、殖民文化等影响较大的文化，也包括复古主义、全盘西化论、体用之辩等支流思想。中国特色社会主义文化在锻造的初始阶段就经历了百炼成钢、优中选优的过程。这一过程虽然曲折艰难，但却铸就了中国文化的坚毅，增强了中华民族的凝聚力和自信力。正是因为如此，进入新时代后我们才能在这些"原材料"的基础上，以五四运动以来前所未有的文化自信重铸中国文化的辉煌。

其次，这种创新性体现在中国特色社会主义文化发展上的创新。我们用精心锻造出的文化原材料，悉心地打磨中国文化，将社会主义文化与改革开放结合起来，在社会道德、中国精神、核心价值、文化事业和文化产业等方面创造出一系列理论硕果。马克思主义大众化、社会主义核心价值观和社会主义核心价值体系、文化强国战略、文化"软实力"等的提出，使中国的文化发展迈上了新的台阶。文化自信心的不断高涨也使得中国文化更加自信满满地走向世界，孔子学院、中国文化中心等文化项目在众多国家精彩绽放，向世界展示着中国辉煌的历史与当代巨大的成就。

最后，这种创新性体现在与世界文化持续交流中的博采众长。取其精华，去其糟粕。中国特色社会主义文化在自身发展的同时，已经与世界连成一体；在不断吸收人类文明给养丰富自身、提升自我文化活力的同时，也对世界文明、发展模式、世界格局、全球问题等不断提出中国方案——为世界提供一种和平、包容、共享的具有中国特色的当代文化方案。我们不仅在"逆全球化"思潮中提出了"一带一路"倡议，更提出了构建人类命运共同体这一全球治理理念，

彰显了中华文化的独特魅力和强劲生命力。

3. 不失预见性，基于科学理论树立文化自信

习近平总书记指出："人民有信心，国家才有未来""进入了新时代，勤劳勇敢的中国人民更加自信自尊自强"[①]。古语有云，"人无远虑，必有近忧"（《论语·卫灵公》）。所谓"预见性"，是指对中国特色社会主义文化的未来发展有所预见。这种预见性，主要基于以下几个方面来实现：

一是基于人类历史的考察。譬如，在人类历史上爆发的两次世界大战，都是在世界进入资本主义时代发生的。这暴露出资本主义制度的先天不足，既唤醒了沉浸在资本主义幻梦中的中国人，也促使那些迷恋于资本主义美梦的西方世界反观自身的弊病。而社会主义的出现，则是资本主义社会历史、现实矛盾激化的产物，是对资本主义社会制度的彻底否定。在人类历史上，进入资本主义社会后，出现全球范围内的种族奴役，将强盗、海盗奉为英雄，并带来了全球范围内的文化浩劫和种族屠杀。尽管资本主义创造了近代科技文明，但科技文明不仅仅是资本主义制度的专属文明。无论是人类古代诸多的科技发明创造，抑或是社会主义制度下中国的科技创新都证明了这一点。李约瑟在《中国科学技术史》说明了科技不仅存于资本主义制度，而且近代资本主义制度若离开了铁器、指南针等人类的古代科技文明，也不可能创造所谓的资本主义文明。正如马克斯·韦伯所言，"无论如何我们无意坚持一种愚蠢而教条的论点""众所周知的是，某些重要的资本主义商业组织形式比起宗教改革有着更为悠久的历史"[②]。科技显然也比从宗教改革和资本主义有更为悠久的历史。

二是基于科学理论的构建。马克思主义理论是科学的理论，具有科学合理的内在结构，是在对资本主义批判的基础上产生的新理论。它不仅继承了当时

---

① 《习近平在第十三届全国人民代表大会第一次会议上的讲话》，北京：人民出版社，2018年版，第7页。

② ［德］马克斯·韦伯：《新教伦理与资本主义精神》，北京：北京大学出版社，2012年版，第87页。

西方社会的主要思想成果，而且引入了实践的概念，使哲学成为一种实践哲学。实践性使马克思主义被运用到争取各国被压迫、被奴役的无产阶级解放事业中去，实践不再是单纯地与理论相对应的纯粹事实，而是成为一种哲学概念，并在与理论的相互作用中促进了二者的发展，形成了实践、理论再到实践的无限循环的有机统一体系。这种经过多国社会主义实践不断被创造性地发展了的马克思主义理论，及其所形成的毛泽东思想等，以及后来中国社会的强劲发展，更是证明了这一理论对人类未来发展趋势的科学预见。

三是基于多元文化甄别的抉择。开放的文化必然面临多元文化抉择，抉择对象或是文化整体，或是文化局部，或是文化元素等。中国曾经面临的这种抉择不只进行了一次，以资本主义文化为例就有六次之多。第一次，人们单纯地进行科技文化的抉择。在探索伊始，清末"洋务运动"以"科技＋封建制度"为调和，结果归于失败。单纯依靠科技不能完成救国使命，但科技的引入却成为日后中国社会发展的重要起点和助力。第二次是进行国家治理文化的抉择。表现为"维新派"对君主立宪制的尝试以及"革命派"对资产阶级共和制的抉择，最终以康梁"戊戌变法"失败、孙中山"辛亥革命"失败而告终。第三次是在抗日战争胜利后，有一部分人试图选择走资本主义道路，但在历史的大趋势和人民的日渐觉醒下，这种选择被逐渐淹没，解放战争使越来越多的人选择了中国共产党。第四次是在新民主主义社会建设时期，摆在中国人民面前的同样是两条路。但是，曾经选择资本主义道路的人最终也加入无产阶级的社会主义劳动者中去。第五次是在社会主义建设时期。面对东欧巨变引发的国内波动我们坚定地走中国特色社会主义道路。步入新时代，愈发呈现世界多极化、文化多样化的发展态势，过去中华文化曾兼收并蓄、历久弥新，未来中华文化还将与时俱进、革故鼎新，充满自信地走好文化抉择之路。

总而言之，考察五四运动以来的中国文化发展历程，我们不难发现，中华民族的文化自信一直存在，只是强弱程度不同而已。然而，开始关注和研究文化自信，将文化自信上升到理论自觉甚至提升至"民族灵魂""四个自信"的高度，却经历了一个漫长的过程。在文化自信方面，中国文化经历了从文化坚持到文化砥砺，再到文化飞跃的过程，从战乱中的彷徨到和平时期的打磨，再到关于未来发展的可行性、科学性论证，中国的文化发展之路在百年的奋斗中得以铸就，中华文明在千年的文明交锋中得以再造。中国的文化自信不是盲目的宗教狂热，而是在科学的理论支撑下、丰富的历史给养中、实践的卓越成就里，以及意识形态斗争中形成的科学而务实的文化自信。自五四运动后中国文化百年来的曲折发展和与西方文化的相互激荡，相较于中华民族的漫长文明史，不过是短暂的一缕历史烟尘。我们坚信，中华文化必将在未来的自我革新和与世界的文化交流中再续辉煌！

杨　威　张秀梅

2020 年 5 月 8 日

目　录

传统家训文化篇

一、传统家训文化存在与存续的合理性　　　　　　　　　003

　　（一）传统家训文化存在的社会历史条件　　　　　003

　　（二）传统家训文化存续的内在动力　　　　　　　005

　　（三）传统家训文化存续的合理性构建　　　　　　011

二、家训、家风视阈下中国传统家族盛衰周期律　　　　016

　　（一）传统社会"家国同构"下的王朝兴亡与家族盛衰　　017

　　（二）中国传统社会王朝兴亡与家族盛衰的周期律阐释　　019

　　（三）家训、家风视阈下影响中国传统家族盛衰的主要因素　　024

三、中国传统社会的家国情怀　　　　　　　　　　　　031

　　（一）"伦理本位"的家国模式　　　　　　　　　031

　　（二）"家国天下"的道德格局　　　　　　　　　035

　　（三）"信行合一"的现实功用　　　　　　　　　038

四、明代家训德育思想的继承性、民族性与时代性　　　042

　　（一）体现继承性：承续明代家训优秀德育思想的教育理念　　042

　　（二）注重民族性：挖掘明代家训优秀德育思想的精神价值　　045

　　（三）彰显时代性：培育社会主义家庭道德文明新风尚　　048

五、明清家法族规伦理思想及其现代转化　　　　　　　052

　　（一）明清家法族规伦理思想的显著特征　　　　　052

（二）明清家法族规伦理思想的主导精神　　　　　　　　055

（三）明清家法族规伦理思想的借鉴价值与现代转化　　　057

六、传统儒家思想对日本家训的影响及意义　　　　　　　　063

（一）传统儒家思想的教育价值　　　　　　　　　　　　063

（二）日本家训对儒家思想的汲取与传播　　　　　　　　064

（三）日本家训的变异及其影响　　　　　　　　　　　　068

现代家训文化篇

一、新时代家训、家风建构的新向度　　　　　　　　　　　075

（一）新时代为何要注重家训、家风　　　　　　　　　　075

（二）新时代家训、家风建构的主要困境　　　　　　　　077

（三）新时代家训、家风建构的新向度　　　　　　　　　080

二、新时代中华优秀家风道德认同的生发机理　　　　　　　088

（一）新时代中华优秀家风道德认同的空间治理内涵　　　088

（二）新时代中华优秀家风道德认同的生发机理分析　　　091

（三）不断完善新时代中华优秀家风道德认同的空间治理体系　096

三、中国当代家风构建的新范式　　　　　　　　　　　　　102

（一）构建当代家风场域何以可能　　　　　　　　　　　102

（二）实现当代家风场域和惯习的多重统一　　　　　　　104

（三）构建当代家风场域的现实意义　　　　　　　　　　107

四、当代家风"场域—惯习"的运作逻辑　　　　　　　　　110

（一）"场域—惯习"论述要　　　　　　　　　　　　　111

（二）当代家风"场域—惯习"的运作逻辑　　　　　　　114

（三）促进当代家风"场域—惯习"与社会主义核心价值观的同步与契合

　　　　　　　　　　　　　　　　　　　　　　　　　　119

五、新时代家国情怀的现实基础、价值内蕴与基本特征 124

（一）基于中国社会现实阐释新时代家国情怀 124

（二）彰显价值理念、文化自信与优秀品格的新时代家国情怀 128

（三）通达古今、情理相融、万众一心是新时代家国情怀的基本特征 132

六、传统家训文化与高校思想政治教育融合路径探析 136

（一）传统家训文化与高校思想政治教育融合之必要性 136

（二）传统家训文化与高校思想政治教育融合之内在依据 138

（三）传统家训文化与高校思想政治教育融合之路径探析 143

七、新时代家训文化研究的价值、主旨与理路 147

（一）新时代家训文化研究的价值意蕴 147

（二）新时代家训文化研究的主旨 151

（三）新时代家训文化研究的理路 156

八、马克思主义家庭观视阈下的领导干部家风建设 161

（一）马克思主义家庭观体现了自然关系和社会关系的动态统一 161

（二）领导干部的家庭文化建设事关国运民生 164

（三）马克思主义家庭观与领导干部优良家风建设的融合发展 168

家庭伦理文化篇

一、中国传统家庭伦理的主导精神 175

（一）家族利益至上的整体主义 175

（二）贵和：血缘亲情与家庭和谐 179

（三）重礼：别贵贱与明人伦 183

二、中国传统家庭伦理的基本原则 186

（一）中国传统家庭伦理的研究价值 186

（二）中国传统家庭伦理的基本原则 188

（三）中国传统家庭伦理亟须现代转换　　194

三、中国传统家庭伦理的礼法秩序　　196
　　（一）家庭礼法与伦理秩序的维持　　196
　　（二）传统家法族规管辖的伦理范围　　198
　　（三）家庭伦理冲突与家庭的解体　　204

四、传统家庭伦理的近代转型及其动因　　205
　　（一）中国传统家庭伦理近代转型具有重要意义　　205
　　（二）传统家庭伦理近代转型的诸多动因　　206
　　（三）中国传统家庭伦理的近代转型任重而道远　　208

五、中国近代家庭的"道德革命"　　211
　　（一）对封建纲常礼教本质的剖析和揭露　　213
　　（二）对"父为子纲"和"夫为妻纲"的批判　　217
　　（三）中国近代家庭"道德革命"的总体评价　　223

六、现代性的伦理维度与传统伦理的价值重构　　229
　　（一）现代性所指为何　　229
　　（二）中国早期的伦理现代性求索　　230
　　（三）文化反思与传统伦理的价值重构　　232

参考文献　　237

后　记　　245

传统家训文化篇

一、传统家训文化存在与存续的合理性[*]

习近平总书记在 2015 年春节团拜会上强调指出，"不论时代发生多大变化，不论生活格局发生多大变化，我们都要重视家庭建设，注重家庭、注重家教、注重家风"[①]。毫无疑问，家训文化是我国传统文化中的重要组成部分，更是当代家教、家风建设可资借鉴的宝贵资源。为此，本文拟从传统家训文化存在的社会历史条件及其存续的内在动力出发，试图探究传统家训文化绵延数千年而未曾中绝的合理性，并在论证其存续合理性的基础上对家训文化进行一番现代构建。

（一）传统家训文化存在的社会历史条件

法国著名哲学家保罗·利科（Paul Ricoeur）曾指出："历史创造了人，人承受了历史。在很大程度上，不是人创造了历史，而是环境塑造了人的历史。"[②]传统家训文化的存在不仅源于古人的创造，而且源于特定的社会历史条件的塑造。特定的社会历史条件为传统家训文化的产生提供了先决条件，与此同时，传统家训文化的发展又促进了中国传统社会的自我调整与完善。纵观中国社会发展史，我们不难发现，在古代社会，传统家训文化赖以存在的社会历史条件均具

---

* 与关恒合作完成。

① 《中共中央国务院举行春节团拜会 习近平发表重要讲话》，《人民日报》，2015年2月18日。

② 保罗·利科：《法国史学对史学理论的贡献》，王献华译，上海社会科学院出版社，1992年版，第22页。

有某种一致性，其具体表现在以下几方面：

首先，稳定、延续的农耕经济为传统家训文化的产生与发展提供了坚实的物质基础。生产工具与生产技术相对落后的传统社会不论是哪一时期都具有大体相同的自然地理条件，这就构成了中国传统社会特定的生产、生活方式——农耕经济。因此，自给自足的农耕经济始终是中国传统社会的经济基础，其所具有的稳定性与延续性为传统家训文化的产生与发展奠定了物质基础。具体而言，封闭的自然环境、久居的生活状态、"男耕女织"的经营方式，加之尚不发达的交通工具促使农耕经济形成了稳定性的特征。因此，它们的"共存"与"发展"就要依托家族与家族之间、家族成员之间紧密、有序的关系，而维系这一良好关系的方法即是家庭、家族的历史文化积淀与世代传承。

其次，"家国同构"的血缘政治为传统家训文化的产生与传承提供了重要的政治保障。血缘伦理关系及其观念贯穿于中国传统社会的始终，虽然在各朝各代的表现不尽相同，但却影响着中国传统社会的政治、经济、文化等诸多领域。稳定的血缘政治促进了家训文化的繁荣与发展，乱世的政治状态加强了上至帝王将相、下至平民百姓对于其子孙的管束。因此，"家国一体""家国同构"的治理模式为传统家训文化的产生与传承提供了重要的政治保障。此外，在四海鼎沸、内忧外患并存的时代，传统家训文化对于社会的稳定也发挥了重要作用。故而传统家训文化在"分久必合、合久必分"的中国传统社会中具有存在的天然合理性。

最后，儒家思想与传统家训文化相互依存、相辅相成。传统家训文化在封建社会时期能够得以保存并延续的另一个重要原因，即是其本身与儒家思想这一官方主流意识形态的完美结合与统一。一方面，传统家训文化是儒家思想家庭化的有效载体与抓手；另一方面，儒家思想也为传统家训文化提供了基本内核与理论根基。传统家训文化随时代的变迁其内容虽有或多或少的更新，但其所传递的儒家思想精髓却能够一以贯之、始终如一。在育人方面，它倡导儒学的价值追求，弘扬仁、义、礼、智、信的道德标准；在家法方面，它从儒家伦理道德观念出发，以道德评判的标准约束人的行为，以国家法（"王法"）的方式惩戒家庭成员。由此可见，传统家训文化与儒家思想一道维护了封建统治的稳定与社会秩序的"和谐"。因而，不论是帝王官宦抑或是文人墨客的家训，都不乏儒学中"圣人之治"的理想追求，也不乏"仁义礼智信、温良恭俭让"等道德标准，更不乏对于家庭成员的惩戒与责罚。道德标准的统一、国法与家规的统一，在一定程度上反映或呈现了儒家思想与传统家训文化的统一。

值得一提的是，一般而言，任何事物的存在和延续都受到时间和空间两个因素的共同影响，传统家训文化也不例外，其存在亦具有历时性与共时性的二重性。若从"历时性"的角度来看，传统家训文化既具有阶段性的时代具体性，又符合文明发展的历史规律；从"共时性"的角度来看，传统家训文化既具有恒定的本质共通性，又能满足人类文明发展的基本精神需求。

（二）传统家训文化存续的内在动力

虽然传统家训文化几乎贯穿于封建社会的始终，但其内容与形式在历朝历代均不尽相同。除前已提及的特定的社会历史条件而外，能够使之得以存续并发展的核心因素之一，则是传统家训文化自身所蕴藏的内在推动力——主要表现为实践动力、需要动力以及精神动力等。

1. 传统家训文化存续的实践动力

恩格斯在《英国状况·十八世纪》中指出，"文明是实践的事情①。"作为中华文明重要组成部分的传统家训文化，既是实践的产物，又在实践中发展。具体而言，传统家训文化存续的实践动力主要体现在如下几个方面：

其一，实践创造了传统家训文化。马克思、恩格斯在其人类学研究中指出，人类的世界产生于实践。实践在创造物质财富的同时也创造了精神财富，而传统家训文化即是中国古代社会留给后人的一笔宝贵精神财富。因此，传统家训

---

① 《马克思恩格斯全集》（第3卷），人民出版社，2002年版，第536页。

文化自然也是源于实践。首先，古人在实践活动中创造出了传统家训文化赖以存在和发展的社会土壤——物质文明与精神文明等。古人通过实践活动不断提升生产力水平，使经济条件不断改善，家族规模不断扩大，从而为家族的繁衍与血脉的延续提供了条件；古人通过实践活动不断调整和完善伦理规范，使儒家伦理思想体系日趋完备，家庭德育日渐普及，从而为家族的和谐与繁盛提供了条件。其次，古人在循环往复的实践活动中创造了传统家训文化。传统家训文化不是凭空想象出来的，而是古人在具体的包括日常生活实践在内的社会实践活动中创造出来的，即是社会实践的产物。一般看来，传统家训文化在其雏形阶段乃是圣贤一生的经验总结，而这些经验则源于其自身的实践，既包括其个人的经历、思考，也包括其对于他人实践结果的概括与总结。再次，传统家训文化的产生与发展是家庭德育产生与发展的表现，而进行家庭德育的过程即是一种教育实践。因此，正是在这一意义上，本文认为传统家训文化首先来源于特定的实践活动。

其二，传统家训文化在实践中不断发展。传统家训文化能够得以发展的实质即是在实践的检验下不断推陈出新，最终实现对自身的扬弃与创新。因此，实践是传统家训文化得以存续与发展的不竭动力之源。从传统家训文化的形式来看：首先，实践推动家训文化的形式不断向前发展。在中国传统社会，随着生产力的不断发展与进步，传统家训文化也经历着从"口头训诫"到"文字入谱"再到"典籍传世"的几多变迁。其次，实践促使传统家训文化的辐射范围不断扩张。其辐射范围从最开始的帝王皇室到文人墨客再到后来的普通百姓，这一演变的直接动力便是实践。帝王皇室订立家训的成功实践促进了社会各个阶层的效仿，从言传身教，到留文于世，均源于实践的强大动力。从传统家训文化的内容来看：首先，实践活动推动着其内容的不断更新。传统家训文化之所以能够贯穿于中国传统社会的始终，其中一个重要的原因即是其能够随着实践的发展而不断进行自我扬弃。家训文化从最初的制订到修订到再修订的过程，从道德教育到行为规范再到惩戒制度的转向与递演，从简单的家庭德育到与国家道德教化的统一，都是其自身在长期发展过程中不断改变、不断妥协、不断扬弃与不断发展的表现。其次，实践是传统家训文化变革的推动力量。传统家训文化的发展演变——包括内容的更新与形式的嬗变都发生在实践之中。先进的生产力会颠覆传统家训文化中的落后思想，促使其发生变革并与先进的物质文明、精神文明的发展脚步相适应，从而推动传统家训文化加速向前发展。由此不难看出，从实践出发创造出的物质文明、精神文明乃至政治文明共同孕育和涵养着传统家训文化。

2. 传统家训文化存续的需要动力

一般认为，"需要"是一种客观性的存在，所以当下才会有"刚需"一语，而个人、社会抑或是事物其自身的不平衡与缺乏，则是产生需要的原因与动力。显而易见，需要不仅仅是人之特质，同时亦具备社会性。传统家训文化的产生与发展源于需要，但这里所指的需要不仅仅局限于个体的人，于家庭、家族、宗族亦有一种需要。传统家训文化是一种育人之法，是人何以为人、何以治学、何以立世之法；传统家训文化是一种治家之道，是一种在家庭、家族抑或是宗族中的成员所不能逾的"矩"。当然，对于国家而言，传统家训文化更是构建"家国一体"模式的一种需要，它是国与家紧密联系的纽带。具体而言，传统家训文化存续的动力主要来源于以下几方面的需要：

第一，人之本身的需要是推动传统家训文化产生与存续的直接动力或内因。首先，人之本身对于生存与发展的需要促进了传统家训文化的不断完善与发展。传统家训文化不再简单地囿于治学修身与伦理关系维系，而是在继承、总结和概括前人经验的基础上，使之内容更加丰富、体系日趋完善，从而对后世的影响也愈发广泛。其次，如果把传统家训文化落细、落小、落实，也就是落到每一个个体身上就不难发现，个体的需要才是推动传统家训文化存续的最直接动力。毫无疑问，个体是传统家训文化最初的发起者和直接受益者。传统家训文化经由个体的口头传述、笔下落实，再由个体向外逐一传播，最终又反过来作用于每一个个体身上，使之从中受益。传统家训文化旨在使个人的品行更加完备，使个人的利益得到更加公平的分配，也使个人的生存环境和发展空间更为广阔。因此，家庭中个体的推动，无疑有助于传统家训文化的存续与发展。或者换言之，个人的需要乃是推动传统家训文化存续的直接动力。

第二，宗族的需要是推动传统家训文化存续的加速器。传统家训文化不是偶然性的产物，也不是宗族中的某个个体突发奇想或信手拈来的"作品"，它具有较强的历史传承性。进而言之，传统家训文化是传承与扬弃结合的产物，而传承、凝练、扬弃的主体即是家庭或宗族本身。它们根据时代的风云变幻，不断调整、改善传统家训文化中的育人之道；它们根据占统治地位的主流思想的变迁，不断磨砺、锻造传统家训文化中所孕育的基本精神。从和风细雨般的家训指导到雷霆万钧般的家规约束，都是传统家训文化不断扬弃的过程，而这一过程离不开"子子孙孙无穷匮也"（《列子·汤问》）的家庭与宗族常葆璀错之华的需要。毋庸置疑，传统家训文化的存续是追随着时代的脚步而不断摸索前进的，但是在新旧文明的更迭中，其难免要落后于先进文明的发展脚步，而解决这一问题的关键则是宗族的需要。宗族对其自身、对族众、对子孙后代的殷殷期望促使它在文明转换的档口迅速做出改变，使之能够以最快的速度适应社会环境的变迁、主流思想的更迭。宗族不仅需要借助传统家训文化培育子孙成才，还需要借助传统家训文化维系族内安定，更需要借助传统家训文化壮大本族势力。因此，在一定程度上可以说，只要有个体家庭及其所依靠的宗族的鼎力支持，传统家训文化就会尽可能跟上时代的脉搏。

第三，国家的需要是推动传统家训文化存续的保护伞。如前所述，中国传统政治社会的突出特征即是"家国同构"。在这一主导架构下，国家、宗族、个人从宏观来看都具有共同的精神追求、共同的理想人格、共同的处世原则等等，因而在不同家族的家训中，通常均可找到有关上述特征的论述，这就从一个侧面说明了国家需要、宗族需要与个人需要的统一。首先，从传统家训文化的辐射范围来看，其最初肇始于帝王家训——用以训诫皇子皇孙，后被宰相大夫、名臣名儒所效仿，并在统治者的大力支持下推广至市民阶层。不难发现，传统家训文化的缔造者即是统治阶层，其对于皇族成员的训诫自然要先满足国家的需要。其次，传统家训文化在一定程度上与国家法又具有统一性。传统家训文化不仅仅是对于宗族成员的训导，同时也包含了一种特定的宗族法律规范（即"宗族法"或"家法族规"）。对于如何保持宗族的稳定，以及如何解决宗族内部的各种矛盾和问题，传统家训文化无疑起到了重要作用。特别是在"家"的治理中，传统家训文化几乎等同于国家法对于社会成员的规范，甚至约束得更细、更小、更实。最后，根据马克思主义的观点，国家是阶级进行阶级统治的工具，这就说明只要有国家存在，就会有阶级及其统治的存在，而这种统治不能简单地依靠暴力手段，因此，家庭中的道德教育，亦即家训便应运而生。传统家训文化作为道德教育中的基础教育或启蒙教育，只有迎合和满足国家的需要才能够得到推广与发展。传统家训文化之所以能够从先秦时期开始存续千年，主要就是得益于国家的需要与支持。国家需要借助传统家训文化渗透统治意志，需要借助传统家训文化规范民众行为，更需要借助传统家训文化维系社会稳定。因此，国家的需要与庇佑，无疑有助于传统家训文化的存续与发展。

3. 传统家训文化存续的精神动力

传统家训文化存续的精神动力主要来源于以下三个方面，即作为文化胎记的家庭本位观念、作为心理纽带的共通性认知，以及作为理念之桥或反思之镜的批判性思维。

第一，家庭本位观念是传统家训文化存续的文化胎记。家庭本位观念之所以在中国传统文化体系中长期占据主导地位，一方面源于儒家思想的推动，另一方面则来自血缘和地缘关系的影响。它不仅使家庭内部的凝聚力不断增强，同时还能使家族之间不断发生碰撞和进行交流，从而有助于形成较为完善的普适的家训文化。在中国长期的历史发展中，人们的家庭依附观念逐渐增强，以家为本位的思想观念越发根深蒂固，传统家训文化也随之日益丰富和完善。可以说，家庭本位观念与传统家训文化二者始终在共同成长与发展。传统家训文化来源于家庭，尔后应用于家庭并走向社会，最终也将遵循以家庭为本的文化理念从而又回归于家庭。因此可以说，家庭本位观念始终是推动传统家训文化存续下去的不可磨灭的文化胎记。

第二，共通性认知是传统家训文化存续的心理纽带。传统家训文化植根于中国传统社会的丰厚土壤中，它所包含的治家教子、为人处世之道等也始终处于中国文化共同理念的统摄之下。譬如，《姚氏家训》中要求子孙"不能欺""不忍欺""不敢欺"①，以达到"省身克己，庶几乎立行可模。主敬存诚，岂专以置言成范"②的状态；朱柏庐在其《治家格言》中强调："一粥一饭，当思来之不易；半丝半缕，恒念物力维艰"，告诫家人崇尚节俭，拒绝挥霍；高攀龙在《家训》中亦提到"世间第一好事，莫如救难怜贫，人若不遭天祸舍施能费几分。故济人不在大费己财，但以方便存心"③，教诫家人始终以仁爱之心待人，等等。古往今来，虽经世事变迁，但是这种讲诚信、尚节俭和与人为善等共通性认知，不但扎根于人们的家庭生活之中，而且融入普通百姓的血液之中。可见，传统家训文化也正是在这种共通性认知的连接和作用下不断延续和向前发展的。

第三，批判性思维是传统家训文化存续的理念之桥或反思之镜。批判性思维对于传统家训文化的存续主要表现为一种反作用，它不仅有利于构筑起传统家训文化贯通古今、与时俱进的理念之桥，而且有利于搭建起传统家训文化鉴古知今、推陈出新的反思之镜。具体而言，这种反作用主要表现在两个方面：其一，用先进的思想批判旧的不合时宜的传统家训文化，即进行理论的批判。它能够使个体、家族从死板僵化的桎梏中解放出来，从而更好地思考并加以行动以适应现实社会的需要。通过理论的批判，能够使人们更好、更快地理解、接受和顺应新的因时制宜的家训文化。其二，将精神动力转化为物质手段，即进行物质的批判。马克思曾说："理论一经掌握群众，也会变成物质力量。"④由此可见，精神动力的力量不可小觑，它是其他内生动力所无法取代的。因此，要将精神动力转化为普通百姓的物质力量，并以此来改变虽风光不再、但仍旧待吐

①　上海图书馆编：《中国家谱资料选编·家规族约卷》，古籍出版社，2013 年版，第 100 页。
②　上海图书馆编：《中国家谱资料选编·家规族约卷》，古籍出版社，2013 年版，第 106 页。
③　郭齐家、李茂旭主编：《中华传世家训经典》（第 2 卷），人民日报出版社，2009 年版，第 477 页。
④　《马克思恩格斯全集》（第 3 卷），人民出版社，2002 年版，第 207 页。

新枝的传统家训文化。换言之，就是要用先进的思想引导普通百姓打破固有陈旧观念，做到与时俱进，从而推动传统家训文化的不断更新与发展。

（三）传统家训文化存续的合理性构建

基于上述传统家训文化存续的合理性分析，笔者试图对当下的家训文化进行一番现代构建，主要体现在如下几个方面：

1. 转变"整旧如旧"的文化保护理念，实现"活态传承"

虽然传统家训文化的保护和传承一直处于进行时中，但是，传统家训文化的保护理念却没有完全跨越过去时，难以真正实现所谓的"活态传承"。有鉴于此，我们应转变"整旧如旧"的文化保护理念，以确保传统家训文化存续的生命力。当前，随着新媒体、新技术的出现，人们已经大踏步地迈进了新媒体时代。在传统家训文化的存续问题上，应力求处理好"传统"与"现代"之间的关系，最终实现"活态传承"。而若实现"活态传承"，首先就要转变"整旧如旧"的文化保护理念。尽管复原与修缮在一定程度上确实能够达到"以存其真"的目的和效果，但是，文化保护的任务是要不断发现并理解文化保护过程中出现的新变化，从而使文化的延续能够与时俱进，最终实现价值共享与世代传承的统一。"活态传承"并不是单纯地将传统家训文化恢复成旧日的模样，而是在对传统家训文化的表现形式加以重塑之外，更加注重其内容的现代转化及其当代价值的实现。

作为非物质文化遗产之一，传统家训文化的本质属性是"世代相传"，其与物质文化遗产的最大差异就在于它的"活态性"。对于工艺类、表演类的非物质文化遗产，可以采取合理的生产性保护，使文化延续与经济效益、社会效益相结合，在不随意进行商业加工和改造的基础上，实现"活态传承"。然而，并不是所有的非物质文化遗产都可以"生产"出来，如祭典、二十四节气、传统家训文化等等。如果为了商业目的而对这类文化遗产进行加工和改造，就破坏了

"活态传承"的价值意蕴。毫无疑问，传统家训文化乃是中华民族文化遗产中不可分割的一部分，是各个家庭、家族乃至整个中华民族的历史生命在现实社会中的传承与延续。因此，传统家训文化的存续既具有历史性，同时又具有现实性。而所谓"历史性"，是指传统家训文化是在农耕经济、血缘政治和儒家思想的共同影响下，经过长时间的积淀并传承下来的；所谓"现实性"，则是指传统家训文化可以在现实生活中被继承，仍具有强大的生命力，是一种"活"的文化。因此，如果能够确保传统家训文化存续的生命力，就会实现其自身的"活态传承"。

2. 创建理性权威的话语交际模式，实现话语民主

虽然传统家训文化的存续离不开话语交际模式的影响，但是，只有形成理性权威的话语交际模式，进而实现话语民主，传统家训文化才能够充分融入现代社会，做到古为今用。此所谓"话语"，即是在特定语境中围绕某一对象而展开，并对其进行系统构建，以塑造人们相关的知识与价值立场。传统家训文化经由后世子孙的传承，得以进入话语领域，成为知识、价值立场的一部分。因此，其自身的延续与传承也是依靠话语交际模式。从传播学的角度来看，传统家训文化存续的话语交际模式属于深层的话语传播层次。它并非简单的"时刻表达"，也不是结构化的媒介话语，而是承载着意义的文本与讯息，是制造与再造意义上的文化发展过程。它并不仅仅指向具体的实物，而是一种"对世界（或其中某一方面）的言说与理解方式"①。事实上，传统家训文化并不是孤立存在的。它不仅是本领域内的一系列话语组合，而且还与外部更大范围内的话语体系有所关联。随着传统家训文化的发展与延续，其自身的存续也愈来愈向跨学科的综合性方向发展，其存续的建构方式也愈来愈多样化，话语的转换趋势与话语主体的实践活动对传统家训文化的影响更是愈来愈重要。并且，传统家训文化的话语转换往往紧随当时社会的主流话语趋势。然而，不同的话语主体往往会

---

① Jorgensen M, Phillips L.Discourse Analysis as Theory and Method, London:Sage, 2020, p.1.

直接或间接地影响传统家训文化的最终定型与呈现，而传统家训文化的话语转换无疑会直接影响其存续的理念及其模式。因此，充分顺应当前的话语变化趋势，创建合理的话语交际模式至关重要。

英国学者诺曼·费尔克拉夫（Norman Fairclough）在其著作《话语与社会变迁》中指出，当前话语变化的三种趋势分别是话语的"民主化""商品化"和"技术化"。[①] 相比之下，对于传统家训文化的存续更多地强调其话语转换的"民主化"。而所谓话语的"民主化"，则是指消除话语权利的不平等，包括性别的不平等、等级制度等等，进而通过讨论和协商达成行动共识。这一过程体现在传统家训文化上，就是消除传统家训文化中的男尊女卑、宗法等级观念等消极因素，使之成为更具有恒常价值的文化话语。但是，这种在行动中所达成的共识，只是建立在话语主体间相互承认的人际关系的基础之上的，并不是完全意义上的共识。若要实现真正的共同理解或得到认同，依靠的不是强迫，而是理性的裁决，即形成理性权威。这样不仅有利于消除现代社会对于传统家训文化的部分偏见，而且，更有利于传统家训文化从精英制订到平民化延续的流畅运作，从而顺应平民化潮流，实现其从"高贵"到"朴素"的转变。

3. 规范民众的现代生活方式，实现伦理自觉

虽然传统家训文化不具有强制性，甚至不具有合法性，但其始终具有辅助国家法律实行的性质，并可以有效规范民众的生活方式和行为，帮助民众确立个体自我、发展个体自我和实现个体自我，最终实现责任伦理自觉。譬如，在当代社会，有些人将吸毒辩称为一种"亚文化"，有些人盲目渴望"一搏必胜""一夜暴富"，以致道德冷漠、道德滑坡事件层出不穷。对于某些涉毒的明星、青少年或其他人群可以采取法律措施进行惩戒，但是对于其精神层面和道德层面的缺失，就只能借助于社会、家庭规范来进行约束和管理。虽然传统家

---

① 诺曼·费尔克拉夫：《话语与社会变迁》，殷晓蓉译，华夏出版社，2003 年版，第 186-203 页。

训文化中关于惩戒族众、子孙的某些规范和措施在当下看来已然完全不适用，但是这并不意味着对传统家训文化要持全盘否定的态度。传统家训文化中的优秀德育思想可以用来规范民众的现代生活方式及行为，规范不合理的和非正义的个人和集体生活方式。而就帮助民众确立个体自我而言，就是借助于传统家训文化中的合理内核使民众能够自我决断，而不受其他力量和条件的约束与限制，以保证民众对公共事业和公共利益的关心。如果说确立个体自我是实现民众的自主性的话，那么发展个体自我则是实现民众的社会性，也就是民众的个体自我塑造。就帮助民众发展个体自我而言，就是借助于传统家训文化的规范性，使民众具备按照法律规范和社会道德准则进行实践活动的基本素养，使其相互理解，彼此认同。就帮助民众实现个体自我而言，就是借助于传统家训文化中的基本价值理念，使每位民众实现自身的个体价值和社会价值的统一。

传统家训文化对于民众的现代生活方式的规范和约束，最终是要实现民众的责任伦理自觉。从伦理学角度来看，责任伦理就是要求民众"无条件"地对自己的伦理实践行为及其后果承担责任，"责任伦理作为道德原则，它所关注的不是工具理性的'目的—手段'的事实关联，而是承担行动后果的'当为'，即价值关联"[①]。这种价值关联与孔子所提倡的"己欲立而立人，己欲达而达人"（《论语·雍也》）的理念基本相同，主要表现为责任担当意识和温情脉脉的人文关怀。总之，借助传统家训文化对于个体自始至终的规范，既有助于匡正"质胜文则野"（《论语·雍也》）的偏颇，更有助于社会道德风尚的弘扬，从而最终实现个体的伦理自觉。

法国"年鉴学派"创始人之一的马克·布洛赫（Marc Bloch）曾指出，"各时代的统一性如此紧密，古今之间的关系是双向的。对现实的曲解必定源于对历史的无知，而对现实一无所知的人，要了解历史也必定是徒劳无功的"[②]。基于此，我们探究传统家训文化存在的社会历史条件，就是在找寻鉴往知来的历史

---

① 冯钢：《责任伦理与信念伦理：韦伯伦理思想中的康德主义》，《社会科学研究》，2001 年第 4 期。

② 马克·布洛赫：《历史学家的技艺》，上海社会科学院出版社，1992 年版，第 36 页。

依据；我们探究传统家训文化存续的内在动力，就是在找寻其贯通古今的合理内核；而在此基础上所进行的传统家训文化的合理性构建，就是在找寻其能够与时俱进的传承模式。当下，在大力提倡和弘扬优秀家风、积极加强家庭德育建设的背景下，面对传统家训文化的"复兴"，应积极探索与构建其存续的有效方式和途径，从而有助于传统家训文化在新时代的厚积薄发与价值实现。

二、家训、家风视阈下中国传统家族盛衰周期律*

不论是自然科学研究还是人文社会科学研究，均始终致力于规律性的探索和总结，即在纷繁复杂的自然界或社会生活中寻求其中所存在的必然的、本质的、稳定的、反复出现的联系。而周期律作为规律的一种，其表现形式亦成为自然科学研究与人文科学研究的重要命题。所谓"周期律"，顾名思义就是以周期性为标志的变换规律，即在循环往复的过程中所呈现出的规律性、周期性的现象。这一命题在自然科学领域得到了广泛的关注与探讨——著名化学家门捷列夫发现元素周期律[1]标志着化学系统化里程碑的确立；在数学领域中，周期性函数[2]的发现解决了学界诸多难题；在地理学领域中，太阳黑子运动周期性[3]的发现使人们得以更为科学、系统地认识气候的变化规律等等。在人文社会科学领域中，有关周期律的探讨亦层出不穷——不论是对于商业周期[4]（亦称经济周期、景气循环）的探讨，还是对"积累莫返之害"（黄宗羲语）的黄宗羲定律[5]

---

* 与张金秋合作完成。

[1] 指元素的性质随着元素的原子序数即原子核外电子数或核电荷数的递增呈周期性变化的规律。

[2] 对于函数 $y = f(x)$，如果存在一个不为零的常数 T，使得当 x 取定义域内的每一个值时，$f(x+t) = f(x)$ 都成立，那么就把函数 $y = f(x)$ 叫做周期函数。

[3] 太阳黑子的数量会在大致 11 年内持续增长，随后又在大致 11 年中逐渐减少。

[4] 指经济运行中周期性出现的经济扩张与经济紧缩交替更迭、循环往复的一种现象，是国民总产出、总收入和总就业的波动，是国民收入或总体经济活动扩张与紧缩的交替或周期性波动变化。

[5] 指历史上每次税费改革后，农民负担下降一段时间后，又上涨到比改革前更高的水平。

的揭示等等，无一不体现着复杂的社会系统中所呈现出来的周期规律。

基于以上枚举我们不难发现，对于周期律的揭示有利于挖掘影响这一规律变化的基础变量。本文通过对中国传统社会家族盛衰的考察，类比分析王朝兴亡与家族盛衰的本质共通性，并基于家训、家风的独特视角，力图发掘影响家族盛衰周期律的基本要素，以期为当代家教、家风建设提供可资借鉴的致思路向。

在此需要说明的是：其一，"家国同构"乃是中国传统封建社会的基本特征，因而王朝兴亡与家族盛衰具有本质共通性，据此本文将对封建王朝兴亡周期律与传统家族盛衰周期律进行类比分析；其二，本文所探讨的家训、家风与家族盛衰规律的一个重要前提是：应排除家族盛衰的或然事件（如政权更迭等社会环境变迁、发生自然灾害等不可抗力因素）的影响，单纯从家训、家风的视角揭示家族盛衰周期性的本质规律。

（一）传统社会"家国同构"下的王朝兴亡与家族盛衰

"家国同构"是中国传统社会的基本特征之一，在以血缘为纽带的前提下，"家"与"国"的关系便紧密地联系起来，这也是中国传统社会王朝兴亡与家族盛衰具有本质共通性的根源或核心因素。

首先，从家族构成要素来看，处于统治地位的帝王家族自身就如同传统社会中所存在的千千万万家族的镜面反射一般，与其他家族具有共同的基本特征，这主要表现在：其一，从组织形式上来看，帝王家族作为封建社会中所固有的社会组织形式，其本身即是血缘共同体，因而具有与其他家族相同的以血缘为纽带的家族关系；其二，从成员构成上来看，中国传统社会家族成员的构成具有鲜明的等级差别，"男尊女卑""长幼有序"等等均说明了这一点。其主要是源于千百年来儒家思想中所尊崇的"礼"文化，这对帝王家族的影响尤为深远。帝王权威的至高无上性决定了其处于权力金字塔的顶端，其他家族成员的等级依然有序分明——不论是储君与其他皇子间的关系，还是皇后、妃、嫔间的关系都体现着帝王家族内部的等级制度。

其次，从家族文化方面来看，中国传统社会家族文化是统治阶级文化的衍生品。帝王家族的文化引导并催生了臣民家族的文化，家训、家风以及家法族规就是典型的代表，臣民的家训、家风多源于对帝王家训、家风的效仿。与此同时，这些家族始终寄希望于在该王朝的统治下能够得以繁荣发展，因而其规训的内容也无处不彰显着统治阶级的意志，并随皇帝话语、政策制度的变更而不断变化。这些家族的家训、家风更着力于对家族成员行为的规范，其主要内容包含了如何为人、为学、处世等诸多方面。帝王的家族文化中虽然具有更为浓厚的政治色彩，如《尚书》中所记载的有关周武王对其弟康叔所言的《康诰》《酒诰》《梓材》，以及刘邦的《手敕太子文》等，但也仍然注重对于家族成员道德上的引导与约束，《尚书》中的《无逸》即是一个典型的代表。因而我们不难发现，帝王作为家族中的父、兄，其对于子孙后代、旁氏兄弟的引导与训诫同社会中其他家族一样，具有鲜明的家族文化特征。

最后，从家族管理模式的角度来看，主要表现在两个层面：其一，就宏观角度而言，在传统社会中，帝王与臣民的关系就如同父、兄与子、弟的关系，臣民对于帝王的忠诚就如同子、弟对于父、兄的孝悌，而国家的法律就如同家族中的家法族规；其二，从微观角度来看，帝王家族内部与臣民家族内部，其管理模式也具有一致性。在此，笔者试图通过建构中国传统社会"家国同构"模型（见图 A）来说明上述观点。

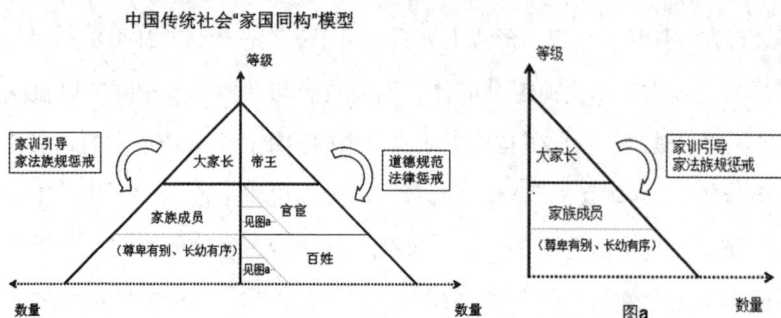

图A

如图所示，在中国传统社会"家国同构"模型中，纵轴代表等级，向上为正，横轴代表数量，从中间向两侧为正，左侧是家族、宗族治理模式，右侧为国家治理模式。从图中可见，传统社会中的等级模式为"帝王—官宦—百姓"，家庭等级模式为"大家长—其他家族成员"。上述等级模式均根据尊卑有别、长幼有序的原则进行内部等级划分，不同的家族或宗族虽有些许个体差异但在本质上具有一致性。在国家治理模式中，帝王相当于家族中的大家长，等级最高也意味着具有最高权威，官宦与百姓相当于家庭中的其他家庭成员，他们之间等级区分鲜明；在家族治理中，大家长通过口头或书面的规范、训诫对家族成员进行引导与约束，并且，随着时代的发展家法族规应运而生。而帝王则借助于社会道德规范来对官宦、百姓加以引导，并通过制定法律进行惩戒。可见，在家族治理模式之中，不论是帝王、官宦还是百姓都有自己所在的家族，且均符合图 a 中的管理模式，故而，传统社会中国家治理模式与家族治理模式具有一致性。基于以上论述我们不难发现，"家国同构"这一基本特征是构成王朝兴亡与家族盛衰具有本质共通性的根本原因。

（二）中国传统社会王朝兴亡与家族盛衰的周期律阐释

自国家建立以来，人们对于自身命运的探讨屡见不鲜，对于历史兴亡周期律的探讨亦比比皆是——或是战国时期邹衍的"五德始终"[①]说，或是西汉司马迁所言"三王（夏、商、周）之道若循环"（《史记·高祖本纪》），无疑都是对历史兴亡问题的反思与探讨。迨及中国近现代，著名爱国主义者和民主主义教育家黄炎培在《延安归来》一书中，更是明确地提出历史周期律这一命题。他言道："'其兴也勃焉，其亡也忽焉'（《左传·庄公十一年》），一人，一家，一团体，一地方，乃至一国，不少单位都没有跳出这周期率（应为'律'，引者注。下同）的支配力。……一部历史'政怠宦成'的也有，'人亡政息'的也有，'求

---

① 战国时期阴阳家邹衍的历史观。"五德终始"指土、木、金、火、水这五种性能从始到终、终而复始地循环运动，邹衍以此作为历史变迁、王朝更替的根据。

荣取辱'的也有。总之没有能跳出这周期率。"①诚然，毛泽东时代的中国业已发现打破历史兴亡周期律的民主新路，习近平总书记对于这一问题的重提更意味着对于该路径的坚守。但"以铜为镜，可以正衣冠；以古为鉴，可以知兴替；以人为镜，可以明得失"。（《魏郑公谏录·卷五·太宗临朝诏群臣》《贞观政要·君道》）因而在"家国同构"的前提下，以家训、家风为视角深入挖掘中国传统社会的王朝兴亡周期律与家族盛衰周期律的本质共通性，对于当代传承家训文化、树立优良家风仍大有裨益。

首先，何为历史兴亡周期律？对于这一问题的考察从古至今不胜枚举，但大都局限于历史观视阈的考察。笔者认为，中国传统社会历史兴亡周期律主要包含两个层面的含义。其一，纵观中国传统社会发展历程，可归纳出王朝以"建立—发展—灭亡—建立—发展—灭亡……"为公式的发展周期，即新王朝的建立不断取代旧的王朝统治，但却始终不能打破被取代的怪圈（参见图B 王朝兴亡的发展周期模型）。通过对历史文献进行一番梳理不难发现，自夏朝建立（约公元前 21 世纪）到清朝灭亡（1912 年），华夏大地上共历 24 朝（入主中原），有史料记载的王朝总计 65 个。就统治时长的角度而言，这些王朝中有如同秦王朝（前 221 年～前 206 年）二世而亡、后汉（947 年～951 年）五年而折的若干短命王朝，也有绵延 800 余年的周王朝（前 11 世纪中期～前 256 年）与 400 余年的汉王朝（公元前 202 年～公元 220 年）。但不论统治时间的长短，最终都逃脱不了被新王朝所取代的命运。就王朝统治的繁荣程度而言，有如同唐代贞观之治的大发展、大繁荣，也有如同弘

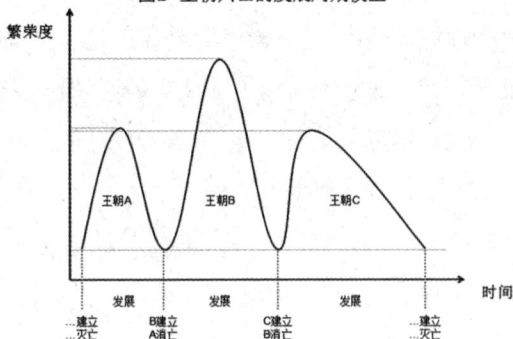

图B 王朝兴亡的发展周期模型

---

① 黄炎培：《八十年来·延安归来》，文史资料出版社，1982 年版，第 148-149 页。

治中兴时代的承平安定，但最终都不能解决社会的根本矛盾。于是，暴力革命充当了缓解矛盾的唯一途径，因而灭亡与新立便成为封建王朝无法更改的定律。其二，系统考察每一个王朝的发展情况，可归纳出这些王朝基本符合以"建立—兴盛—混乱—中兴……—灭亡"为公式的生命周期，即每一个王朝的生命过程都大体遵循：建立之初，礼、法制度初步形成，君臣一心，大多可使得国家繁盛；但历时之久，或君或臣，便惰性发作，由少至多，朝政败坏，纵有少数之君致力于振兴，虽有中兴之主，但大多无力回天，最终难逃灭亡的命运（详见图C王朝兴亡的生命周期模型）。在该模型中，我们不难发现，A代表王朝建立之初，此时百废待兴；B代表该王朝的发展步入鼎盛时期，一般便出现了所谓的XX盛世、XX之治；C代表王朝鼎盛时期过后所陷入的低谷期；D代表少数致力于振兴的中兴之主；E代表王朝的灭亡。同时，在模型图中，①③代表着王朝正发展阶段，而②④则代表着王朝的负发展（衰退）阶段。对于这一模型的解读，有利于本文后续将王朝生命周期与帝王家族的兴衰周期系统地联系起来加以研究。需要说明的是：其一，在中国传统社会中有诸多仅存在不足几十年的短命王朝，在这类王朝中大多未曾出现盛世，但也大体上符合"建立—发展—灭亡"的模型结构。其二，在中国传统社会中有些王朝多次出现了盛世、中兴之态，但每次进入盛世、中兴之前都需要经历发展的过程，而在盛世、中兴之后又将不断衰退并伴随步入低谷状态。因此，不论是多次出现盛世的王朝还是未曾进入过盛世的王朝，其生命周期基本上都以该模型为表征。

图C.王朝兴亡的生命周期模型

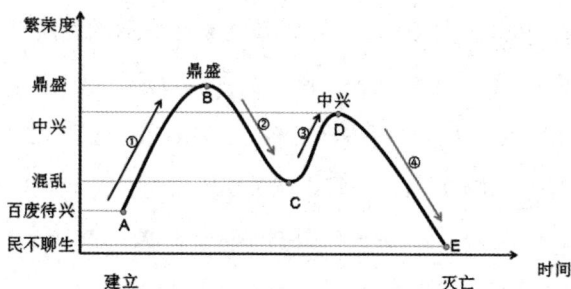

其次，何为家族盛衰周期律？古人有云："欲治其国者，先齐其家"（《礼记·大学》），也说明了传统社会"家国同构"下家族盛衰与王朝兴亡之间本质的、必然的联系。因而，基于对王朝兴亡周期律的基本考察，有利于我们较为准确地把握家族盛衰周期律。在中国传统社会中，不论是"天子—诸侯—卿、大夫—士"的等级序列，还是"士、农、工、商"的阶层划分，无一不体现着鲜明的等级制度。家族作为社会组织形式之一固然也有鲜明的等级色彩，但其所呈现的盛衰周期律却不尽相同。具体而言：

其一，帝王家族盛衰周期律。于帝王家族而言，其盛衰周期与王朝兴亡具有一致性，但王朝兴衰较于帝王家族盛衰而言相对落后，但整体趋势相同。中国传统社会的宗法制度、联姻制度等决定了统治阶级间的家族关系，因而帝王家族是王朝统治阶级的基本组成单元。朝中的主要大臣与皇族间大多具有一定的姻缘或血缘关系，加之以"君权神授"为核心的封建文化所赋予的帝王家族不可侵犯的神圣权威与不可撼动的统治地位，使得帝王家族的盛衰直接影响到国家治理的好坏。甚至可以说，帝王家兴则国兴，帝王家衰则国衰，而影响帝王家族盛衰的根本因素则是帝王家风。纵观中国历史发展，帝王家族大多重视家风建设，因而帝训比比皆是，或是"勿以恶小而为之，勿以善小而不为。惟德惟贤，能服于人"（刘备语）的《敕后主辞》，或是"饬躬阐政之道，皆在其中，朕一旦不讳，更无所言"（李世民语）的《帝范》；或是"志之所趋，无远弗届志之所向，无坚不入"（康熙帝爱新觉罗·玄烨语）的《圣祖庭训格言》等等，都反映出帝王对于家风建设的重视。

在此，我们以颇具代表性的李唐王朝为例：李唐王朝的统治在中国历史上具有划时代意义，政治、经济、文化、军事等各个方面的发展都是空前繁荣的，但也曾因不守帝训、礼乐崩坏而一度陷入混乱。贞观之治更是空前繁荣的唐王朝中最为鼎盛的时期，这一时期"官吏多自清谨，王公妃主之家，大姓豪猾之伍，无敢侵欺细人。商旅野次，无复盗贼，囹圄常空，去年犯死者仅二十九人。又频致丰稔，米斗三钱，马牛布野，外户不闭，行旅自京师至于岭表，自山东至于沧海，皆不赍粮，取给于路。入山东村落，行客经过者，必厚加供待，或发时有赠遗。"(吴兢:《贞观政要》)明宪宗也曾对此做出了高度的评价,他说:"三代以后,治功莫盛于唐,而唐三百年间,莫若贞观之盛。"这种古昔未有的盛世王朝离不开唐太宗李世民所树立的帝王家风,李世民在《帝范》中对于自己一生的为君之道进行了总结与概括,在赐予子孙时,再三嘱托:"饬躬阐政之道,皆在其中,朕一旦不讳,更无所言。"(《帝范》)而唐高宗李治对于《帝范》的遵守,也助其承先帝遗风,开创永徽之治,这一时期的李氏家族也可谓家风优良,人丁兴旺。武周代唐、韦后当朝,弃先王训诫,手足相残,礼崩乐坏,这使得唐王朝一度陷入混乱之局,直到唐玄宗登基,效仿贞观、永徽时期的君主,励精图治,选贤任能,使得政治清明、经济繁荣、百姓安居,再创开元盛世,"玄宗以大孝清内,以无为理外,大宛骥录,岁充内厩,与贰师之穷兵黩武,岂同年哉!"(《旧唐书·卷一百三十八》)唐王朝后期所经历的混乱与中兴在此不做赘述。但纵观中国王朝历史,不难发现,每当提及亡国之主,多数以违背祖训、纨绔暴虐之恶名,而每当提及盛世之主多以勤政、纳贤、节约之美名,因而帝王家族盛衰与王朝兴亡周期律具有一致性。

唐代帝王家族李氏发展模型

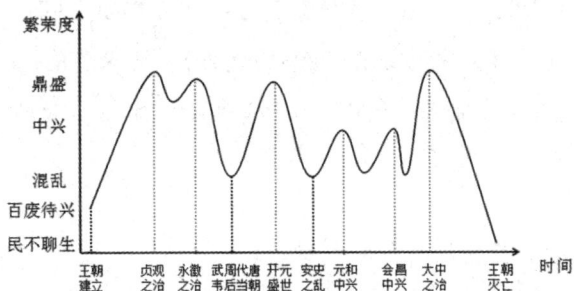

其二,臣民家族兴衰周期律。相较于帝王家族而言,中国传统社会的臣民家族主要包含书香门第、文宦之家、平民家族、商贾世家等等。以"男耕女织"为特征的自给自足的农耕经济催生了"重农抑商""重本抑末"的政策,并由此形成了"士、农、工、商"的阶层分化,书香门第、文宦之家、平民家族、商贾世家等家族也便应运而生。这里需要说明的是,中国传统社会中始终倡导"学而优则仕",加之自隋唐时期开始,以科举制为核心的选官制度盛行,使得书香

门第与文宦之家大多具有很强的相关性。毋庸置疑，纵观中国传统社会，不论是书香门第、文宦之家还是商贾世家等家族的发展都始终不能打破盛衰周期律，即每个家族都会经历"产生—发展—鼎盛—落寞"的生命周期。若排除诸如战争、灾害等不可抗力的因素外，究其根本主要还是缘于家风、家训的影响。

（三）家训、家风视阈下影响中国传统家族盛衰的主要因素

前文对于家族盛衰周期律进行了较为详尽的阐述，旨在探讨影响家族盛衰的主要因素。首先，对于以"家国同构"为表征的中国传统社会而言，家长制是家族治理的基本模式，因而作为家族的核心成员，大家长在家族成员中的权威不容忽视，其所具有的率先垂范作用是影响家族盛衰的首要因素；其次，家训文化是由诸多相互联系、相互影响的要素所构成的系统，它对于家族成员的影响是潜移默化、深远持久的，因而家族成员对于家训系统中各个要素的实践，是影响家族盛衰的重要因素；再次，与时俱进是家训文化的基本特征，因而家训文化并非一成不变，而是随着政治、经济制度的变迁，以及统治阶级意识形态的变化而不断推陈出新，故而家训系统中的各个要素也应因时、因地而不断发展变化。总之，坚持优秀家训文化的传承，是对于"本来"的一脉相承；坚持家训文化的与时俱进，是对于"未来"的积极进取。因此，传承并发展家训文化是影响家族盛衰的重要环节。

1. 家族核心成员的权威与率先垂范

家族核心成员，顾名思义即在家族内部具有重要或特殊地位的成员，换言之，即为家族发展的关键人物。而在中国传统家族中，所谓的核心成员主要是指大家长。大家长无疑是家长制的产物，是血缘纽带下利益关系的协调者，家族风气的引导者。路易斯·亨利·摩尔根（Lewis Henry Morgan）在其著作《古代社会》中，深入探讨了古代社会中人类团体发展的过程，即"氏族—胞族—部落—部落联盟—民族、国家"。而家长制主要产生于父权氏族社会，是家长

具有绝对权威与权力的家庭治理模式。在中国，家长制贯穿于传统社会之始终，其产生及发展先后经历了三个阶段：①萌芽阶段，即夏商周时期。这一时期的生产力相对低下，以井田制为核心的经济制度使得家族内部需要通过协作以实现利益共赢，因而调节协作关系的家族核心成员便应运而生了。与此同时，以血缘为纽带的宗法制度的出现，系统地规定了家族成员间的政治隶属关系与家族等级关系，家长权威随之萌芽；②初始阶段，即春秋战国时期。随着生产力发展水平的提高以及私有制的出现，井田制与世卿世禄制逐步瓦解，以家庭为单位的农耕经济开始确立，家庭成员间的人身依附关系得以增强，家长权威也随之确立；③发展完善阶段，即秦汉至明清时期。这一时期的经济形态稳定，政治制度趋同，思想文化相对统一，因而家族发展也具有相对稳定性。家长在家族中的权威得到了进一步的巩固与加强，转而成为家训、家法族规的"制订者"与"审判官"。值得一提的是，民国时期对于大家长的家族权威与垂范作用仍十分看重，诸如《民法·亲属》第1123条中即规定："家置家长。同家之人，除家长外，均为亲属。家务由家长管理。"综上所述可以看出，家长制是传统中国家族治理的重要组成部分，因而也是影响家族盛衰的重要一环。

纵观中国家族发展史，不难发现，大家长在一个家族中具有举足轻重的地位。这主要是因为其在家族治理中始终掌控着绝对权力，并代表着最高权威。不论是"家无二主，尊无二上"（《礼记·坊记》），抑或是"父，至尊也"（《礼记·丧服传》）都说明了这一点。首先，在经济上，"父母存……不有私财"（《礼记·曲礼》），"凡为人子者，毋得蓄私财。俸禄及田宅收入，尽归之父母，当用则请而用之，不敢私假（借），不敢私与"（司马光：《涑水家书议》），充分说明了大家长掌握着家族经济的实际操控权，并具有绝对的财产占有权。而经济上的绝对占有和操控不仅是维系家长制的物质基础，更等同于握紧了每一个家族成员乃至整个家族的经济命脉。由此可见，大家长具有影响家族兴衰荣辱的决定性力量。其次，在思想上，孝文化是中国传统文化中极为重要的组成部分，不论是"凡诸卑幼，事无大小，毋得专行，必咨禀于家长"（朱熹：《朱子家礼》），还是"事父母几谏，见志不从，又敬不违，劳而不怨"（《论语·里仁》）等等，都为家长权威提供了强有力的伦理支撑。加之大家长始终掌握着家训、家法族规内容的修订权、实施的监督权，因而大家长又成为影响家族成员思想的核心人物。在这种思想权威的倚仗下，大家长从思想上掌控着家族成员，直接或间接地引导着每一个家族成员乃至整个家族的发展走向和思想定位。由此亦可看出，大家长具有影响家族兴衰荣辱的决定性力量。再次，在行为上，家族成员从"识人颜色"（颜之推：《颜氏家训》）起即开始效仿大家长的一言一行，从机械模仿到内化于心、外化于行，为人处世、待人接物不无带有大家长的影子。晋人杨泉曾言"上不正，下参差"（《物理论》），其中"上梁不正下梁歪"的俗语直至今日仍广为流传，这充分体现了大家长的权威与率先垂范作用在家族发展中的重要意义。若大家长仅从思想上灌输家训内容，而不身体力行、率先垂范，对家族成员的影响就是事倍功半；若大家长能够言行合一、率先垂范，则是提纲挈领、事半功倍。相反，若大家长言行不一，家族成员只会上行下效，家族的衰败也就为期不远矣。因而，家族核心成员不仅是凝聚一家一族的中坚力量，更是决定家族兴衰荣辱的首要因素，其权威与率先垂范作用在传统家族治理中的意义由此可见一斑。

2. 家族成员对家训文化的系统实践

何为系统实践（System Practice）？本文主要强调的是系统对于实践的要求。首先，我们应当探讨何为系统（System）？系统一词源于古希腊，其大意为：由部分而构成的整体，但相对于整体而言，系统内部的要素间具有稳定的联系，并相互影响、相互作用。一般系统论（普通系统论）的创始人贝塔朗菲（Bertalanffy）阐释了系统的定义与内涵。他认为，所谓"系统"即是一个综合体，而构成这一综合体的则是相互联系、相互作用的诸多元素。[①]故此，对于家训文化而言，其本身即是一个系统。该系统中的要素构成因家族不同而有所

---

① 参见冯·贝塔朗菲：《一般系统论：基础、发展和应用》，林康义、魏宏森等译，北京：清华大学出版社，1987 年版。

变化，但在整体上则呈现出共同的状态，这种状态我们称之为家风。其次，何为实践？恩格斯在《英国状况·十八世纪》中指出，"文明是实践的事情"[①]。因此，家训文化作为中华文明的重要组成部分，在家族的生活实践中产生、发展，同时也指导着家族成员的具体实践。综上所论，所谓对于家训文化的系统实践，即是强调家族成员应当以家训文化系统中的各个要素为指导而进行日常的行为活动。具体而言：

首先，从家训系统来看，不同家族的家训系统具有不同的表征。其一，构成要素。不同家族家训系统的构成要素不尽相同，但却始终围绕着修身、处世、为学、治家等方面而展开。诸如以治家、风操、勉学等为内容的《颜氏家训》，以和、衡、信、需、均、真、义、正为思想内核的徽商家训等等。这些家族之所以能够经久不衰，可以说也得益于家训内容本身的系统化与全面化。因而，将家训内容条理化、系统化，使之形成一个适用于整个家族道德上、精神上的价值体系是影响整个家族盛衰的重要因素。其二，家风类型。不同家族的家训文化孕育了不同的家风，而家风即是其家训文化的总体表征。不论是"克勤克俭，虽愚好读"的无锡钱氏家族，还是"稳健谨慎，实业救国"的无锡荣氏家族，都是因为家训系统中的要素不同，而呈现出不同的家风。

其次，从系统实践的角度而言，对于家训文化的系统实践有利于家族的长盛不衰。这主要是因为：家训文化系统中的要素间具有紧密的联系，因而在实践中对于一个要素的轻忽，将直接影响到家训实践的整体效果，正所谓"牵一发而动全身"。因而，对于家训文化的系统实践即是强调实践的全面性与整体性，不能顾此失彼，也不能统而不深。再次，对于家训文化的系统实践其本质就是要做到"知行合一"，所谓"知"即是家族成员对于家族内部的家训文化系统及系统中的要素，有全面而深入的认知；所谓"行"即是以家训文化中的规范为尺度，并将其运用于人伦日用之中，做到落细、落小、落实。只有真正做到"知行合一"，才能将家训的价值最大化；只有真正做到系统实践，才能使家族永葆

---

① 《马克思恩格斯全集》（第3卷），人民出版社，2002年版，第536页。

活力。相反，家训的内容杂乱无章，毫无系统可言，家族成员各行其是、言而不行，不仅难以形成共同的家风，更会使整个家族陷入风雨飘摇之中。由此可见，家族成员对家训文化的系统实践是影响传统家族兴衰荣辱的重要环节。

3. 家族成员对家训文化的传承与发展

"不忘本来才能开辟未来，善于继承才能更好创新"①。对于优秀家训文化的坚守，是家族成员"不忘本来"的薪火相传；对于传统家训文化的推陈出新，是家族成员"开辟未来"的与时俱进。中华优秀传统文化在漫长的历史长河中产生，并随着时代的变迁而不断革故鼎新。不论是先秦子学中的儒、墨、道、法等诸子百家，还是宋明理学中的程朱、陆王学派，它们都是在承继传统的基础上，不断纳新、布新，才形成了血脉鲜明的中华文化传统。而与此相应，其中的家训文化亦然。传统家训文化是中国优秀传统文化中不可缺失的组成部分，是家与国连接的桥梁。家族成员只有坚守和传承优秀家训文化，才能端正家风、永葆家风；只有不断促进家训文化与时代发展相适应，才能使之立于不败之地。

从文化传承的角度而言，所谓传承不仅仅是对于家训思想内容的保留，更是对于优良家风的延续。首先，传统家训文化只有秉持儒家思想的主导精神，薪火相传，代代守护，久久为功，才能避免家族衰败。这主要是因为自汉代董仲舒提出"罢黜百家，独尊儒术"（班固：《汉书·董仲舒传》）以来，儒学始终是中国传统社会的主流意识形态，是统治阶级进行思想统治的工具，而家训文化则是主流意识形态的传播者，故而其始终坚持儒学的权威地位而不敢丝毫动摇。其次，家训文化中所蕴含的价值理念、行为准则等是家族历代先贤智慧的结晶，其中所展现的处世之道、为学之法、入仕哲学等等，均有利于指导家族成员的具体实践，因而对于家训文化中合理内核的传承与发扬，有利于永葆优良家风。唯其如此，才能使家族固本培元，保持经久不衰。

---

① 《习近平在中共中央政治局第十三次集体学习时发表讲话:把培育和弘扬社会主义核心价值观作为凝魂聚气强基固本的基础工程》,《光明日报》,2014 年 2 月 26 日。

从文化发展的角度而言，所谓发展不是对于过去的否定，而是在传统家训文化基础上的协调与升华。首先，家训文化的发展应始终与社会制度相适应。在中国传统社会，自给自足的农耕经济、专制集权的政治制度未曾改变。但是，不同的王朝、不同的时期其具体政策亦有所不同，诸如土地制度的变革，使得人身依附关系发生变更，家训文化中的具体内涵也会随之而改变，以应对新变化所带来的新问题。其次，家训文化的发展应与阶层定位相适应。"士—农—工—商"是中国古代阶层划分的主要类别，但不同家族的社会阶层亦不尽相同，故而其家训内容也应随家族的定位而不断进行适度调整，诸如官宦之家——政以廉，书香门第——勉于学，商贾世家——重诚信，等等。

从文化创新的角度而言，传统家训文化作为儒家思想文化的派生品，其传承与发展实质上只是稳定的延续，是"我注六经"而非"六经注我"（陆九渊：《语录》），因而所谓创新亦是微乎其微。首先，从家训发展的形式上来看，家训文化经历了从口头训诫到建章立制的变迁，但其所承担的对于家族成员的规训与引导的作用未曾改变；其次，从家训系统的内容上来看，其倡导立德、修身、勤学等核心内容未曾改变，但归根结底是由于这些家训思想符合家族发展的需要与统治阶级的要求。这里需要说明的是：由于不同时期特定的经济政策、政治制度等，使得部分家训内容也存在一定的变通，并根据具体情况进行灵活的调整和必要的修正。举例言之，明清时期商人团体的出现，使得商人地位相对提升，这一时期的家训中便出现了允许子孙经商、结交商贾友人的相关条目，譬如"交商贾之友，戒之在啬在啬"（《林氏祖训》）就是一个典型代表。与此同时，在这一时期，商贾世家兴起，因而也出现了推动商贾世家长足发展的特殊家训。这些家训从立志修身、遵守经商道德、掌握商业技巧等多个方面系统阐述了商贾家族的行为准则与处世方法。譬如王秉元所著的《生意世事初阶》即是对乾隆时期江南商贾世家的经营智慧的概括与总结。不可否认，这些家训、家风在特定的历史时期也推动了商贾家族的繁荣发展，譬如山西榆次富商常氏家族即是这一时期的典型代表，其恪守"吾家世资商业为生计"的祖训。家族成员常万杞所创立的"十大德"、常万达所创立的"十大玉"都成为晋商中亮丽的一笔。

基于以上论述不难发现，这些现象的出现并非家训文化的真正创新，不过是各个家族为保持自身的繁盛，在秉持国家主流意识形态的同时，基于家族实际情况而做出的适度调整与新立。但毋庸置疑的是，家训文化的薪火相传与审时度势的剔旧更新乃是影响家族盛衰的重要环节。

综上可见，延续数千年之久的历史兴亡周期，在马克思主义理论的指导下业已被打破，而当代家庭及家族的盛衰周期则有待于干预和改变。家兴而国兴，国盛则家昌——具有中国特色的家国关系血脉相成。家训、家风是千百年来中华民族智慧的结晶，是影响家庭荣辱的思想之源、文化之根。因而，我们应当以史为鉴，继承传统家训、家风中的合理内核；我们应当与时俱进，引导传统家训、家风与现代社会相适应。既要发挥好家长的率先垂范作用，也要推动子孙对于家训、家风文化的系统实践。唯其如此，才能家国和合，才能早日实现中华民族的伟大复兴！

三、中国传统社会的家国情怀*

在中国传统文化语境中，人们经常提及的"家国情怀"具有多种表现形式：或是体现为"先天下之忧而忧，后天下之乐而乐"（范仲淹：《岳阳楼记》）的凌云之志；或是体现为"苟利国家生死以，岂因祸福避趋之"（林则徐：《赴戍登程口占示家人二首》）的豪情担当；或是体现为"王师北定中原日，家祭无忘告乃翁"（陆游：《示儿》）的执着信念；抑或是体现为"粉身碎骨全不怕，要留清白在人间"（于谦：《石灰吟》）的高洁情操……纵观古今，不论是平定安康时内圣外王的内心修炼，还是国难当头时志士仁人的抛头颅、洒热血；不论是传统社会所追求的"天下为公"的社会大同，还是当代中国为实现中华民族伟大复兴的"中国梦"的奋勇前行，都离不开一脉相承的文化源泉——家国情怀。家国情怀，源于传统社会"伦理本位"的家国模式，表征为"家国天下"的道德格局，并倡导"信行合一"的现实功用。家国情怀，于个人而言，是个体价值与国家利益的高度统一；于家族（家庭）而言，是孕育优秀家风的源头活水；于国家而言，是实现社会繁荣与国家昌盛的精神支柱。

（一）"伦理本位"的家国模式

"伦理本位"的家国模式贯穿中国传统社会的始终，于今而言其影响亦不可小觑。"伦理本位"是中国传统宗法制度的延伸，即在以血缘为纽带的家族关系

---

* 与张金秋合作完成。

的范围内，形成了特色鲜明的传统中国社会的伦理关系。在此基础上，人们依照家族组织形式组织社会，依照家族治理模式治理国家，从而形成了以"伦理本位"为突出表征的"家国同构"的国家治理模式。诸如冯友兰先生所言："有以家为本位的生产方法，即有以家为本位的生产制度。有以家为本位的生产制度，即有以家为本位的社会制度，在以家为本位的社会制度中，所有一切社会组织，均以家为中心。所有一切人与人的关系，都须套在家底关系中。"①这种套在家的关系中的伦理关系将"家"与"国"之间紧密地联系在一起，将个人对于家族的情感逐步升华成为个人对国家的情怀，故而，在很大程度上，"伦理本位"的家国治理模式为"家国情怀"奠定了重要的基础。

首先，从伦理经济的角度而言，中华大地所具有的地大物博、水源充足等一系列优越的地理环境，为传统中国自给自足的农耕文明提供了重要的自然基础，"男耕女织"的社会分工亦随之应运而生。因而，以"家"为核心的经济运行模式成为中国传统社会最基本的经济形态。中国传统社会中的"家"是以血缘为伦理基础的表现形式，强调成员之间的基本等级关系。它在规定成员权利与义务的同时，也在很大程度上规范了其行为模式，从而为中国绵延千年的伦理经济提供了重要基础。那么，中国传统社会的伦理经济与中国特有的"家国情怀"有怎样的关系呢？马克思主义认为，经济基础决定上层建筑，故而"家国情怀"作为一种上层建筑自然离不开具有中国特色的伦理经济。正如梁漱溟先生所论述的那样：中国的伦理经济的突出特征即是"共财"与"通财"。所谓"共财"，即强调"家族"或"家庭"作为一个社会细胞，其内部财产不可分割，强调共同所有，从而加强了家族成员的集体归属感，其内涵的延伸与拓展，则催生了社会成员的国家认同感；而所谓"通财"，更强调"大家族"或"大家庭"重新分裂成若干"小家族"或"小家庭"后，各个具有血缘关系的"小家族"或"小家庭"之间财务互通，以富带穷。这就在一定程度上强化了家族成员血

---

① 冯友兰：《新事论》，《冯友兰全集》（第 3 卷），郑州：河南人民出版社，1990 年版，第 253 页。

缘至上的本位理念，随其内涵的拓展和延伸，逐步形成了具有"民胞物与"之量的天下情怀。

其次，伦理政治。一种文化的衍生与发展离不开特定的社会政治结构，中华文化亦然，故而我们应当阐述"家国同构"的伦理政治与家国情怀所具有的内在的、本质的、必然的联系。家国情怀依赖于"家国同构"的伦理政治，抑或言之，家国情怀是"家国同构"伦理政治的衍生品。这主要表现在：其一，"宗"与"法"的结合是家国同构伦理政治的一个突出特征，"宗法制度是氏族社会的血缘关系在新的历史条件下演化而形成的"①。这一制度的确立，推动了"家族制度"的政治化，将"家"与"国"统一在一起，这也就要求爱家者爱国，爱国者亦爱家，从而催生了社会成员既爱家也爱国，亦爱天下。其二，"专制主义"与"中央集权"的结合，是"家国同构"伦理政治的又一突出特征，它强调了中华民族的"整体性"与"统一性"。在这一政治特征的指引下，造就了国家利益至上的国家认同感，也在很大程度上激发了中华民族的心理认同感，为满足统治阶级对于天下一统的统治需要，"家国天下"的伦理情怀应运而生。

再次，伦理文化。关于中华文化的形成与发展，学界早已有了明确的定论。我们尊孔子为圣人，也将其所创立的以"礼"为核心内涵的儒学文化作为中华传统文化的代表。但不可否认，我们所探讨的中华传统文化，不仅仅局限于儒学本身，而是包涵中华大地上多元文化不断凝练、融合而形成的"儒释道"文化。然而，不论是"寡欲弃智"的道统文化，抑或是"兼爱、节用"的侠者之风，还是"法、术、势"相结合的革命之流，甚或是"涅槃永生"的中国佛学，其核心目的均在于解决人伦之事。相较于诸子百家之言，儒学对于人伦日用的表述简洁、直白，并一语道破人与人之间以"礼"为核心的伦理关系，这也使得其很容易受到统治者与被统治者的关注与青睐，因此，汉王朝"罢黜百家，独尊儒术"并非偶然事件，而是具有其时代合理性的。提及儒学文化，人们首先想到的便是"礼"，实质上，儒学文化中的"礼"是对于中国特殊伦理关系的

---

① 张岱年、方克立：《中国文化概论》，北京：北京师范大学出版社，1994年版，第56页。

根本阐释，它在明确了人与人之间亲疏关系的同时也规范了人之本身的责任和义务。那么，这种以儒学为核心的伦理文化与家国情怀间的关系是怎样的呢？具体而言，其一，家国情怀孕育于儒学文化之中，是儒学文化中对于道德的最高要求。诸多学者认为，儒学文化中道德修炼的最高目标是"内圣外王"，即将处世之道内化于心、外化于行，但却只强调了为人处世的一个方面，在格局与境界上远不及家国情怀。家国情怀是对于"修身、齐家、治国、平天下"（《礼记·大学》）的集中表达，是"文明时空、政治想象、世界图景、道德理想"[①]的有机统一。故而，家国情怀是儒学文化的基本精神。其二，儒学文化在不同时期具有不同的表现形式，但对于家国情怀的推崇却始终如一。绵延千年的儒学文化经历了多重变革，汉代的儒学凝合了阴阳家、法家、黄老之学；宋代的儒学是儒释道的三教合一；明清的儒学是形而上学与经世致用的统一，但作为知识分子的儒者却始终坚守着家国情怀。其三，理想的传承则依靠传统的具有中国特色的媒介或载体——家训文化。在家训文化中，家国情怀既表现在对于个人道德的至高要求，也表现在对于国家的绝对忠诚。家训文化是中国传统文化中重要的组成部分，其宗旨是指导家族成员能够更好地生存、生活。传统家训在一定意义上可以说是反映了统治阶级的需要，同时也为家族成员提供了价值标准与行为准则。家国情怀则以不同的表现形式"飞入寻常百姓家"，不论是家训文化中的修身之道与处世之法，还是家法族规中的行为尺度与道德规范，无一不体现着家国情怀。故而，在中国人的心目中，"家国情怀"具有特殊的、一脉相承的文化价值内涵。

最后值得一提的，还有伦理宗教。关于"中国人的信仰"，古今中外，对于这一命题的探讨层出不穷，却始终未能给出一致认同的答案。这主要是因为在延续古今的中华文化中不具有公共认同的神，也没有行为规范的系统教义，更没有传统意义上的宗教仪式，但这并不意味着中华文化中缺失了宗教意蕴。区

---

① 许章润：《论家国天下——对于这一伟大古典汉语修辞义理内涵的文化政治学阐发》，《学术月刊》，2015年第10期。

别于以宗教治国的西方国家的教会，中国传统社会的"家"具有最为强大的宗教功能——它通过家训培育家族成员的价值信仰，规范家族成员的行为准则。这种大有宗教意蕴的"家文化"将家国情怀贯穿始终，并深入社会成员的骨髓之中，时至今日，以爱国主义为核心的中华民族精神仍然是一个典型的代表。

（二）"家国天下"的道德格局

如前所述，在中国传统社会中，无论是经济、政治、文化，还是宗教，都严格限制在"礼"的范围之内，不可僭越"伦理"，正因如此，"伦理本位"的家国模式才能逐步形成和稳定下来。与此相适应，"家国天下"的道德格局也才逐步产生，并成为家国情怀的生动体现。孟子有言："人有恒言，皆曰'天下国家'，天下之本在国，国之本在家，家之本在自身。"（《离娄上》）"家国天下"离不开国，舍不下家，更脱离不了人民。"家国天下"的道德格局是个人、社会和国家三位一体的统一；是关乎个人生命秩序、家族生存秩序、社会生活秩序以及国家运行秩序的深层设计；是由点到面、由内向外的同心圆似的蔓延和扩散，是多向和多项的动态互动过程，其整体是无数多个同心圆的发散聚焦组合；是文明时空的文化绵延，对于当今社会的精神价值提升仍具有重要意义。从狭义上讲，可以说，"家国天下"的道德格局就是家国情怀。这种道德格局在约束个人、社会和国家的同时，也成就了个体、家族和民族，孕育了优秀的中华文化和伟大的民族精神，进而成了优秀传统家风的源头活水。

首先，"家国天下"的道德格局是个人、社会和国家三位一体的统一。中国传统社会之所以能够形成坚韧的伦理关系和稳固的家族实体，依附于"家国天下"的道德格局，离不开对个人、社会、国家的规范和约束。于个体而言，侧重于"内圣外王"的修行，从"明明德"到"亲民"至"至善"，"格物、致知、诚意、正心、修身、齐家、治国、平天下"，不仅体现了"家国天下"的原理和本质，也展现了对个体规范和约束的精神模式。于社会而言，以"仁者爱人"为根基，强调人与人之间相互亲爱，进而发展成为以"孝悌"为核心的"亲亲"尊尊"，再通过"忠恕"的环节推己及人，扩充至整个社会生活领域，充分体现了"家国天下"对人与人之间关系的规定和要求，以及对整个社会生态稳定、和谐的期待之情。于国家而言，主要体现在个人和国家的关系上，强调精忠爱国、"亲亲仁民""民为邦本"，力图实现个体价值与国家利益的高度统一，充分展现了"家国天下"的价值取向和价值目标。可以说，个人、社会和国家构成了"家国天下"道德格局的三个基本要素，同时也是家国情怀的三个表征层面。家国情怀倡导个体以修己慎独为价值准则，以克己奉公为价值取向，以"内圣外王"为价值目标；倡导社会以忠恕之德为价值准则，以先义后利为价值取向，以天下大同为价值目标；倡导国家（个人与国家）以精忠爱国为价值准则，以"民为邦本"为价值取向，以国富民强为价值目标。于家国情怀而言，个人、社会和国家三者缺一不可，可以说是脉脉相通、休戚相关。

其次，"家国天下"的道德格局是关乎个人生命秩序、家族生存秩序、社会生活秩序以及国家运行秩序的深层设计。众所周知，一定秩序的存在是人类得以活动的必要前提，而秩序"意指在自然进程和社会进程中都存在着某种程度的一致性、连续性和确定性"。[①] 由此可见，为了人类活动的延续需要某种程度的一致性、连续性和确定性的存在。于中国传统社会而言，除法律而外，"礼"在建立和维护这种一致性、连续性和确定性的过程中成为秩序的又一象征。甚至可以说，中国传统社会的秩序就是"礼"的秩序。从"周礼"到"三纲五常"再到"天理"，"礼"的法则就是伦理道德的规则，也就是说，建立和维护中国传统社会的秩序离不开伦理道德的规则。因而，"家国天下"道德格局的形成成为关乎中国传统社会秩序的重中之重。前已述及，正因为中国传统社会秩序包括个人生命秩序、家族生存秩序、社会生活秩序以及国家运行秩序。所以与此相适应，抽象地说，就需要维护某种程度的财产和心理的确定性，保持某种程度的行为的规则性，维系某种程度的关系的稳定性、保持某种程度的进程的连

---

① [美]博登海默：《法理学：法律哲学与法律方法》，北京：中国政法大学出版社，1999年版，第219页。

续性以及保持某种程度的目标的一致性。具体而言，"家国天下"的道德格局秉持"仁"的原理，凭借"礼"的法则来建立和维护秩序的稳定和有效，其中"五伦"的道德关系最具代表性，涵盖了个人、家族、社会以及国家四个层面，"父子有亲，君臣有义，夫妇有别，长幼有序，朋友有信"。（《孟子·滕文公上》）父子、君臣、夫妇、长幼、朋友以"亲、义、别、序、信"为"规矩"，凡此种种，不一一列举，而在此类中国传统"规矩"的限制和约束下，人与人之间达成某种一致并彼此期待，进而实现个人生命秩序的安全、家族生存秩序的延续、社会生活秩序的稳定以及国家运行秩序的畅行。因而，以"家国天下"为表征的家国情怀并不是简单的爱国、爱家，其中蕴含着个人、家族、社会和国家间千丝万缕的联系和深入骨血的羁绊。

再次，"家国天下"的道德格局是由点到面、由内向外的同心圆似的蔓延和扩散，是多向和多项的动态互动过程，其整体是无数多个同心圆的发散聚焦组合。"家国天下"的道德格局以个人、社会和国家为基本要素，以维护个人、家族、社会和国家秩序的稳定为基本目标，其运动路向是个体——家族——民族，由点到面、由内向外的同心圆似的蔓延和扩散，即每个圆心都代表着单个人，其由个人的一点扩散至家族的一面，再由家族的一面继续以个人为圆心向外发散至社会和国家；多向和多项的互动过程，即个人、家族、社会和国家不是单项向单向的前进，而是交叉互动，彼此互为起始点，是单项与单项之间、单项与多项之间、多项与多项之间的渗透和作用。而这就意味着"家国天下"的道德格局其整体是无数多个同心圆的发散聚焦组合，这些同心圆或一直扩张、或扩张后收缩、或如此以不同幅度往复，等等，形成无数多个同心圆的发散组合，但可以预见，其最终将呈现出一个具有一致性、连续性和确定性的发散聚焦组合，聚焦即是秩序的产物，是"家国天下"道德格局的深层设计，是家国情怀最真实的体现。

最后，"家国天下"的道德格局是文明时空的文化绵延，对于当今社会的精神价值提升仍具有重要意义。"家国天下"的道德格局不仅体现在对个人、社会和国家的目标及价值定位上，也不仅体现在对伦理道德的精密设计上，还体现在其本身的民族凝聚、精神激励以及价值整合的现实功用上。几千年来，正是凭借这些，"家国天下"的道德格局才能够得以稳定和延续。"家国天下"成为一种文化、一种精神，在中国人的心中已具有特殊的价值内涵，于今而言仍需要继承和发扬。"家国天下"是政治格局的国家认同，是道德情怀的自我追求，是对国家和人民所表现出来的深情大爱，因而对于当代社会主义核心价值观的践行、对于社会主义核心价值体系的完善仍大有裨益，更是如何正确认识和传承优秀传统家风的宝贵资源。"家国天下"的道德格局为优秀传统家风的产生和发展奠定了基本格局，为优秀传统家风的传承和发扬从依据上、内容上、功用上框定了运动轨迹和方向，其不再谈家和国分别是什么，而是谈家和国二者之间的结构和关系，让个人、家族、社会和国家更加紧密地融为一体，它们之间可谓千丝万缕，难以分割。

（三）"信行合一"的现实功用

如果说"伦理本位"的家国模式为家国情怀的产生奠定了基础、提供了条件，"家国天下"的道德格局为家国情怀的发展提供了场域、创建了空间，那么，"信行合一"的现实功用就为家国情怀的实现提供了最切实的可能。家国情怀由理论走向实践，从思想走向现实，需要达到主观与客观、信与行的统一。"信行合一"异于和高于简单的"知行合一"，亦如追求理想——在脚踏实地的同时还要有敢于仰望星空。家国情怀不能简单地停留于"知"，仅在"知"的情况下，"行"是机械、静止的"行"，只有在"信"即发自内心的认同和期待下，"行"才是真正有效、有所作为的"行"。家国情怀的实现和践行源于这种坚定，优秀传统家风的产生和延续依靠这种信赖，中华民族的伟大复兴更需要这种笃定。

首先，家国情怀是从"知行合一"到"信行合一"的发展与升华。中国传统文化始终倡导"知行合一"，"知"强调道德的自觉性，"行"强调道德的实践性，故而"知行合一"是对于道德修炼最基本的要求。不论是明清时期的经世致用，还是当代社会所强调的"理论与实践相结合"，都是对于传统文化中"知行合一"的深化与解读。那么，什么是"信行合一"呢？本文所阐释的"信行合一"所强调的是"信"与"行"的统一，其中的"信"强调的是社会成员对于家族意识、国家意识的认同，而不是只停留于"知"（了解）这个层面；而"行"强调的则是社会成员在特定文化熏陶下所进行的符合发展规律的实践。那么，家国情怀如何从"知行合一"上升为"信行合一"的呢？家国情怀作为中国特有的文化根基始终贯穿于家庭生活、社会交往、政治活动之中，其早已引起了传统中国人的共鸣，人们对于家国情怀的认识早已超越了学习与了解的状态，而是在家训文化的熏陶下、社会组织的引导下、国家机构的带动下内化于心，从而将其作为自己的行为标准、价值尺度，并在此基础上逐步成为传统中国人的信仰。

其次，家国情怀是内在超越性与外在事功性的统一。"内圣外王"是中国传统社会理想人格的化身，是家国情怀在道德层面的具体体现，"它以综合形态展示了人的价值取向、内在德性、精神品格"。[①] 家国情怀的内在超越性，主要表现在"信"这一层面，即对于"内圣外王"理想人格的"信"，这种"信"是一种向内的、超世间的追求。孟子亦言"圣人，人伦之至也"（《离娄上》），所谓"至"的含义不言而喻，即是人的最高境界，内圣外王的人尊礼、奉仁，内外兼修，知晓天地宇宙之规律，无所不能、无所畏惧，神化色彩浓厚。"内圣外王"是存高志、匡国家、安社稷、民胞物与等一系列优秀的道德品质的集合，因而具有超世间的内在超越性。诚如王充所言："儒者论圣人，以为前知千岁，后知万世，有独见之明，独听之聪，事来则名，不学则知，不问自晓。故称圣则神矣。"[②] 这样的圣人并非真实存在，而是人们根据社会之需要所虚构的产物，但因为由"知"到"信"，使得这种超越现实的理想人格依旧成为传统中国人心中的终极追求。"家国天下"的外在事功主要表现在微观层面，即对于现实社会中的人伦日用的关怀的"行"。面对"内圣外王"的超越性，传统的中国人却始终保

---

① 杨国荣：《儒家视阈中的人格理想》，《道德与文明》，2012 年第 5 期。

② 孟宪承、孙培青：《中国古代教育文选》，北京：人民教育出版社，1985 年版，第 117 页。

持着"虽不能至，心向往之"的态度，故而传统的中国家族通过家训文化，督促家族成员坚守"修身、齐家、治国、平天下"的道德修炼，坚持志存高远、敏而好学的作风等等。究其根本，则是源于"家国天下"的外在事功。这也催生了危难时期一批又一批勇于献身的爱国志士，和平时期一批又一批忠于职守的无名英雄，他们这种对于责任和义务的坚守，以及勇于担当的民族精神则是对于"家国天下"最为深刻的"行"。

最后，家国情怀是宗教功用与人文精神的统一。或是传统基督教的"因行称义"，或是新教马丁·路德宗的"因信称义"，其本质都是将"信"与"行"进行割裂来探讨"义"的本质，这就区别于中国传统社会的宗教精神。诸如前文所论述的，中国传统社会的宗教具有鲜明的伦理特征，"家"作为最基本的单元如西方教会一般，具有极强的宗教功能，正如梁漱溟先生所言："中国人似从伦理生活中，深深尝得人生趣味……便由此得了努力的目标，已送其毕生精力，而精神上若有所寄托。如我素昔所说，宗教都以人生之慰安勖勉为事；那么，这便恰好形成一宗教的替代品了。"[1] 或如佛教文化中的"慈悲为怀"，或如基督教文化中的"爱人如己"，宗教的一大突出表征即是对于普世的宗教关怀。毋庸讳言，以"家国天下"的道德格局为表征的家国情怀，同样秉持一种以爱为本的价值追求，不论是君臣之间的忠恕之道、百姓之间的兼爱有信，还是家族成员间的夫妻之情、兄弟之义，其归根结底都是对于"爱"的信仰，这也体现了其本身所具备的宗教功用。但家国情怀的不同之处则在于，它不仅仅局限于关注个体本身，同时也是涵盖了超越个体、种族、国家、宗教的人文精神。家国情怀不仅仅强调个体成员对于家、国、天下的爱，同时也强调了个体与家、国、天下间相互依存的关系。它将具有"国家"的权力体与"天下"的价值体相结合，从而完成了由"知"到"信"的超越。

综上所论，家国情怀是中华优秀传统文化中不可或缺的文化基因，其源于

---

① 梁漱溟：《中国文化要义》，上海：上海世纪出版集团 上海人民出版社，2005 年版，第 77-78 页。

中国传统社会特定的伦理关系，表征为"家国天下"的道德格局，并倡导信行合一的现实功用。诚然，从传统到现代，"家"与"国"的具体内涵也随时代的发展而不断变迁，但从家国同构到家国和合，从天下大同到构建人类命运共同体，家国情怀作为文明时空的文化绵延，却始终承载着重要的文化使命——它实现了个人、社会、国家三位一体的统一，彰显了华夏儿女在精神层面的路径依赖与文化自信；它催生了国家危难之时志士仁人的豪情担当，也指引着和平世界时期泛泛之众的恪尽职守。家国情怀，于个人而言，它是内心修炼的至高境界，是外在事功的博爱追求；于社会而言，它是爱众亲仁的交往之道，也是克己自省的处世哲学；于国家而言，它是社会成员对于民族与国家的基本认同。故而在新时代，我们仍需培育公民的家国情怀，这不仅仅是培育社会责任感与历史使命感的必然选择，也是建设幸福和睦家庭的精神支柱，更是构建和谐、美好社会的有效途径。

四、明代家训德育思想的继承性、民族性与时代性*

　　明代是中国传统家训发展史上的重要阶段，亦可将其视为家训发展的黄金时期。这一时期，传统家训日臻成熟，直至清代前期达到鼎盛之势。从德育内容来说，明代家训在基于"忠孝礼信"等道德规范教育的前提下，更加注重女子贞烈观念、个人气节以及民族信仰的教化；从德育路径来说，在官私相结合的教育背景下，明代家训更加注重家庭和社会教化，试图将道德教育落实到民间，强调道德教育的社会基础，宗子教育、社会养成、宗规族训和家法惩戒等形式尤为突出；从德育方法来说，明代家训多采用人伦日用语言，更加切近大众生活的教化方式，并通过克己复礼、积善成德、身体力行、上行下效、因材施教等教育手段，将德育融入、内化进家庭生活之中，借以提升家庭成员的道德涵养。总而言之，"注重家庭、注重家教、注重家风"[1]乃是中国人亘古不变的教育常态和永恒主题，也是中国人不断追求的生活信念与目标。虽然明代家训并非"篇篇药石，言言龟鉴"（王钺：《读书丛残》），但讲清楚明代家训中优秀德育思想的继承性、民族性和时代性等特征，这在一定程度上对于当代家庭德育体系建设、推动社会主义家庭文明新风尚均具有积极的现实意义和实践价值。

（一）体现继承性：承续明代家训优秀德育思想的教育理念

　　众所周知，传统家训文化乃是中国传统文化的重要组成部分。家训文化之

---

　　* 与刘宇合作完成。

　　[1]《习近平在会见第一届全国文明家庭代表时强调动员社会各界广泛参与家庭文明建设 推动形成社会主义家庭文明新风尚》，《人民日报》，2016 年 12 月 13 日。

所以能够传承和延续，是因为它与中国传统文化具有内在的关联性——其中的德育思想不但体现与时俱进的时代特征，还具有符合时代精神的生命力、影响力和感召力。正因如此，传统家训虽历经岁月砥砺，却经久益醇。以明代家训为代表的传统家训既显示出其存在的合理性及其顽强的生命力，同时也是中国家庭道德教育延续性和继承性的集中体现。明代学者方孝孺告诫后世子孙："君子之道，本于身，行诸家，而推于天下，则家者身之符，天下之本也。治之可无法乎？……作《宗仪》九篇，以告宗人。庶几贤者因言以趋善，不贤者畏义而远罪。"（《宗仪·序》）不言而喻，明代家训是将修身立德、齐家平天下放在同等重要的位置上，并将家庭成员的道德教育视为家庭的首要任务。因此，承续与借鉴明代家训中的德育理念对于今人来说也具有一定的启示意义。

首先，承续明代家训优秀德育思想的教育理念，要把握教育时机，借鉴教育规律。家训能最为直观地反映出家庭的教育时机和教育方式。明人霍韬曰："家之兴由子弟之贤，子弟之贤由乎蒙养。蒙养以正，岂曰保家，亦以作圣。"（《家训·蒙规》）即是强调教育时机的重要性，也就是古人所说"养正于蒙，学之至善也"（程颐：《伊川易传》）的道理。明人吕坤在《闺范·嘉言》中将胎教做到了极致，足以见他对不同教育阶段的重视，以及善于总结和把握教育规律。书中写道："古者妇人妊子，寝不侧，坐不边，立不跸，不食邪味。割不正不食，席不正不坐。目不视邪色，耳不听淫声。夜则令瞽诵诗，道正事。如此则生子形容端正，才德过人矣。"方孝孺则认为，幼儿时期是道德习性养成的最佳阶段，他在《幼仪杂箴》中从"坐立行"等方面督促子女行为规范的养成。他要求道：坐要"维坐容，背欲直，貌端庄，手拱臆"；站要"其中也敬，而外也直。不为物迁，进退可式"；行要"步履欲重，容止欲舒，周旋迟速，与仁义俱"等。方孝孺还重视对教育时机的把握，要求子女在不同年龄段学习不同的礼仪和技艺，他指出："树木生有枝，子弟教及时；七年异男女，八岁分尊卑。二五学书计，逢人多礼仪。三五学射御，四五加冠矮。"（《勉学诗》）综观明代家训的教育理念不难发现，家训是古人在教化过程中，长辈与晚辈之间共同达成的"契约"范本，以此为基础能够使教育方式和教育规律有的放矢，发挥其应有的功效。

并且，明代家训对教育规律与时机的选择往往是因人而异且审时度势的。正如明人王樵所言："陶器初染之气，终于不去；童幼初闻之语，毕世难忘。"（《铎书》）以此为鉴，当代家庭德育就要重视教育时机的合理性，注重教育规律的科学性，这也是提高家庭德育效果最为切实可行的途径之一。

其次，承续明代家训的教育理念，要拓展教育资源，重拾经典读物。明代家训强调读书为本、诗礼传家的教育理念，注重阅读和背诵经典古籍。在众多明代家训文献中不但记录着鼓励家庭成员多读史、读经典的至理名言，还详实地制定了学习计划或学习方法。譬如，明人徐云村在《许氏贻谋四则》中要求子女："初读蒙训，日四句至六句，次读古文孝经，日二行至三行，次读古小学，朱子小学，日三行至四行，看读背读通读如后法，乃读大学论语孟子中庸集注，渐增至千字止，自孝经以下，读过书，日带温，倍不辍。"徐云村在家训中记录的读书方法强调由浅入深，由易到难，并形成了一套较为完整和系统的学习体系。明代文臣杨继盛要求子女："多记多作四书本经记文一千篇，读论一百篇，策一百问，表五十道，判语八十条，其余功惟熟读'五经'、《周礼》《左传》。好古文读一二百篇，每日作文一篇，每月作论三篇，策二问。"（《杨忠愍公遗笔》）由此可见，传统家庭治学严谨且教育严格的学习之风可以逐渐演变成优良的家庭门风，使得古代书香门第或是文臣显宦等家族的文化气质和文学素养绵延不绝，影响后世。另外，明代家训中教育子女的名言警句同样比比皆是，这在传统家庭教育中起到了较为重要的作用。譬如，明人吕坤用育儿诗教导后辈道："要甜先苦，要逸先劳。须屈得下，才跳得高。白日所为，夜来省己。"（《续小儿语》）值得一提的是，古代教育读物不但种类繁多且流传甚广，诸如《三字经》《百家姓》《开蒙要训》《童蒙须知》和《增广贤文》等，这些蒙学读物将德育内容表述得深入浅出、言简意赅且寓教于乐。而对于当代家庭而言，古代家训中的治学箴言在今日亦是一笔不可多得的宝贵遗产。诸如明代家训中的《了凡四训》《庞氏家训》《幼仪杂箴》以及其他朝代的《颜氏家训》《朱柏庐治家格言》《曾国藩家书》等许多家训名篇之中无不彰显出优秀家风、家教的德育精神，并且成为后世学习、效仿的典范。

最后，承续明代家训的教育理念，要优化教育环境，营造教育氛围。荀子曾强调君子对生活环境的要求，认为："君子居必择乡，游必就士，所以防邪辟而近中正。"（《荀子·劝学》）颜之推更加形象生动地描述了家庭环境的重要作用，曰："与善人居，如入芝兰之室，久而自芳也；与恶人居，如入鲍鱼之肆，久而自臭也。"（《颜氏家训·慕贤》）毋庸置疑，古人十分重视生活环境对教育效果的间接影响。关于这一点，明代家训中的例子同样不胜枚举。譬如杨继盛认为，与读书人为友，自然也成为正人君子，"拣着老成忠厚，肯读书，肯学好的人，你就与他肝胆相交，语言必相逐，日与他相处，你自然成个好人，不入下流也。"（《杨忠愍公遗笔》）正所谓"物以类聚，人以群分"。（《战国策·齐策三》）姚舜牧同样认为，若以恶人相交并受其影响，小则倾尽家产，大则丧身性命，"交与宜亲正人，若比之匪人，小则诱之侠游以荡其业，大则唆之交构以戕其本支，甚则导之淫欲以丧其身命，可畏哉"（《药言》）。由此可知，养成良好的学习、生活习惯以及具有优秀的道德品质不仅需要家人正面的谆谆教导，更需要在生活环境的熏陶下日渐生成。从古至今，道德教育的现实基础就是生活，离开具体的生活实践，道德教育亦犹如无源之水、无本之木。讲求择善而从、兼收并蓄的教育理念，乃是继承明代家训优秀德育思想的集中体现。以明代家训为借鉴，当代家庭德育的立足点应在继承优秀家训文化资源的基础上，挖掘其中丰富的教育理念——不但要利用教育时机，把握教育规律来促进家庭成员道德认知和道德行为的转变，还要优化和营造家庭教育氛围，强调德育目的和教育环境的一致性和统一性，以期达到当代家庭道德教育的目标，并取得令人满意的成效。

（二）注重民族性：挖掘明代家训优秀德育思想的精神价值

以明代家训为代表的传统家训文化集中体现出中国人日常生活中所固有的精神内核与气质秉性。这种精神内核在我国家庭发展与演变的过程中起到了"民族性遗传"的效果，而气质秉性则在纷繁复杂的家庭变迁史中演绎着民族基因彼此整合、衍生和演化的内在运作形式。二者的共同合力才使得家训中优秀德育思想的文化基因延续至今。也正是由于这种"遗传性的民族精神"，我们才能将明代家训融会贯通，并运用到当代家庭德育的模式之中，从而彰显传统家训别具一格的精神魅力。

第一，挖掘明代家训中优秀德育思想的精神价值，要以以德立身为先，注重人格养成。在传统社会，家庭成员的品行修养与家庭德育密切相关。而传统家训不但在家庭德育中占据至关重要的地位，同时还对家庭成员的道德品行起到规范和监督的作用。古语有云："才者，德之资也；德者，才之帅也。"（司马光：《资治通鉴·周纪一》）意即成人、成才都要以"德"为根本，以"德"为首位。孔子也强调："博学而笃志，切问而近思，仁在其中矣。"（《论语·颜渊》）明代家训因受儒家思想影响，十分重视人格培养，并将立志树德、修身养性以及培育君子人格作为道德教育的重要内容。遍览明代家训，其中有关道德品质与志向理想的教育内容不胜枚举。例如，明人袁衷将立德与立志并重，他说："士之品有三：志于道德者为上，志于功名者次之，志于富贵者为下。"（《庭帏杂录》）袁衷还指出了德行修为与学习的重要关系，"志欲大而心欲小，学欲博而业欲专，识欲高而气欲下，量欲宏而守欲洁"（同上）。明代家训中还用浓重的笔墨强调立德为先与治学之道的关系。譬如，王阳明认为立志与学习的关系在于："学莫先于立志，志之不立，犹不种其根，而徒事培拥灌溉，劳苦无成。"（《示弟立志说》）此外，明代家训还将立德修身与齐家治国紧密地联系起来。譬如，方孝孺在教育子女时讲道："圣人之道，必察乎物理，诚其念虑，以正其心，然后推之修身；身既修矣，然后推之齐家；家既可齐，而不优于为国与天下者无有也。"（《逊志斋集·家人箴》）常言道："君子以居贤德善俗。"（《周易·渐·象传》）"德育为先""德教在家"自古便是我国德育的优良传统。即便在今日，以德立身，教子做人依然是当代家庭德育的根本任务。正因如此，我们更应正确对待明代家训中的优秀德育思想，勿忘先祖赋予中国人的精神食粮。

第二，挖掘明代家训中优秀德育思想的精神价值，要提倡治家有道，勤俭持家。明代家训中的治家要略除了对家庭成员、家庭事务和财政收入进行有效的管理之外，还有两个显著的特点：其一，事无巨细，事必躬行。与以往各时期的家训不同，明代家训所记录的事项更加细致具体，这其中既包含家国存亡的大事，也兼顾生活起居的小事，亦即共性的约定规范与个性的经验教导并存，在对生活现象的描述中又夹杂着对事物本质的深层剖析。一言以蔽之，但凡家务之事，详略得当，面面俱到。譬如，《孙简肃公家训》对子女衣食住行要求严格，其中记载道："常服，葛苎绸布，非公服不衣纨绮；常食，早晚菜粥，午膳一肴，非宾、祭、老、病，不举酒、不重肉。"明人支大纶在《谱牒·立统纪》中对家庭事务的管理做出了翔实的规定："一家产业赀财总造一册，以次相传：田若干，无大故不得轻售；米谷若干；器具若干。长子曰家督，无所不统……"诸如此类，不一一列举。明代家训的治家特点之二即是俭以养德，勤俭持家。古人把节俭视为道德的基点，把奢侈视为最大的恶行，即"俭，德之共也；侈，恶之大也"（《左传·隐公十一年》）。从外在形式上来看，节俭与奢侈是关于如何对待金钱利益与物质享乐的态度，而究其根本则关系到人的品德和本性。明代时期，生产力水平相对落后，以家庭或家族为生产单位的情况下，就必须提倡勤俭持家。对此，明代家训讲得十分明白。明人吴麟徵曰："治家舍节俭，别无可经营。"（《家诫要言》）明人庞尚鹏认为："家累千金，毋忘饘粥；虽有千仓，毋轻半菽。"（《庞氏家训》）可见，"勤俭"是诸多明代家训中一以贯之的重要治家思想。

第三，挖掘明代家训中优秀德育思想的精神价值，要弘扬民族精神，继承传统美德。我们知道，民族精神就是汲取了中华优秀传统文化中诸如讲仁爱、重民本、守诚信、崇正义、尚和合、求大同等内容的思想精华和道德精髓，也可以说是儒家所倡导的传统价值观念的凝练与升华。而传统家训中所强调的核心价值观，即是儒家思想通常所说的"仁""义""礼""智""信"等道德规范和标准，以及儒家思想所倡导的"修身、齐家、治国、平天下"的德育方式。将中华民族的优秀美德和民族精神融入明代家训之中则体现在学习、生活、处世等诸多领域，包涵了诸如孝悌、睦亲、友善、诚信及贵和等方面。例如，明人薛瑄在《诫子书》中就对伦理关系做出了解释，他说："何谓伦？父子君臣夫妇长幼朋友五者之伦序是也。何谓理？父子有亲，君臣有义，夫妇有别，长幼有序，朋友有信，五者之天理是也。"姚舜牧则认为："孝悌忠信，礼义廉耻，此八字是八个柱子，有八柱始能成宇，有八字始克成人。"而在孝悌方面，他认为："圣贤开口便说孝悌，孝悌是人之本，不孝不悌便不成人了。"（《药言》）明人曹端则认为孝道最为重要，"孝乃百行之原，万善之首。上足以感天，下足以感地……所以古之君子自生至死顷步而不敢忘孝"（《夜行烛》）。在讲求交友之道方面，温璜之母说："汝与朋友相与，只取其长，弗计其短。"（《温氏母训》）许相卿在《许云邨贻谋》中说道："勿以小嫌而疏至亲，毋以新怨而忘旧恩。"讲求诚信之道，杨继盛曰："与人相处之道，第一要谦下诚实。"（《杨忠愍公遗笔》）讲求贵和方面，仁孝文皇后曰："内和而外和，一家和而一国和，一国和而天下和矣，可不重哉！"（《内训》）彭端吾曰："人只一诚耳。少一不实，尽是一腔虚诈，怎成得人。"（《彭氏家训》）纵观明代家训中的传统美德，即便在当代社会，这些优秀品质依然是家庭德育的主要内容。有鉴于此，挖掘明代家训中优秀德育思想的精神价值，传承明代家训优秀德育思想的精神内涵，弘扬以德先行、修身养性、重视孝道、家庭和谐、父慈子孝、兄友弟恭等具有民族认同感的价值理念，方能彰显家训独特的文化优势及其民族魅力。更进一步讲，这种源于中华民族千千万万家庭生生不息的精神动力，也能够反作用并应用到当代家庭德育与家庭伦理的建构之中，从而使家训中的优秀德育思想及其精神品质得以发扬光大。

（三）彰显时代性：培育社会主义家庭道德文明新风尚

习近平总书记指出："对一个民族、一个国家来说，最持久、最深层的力量是全社会共同认可的核心价值观。核心价值观，承载着一个民族、一个国家的精神追求，体现着一个社会评判是非曲直的价值标准。"[①] 传统家训中世代传承的

---

① 习近平：《青年要自觉践行社会主义核心价值观——在北京大学师生座谈会上的讲话》，《人民日报》，2014年5月5日。

道德观念及价值体系，不仅潜移默化地影响着中华民族的思维方式和行为模式，也成为涵养当代社会道德规范以及社会主义核心价值观的重要源泉。将明代家训中的优秀德育思想与社会主义核心价值观相结合，形成符合时代主题和时代精神的当代家庭文明新风尚，这不仅能为社会主义核心价值观提供丰厚的传统文化底蕴，同时也能在一定程度上为当代家庭道德文明建设和发展提供丰富的理论滋养。

第一，培育家庭道德文明新风尚，要转变家庭德育观念，赋予传统家训以新的时代内涵。近现代社会家庭结构和功能的改变，对家庭德育内容提出了新的要求。与此相应，如何赋予传统家训以新的时代内涵进而使之符合当代家庭德育的需求呢？我们认为至少应该从以下三方面入手：其一，借鉴明代家训的教育形式，要注重情感性与自律性相结合，把握"言教"和"身教"的平衡点，即"慈者，上所以抚下也，上慈而不懈，则下顺而益亲。"（仁孝文皇后：《内训·慈幼章》）同时，还要做到严宽有度，要在尊重家庭成员人格和个性的基础上进行平等、独立的沟通交流，做到"教之者导之以美德、养之以谦逊、率之以勤俭、本之以慈爱、临之以严格，以立其身，以成其德"（《内训·母仪章》）。其二，在德育过程中转变教育原则，注重明代家训的现实意义——要将传统道德规范要求与主流价值和时代精神相结合，将和谐民主之风融入家庭氛围中，强调家庭成员之间的自由、尊重与宽容等。在强化权利与义务双向关系的同时，建立和睦、亲善友爱的家庭人伦关系。其三，合理开发与利用明代家训中有关读书明理、勤俭持家、自省慎独、与人为善等反映中华民族优秀品质与崇高民族气节的传统美德，通过当代家庭的德育践行，将这些美德植根于普通民众的日常生活中，进而实现传统家训的借鉴与转化。

第二，培育家庭道德文明新风尚，要重塑家庭伦理，推动家庭文明建设。明人姚儒曰："古君子修身以教家，故民彝立而家道正。格物致知，诚意正心，所以修身而治国、平天下，则是教家之推。"（《教家要略·序》）可见，古代家国同构的道德格局将人伦纲常从家庭扩展至社会和国家，形成关乎家族生存、社会生活乃至国家兴衰的"三位一体"。然而，时移俗易，世事变迁，当代家庭道德观念已经发生了翻天覆地的变迁。因而，当代家庭德育的功能与定位应该立足于家庭伦理的重塑与再造，具体而言：其一，当代家庭伦理应具有社会适应性和相对独立性。众所周知，家庭不能脱离社会而存在，同样，家庭伦理也是由社会性质决定并与社会相适应的。如果说在古代宗法社会中的家庭伦理同社会伦理表现出同构性，那么，今天的家庭伦理不但要具有适应当代社会发展的特点和功能来实现人的社会化职能，还要具有独立选择的能力来符合各个独立家庭的特点和生活习惯。其二，当代家庭伦理应具有开放性、平等性和民主性。网络信息化时代的社会关系突破了传统人伦关系的"熟人圈子"，将家庭伦理引向开放性的公共范畴。与此同时，家庭的生活方式，伦理道德都不可逆转地融入信息化、科技化的现代生活之中，这使得传统伦理视阈下的性别、年龄、血缘、位次等秩序关系进一步弱化，其结果是自由、平等、民主等具有社会公民性质的道德规范被人们普遍遵守。其三，当代家庭伦理应在理性中兼顾人情关怀。家庭成员可以通过合理诉求来保障人格独立和合法权益，强化权利和义务双向性，注重感情性和自律性相统一。在人伦关系层面主张夫妻平等、共同赡养老人和抚养、教育子女的责任，并通过理性方式来规范人情运作，进而实现人伦之情与道德礼法的和谐统一。

第三，培育家庭道德文明新风尚，要对接当代文化精髓，唱响醇正家风主旋律。何为家风："风者，风也，教也。风以动之，教以化之。"[1] 优秀家风不仅能监督家庭成员的行为规范，还能维系家庭和谐、促进社会稳定。正如习近平总书记所说："家风好，就能家道兴盛、和顺美满；家风差，难免殃及子孙、贻害社会。"[2] 为此，弘扬当代家风主旋律就要求我们做到：一方面，善于凝练优秀家风，形成与时俱进的德育观念。在传统道德观念回归与认同的大趋势下，抛弃传统盲目崇古和封闭的德育模式，提炼出切合家庭自身实际的家风与家教形式。并且，在结合传统优秀家训、家风德育内容的同时，将当下多元教育因素融入

---

① 王立群：《家风家训》，郑州：大象出版社，2016 年版，第 18 页。

② 《习近平在会见第一届全国文明家庭代表时强调动员社会各界广泛参与家庭文明建设 推动形成社会主义家庭文明新风尚》，《人民日报》，2016 年 12 月 13 日。

家庭德育之中，强调家庭德育方式和手段的多样性和灵活性。另一方面，营造书香氛围，打造书香家庭，形成以读书为核心的家风、学风。通过持久、醇正的家风熏染，使每一代人的优良德行都能够绵延不绝，进而"在全社会形成崇德向善、见贤思齐、德行天下的浓厚氛围"[①]，使好家风薪火相传。至于评判优秀家风的标准，我们认为，大体要符合以下三个方面要求：其一，好家风所承载的文化样态要与中国传统文化一脉相承，并且能够与当代社会主义文化有效对接；其二，好家风要具有真理性的特点，要符合普遍的伦理道德规范和价值评判标准；其三，好家风要适合社会的时代发展需要，并有利于推动现代家庭道德文明建设。毋庸置疑，当代家庭德育建设还要以良好的家风为基础，构建新型家庭德育模式势必要以汲取传统家训中的德育资源为前提和保障。只有将传统家学资源和家庭德育建设结合起来，才能使当代家庭道德教育具有现实意义，才能动员全社会广泛参与到家庭文明建设中来，进而推动形成社会主义家庭文明新风尚。

孟子曰："人有恒言，皆曰'天下国家'，天下之本在国，国之本在家，家之本在自身。"（《离娄章句上》）孟子所言道出了千百年来传统家训所传承的主导精神，亦道出中国家庭德育生生不息的文化理念。只有讲清楚了以明代家训为代表的传统家训的继承性、民族性和时代性，才能充分运用其中的优秀德育资源，形成与时俱进且紧跟时代步伐的德育范本，才能与不断发展和求新的家庭德育体系相适应、相匹配。"服民以道德，渐民以教化"（欧阳修：《三皇设言民不违论》），重视家庭文明建设，正确对待包括明代家训在内的传统家训中的优秀德育思想，才能为构建符合社会主义核心价值观的"当代好家庭、文明好风尚"助推一臂之力。总之，在一定意义上可以说，只有推动形成积善成德、崇德向善的家庭文明氛围，唤醒中华 4 亿多个家庭的道德自觉，我国家庭的整体德育水平才能得到显著提升，国家和民族才会不断走向繁荣与昌盛。

---

① 中央中央宣传部：《习近平总书记系列重要讲话读本》，北京：人民出版社，2016 年版，第192 页。

五、明清家法族规伦理思想及其现代转化

中国传统的家法族规是家族组织为了稳定家族结构、维持家族秩序、约束家族成员所制订的世代相传的行为规范，其发展演变经历了一个漫长的过程。但在明清时期，由于统治者的大力倡导、社会经济的快速发展以及人口激增等因素，家法族规进入到最为鼎盛的发展阶段。明清时期家法族规的内容丰富且复杂，涵盖了家庭生活、宗族事务的方方面面，如子孙教育、婚丧嫁娶、族产管理、先祖祭祀、族谱修撰等。家法族规中所蕴含的伦理思想渗透并体现在家法族规的各项内容之中，对于家庭成员间的关系维系以及宗族的生存与发展，乃至传统社会的和谐稳定均起到了至关重要的作用。

（一）明清家法族规伦理思想的显著特征

人作为群体性、社会性的动物，如何建立与社会、与他人之间良好的伦理关系，对于个人的生存发展乃至整个社会的正常运作均具有重要意义。

1. 明清家法族规伦理思想以人伦纲常为核心理念

明清时期家法族规中的伦理思想大都建立在人伦关系基础之上，并以纲常名教为指导，旨在实现其对宗族成员的伦理约束与等级观念的灌输和教化。所谓人伦，狭义指五伦，即父子、君臣、夫妇、长幼、朋友五种人伦关系。孟子曰："后稷教民稼穑，树艺五谷；五谷熟而民人育。人之有道也，饱食、暖衣、逸居而无教，则近于禽兽。圣人有忧之，使契为司徒，教以人伦：父子有亲，君

臣有义，夫妇有别，长幼有序，朋友有信。"(《孟子·滕文公上》) 此所谓亲、义、别、序、信即是人伦之道的实践基础，以个人为中心，上对父母，下对子女，平行对兄弟、配偶，向外对邻里、朋友。至于"家运之盛衰，天不能操其权，人不能操其权，而实自操之。父慈、子孝、兄友、弟恭，男正位于外，女正位于内，即贫窭终身，而身型家范，为古今所仰，盛莫盛于此。如身无可型，而家不足范，当兴隆之时，而识者已早窥其必败也。"(孙奇逢:《孝友堂家规》) 可见，家族成员只有遵循人伦之道，各守其分、各司其职，才能消除个人在社会生活中的各种摩擦与利益冲突，才能维系人伦关系的正常发展，才能保持家运的隆通，维系家族的延续与发展。

如前所述，明清家法族规的制订及其中所蕴含的伦理思想大多依存于人伦关系而展开。《礼记·郊特牲》曰:"男女有别，然后父子亲;父子亲，然后义生;义生，然后礼作;礼作，然后万物安。"因此，按照亲疏类序，夫妇是人伦之始，是人伦的首要基础。在传统社会中，理想的夫妻关系为夫义妇顺。然而，明清家法族规中关于夫妻关系的规定中明显对妻子提出了更多的要求，妻子所应尽的义务也更为详细具体。如在明朝初年，一代名儒宋濂帮助浦江义门郑氏子孙将家族各类规范合并为共有一百六十八则的《浦江义门郑氏规范》，其中有关家族内诸妇的要求与义务便达二十一条之多。传统社会中理想的父子关系为父慈子孝，即父之于子应严慈相济，子之于父应敬顺有加。父子关系是家庭伦理的核心内容，而为子者是否能尽孝道便是父子关系的核心问题。绝大部分明清家法族规都有对于孝悌内容的表述，如安徽《寿州龙氏宗规》有言:"哀哀父母恩，昊天同罔极……小孝宜用劳，大孝惟竭力。养生送死礼能尽，聊报深恩于万一"[①]。对于子孙后世的不孝行为，家法族规也规定了严厉的惩罚措施，如《合江东乡李氏族规》规定:"凡子孙于父母及祖父母，骂者罪即绞决;殴者斩决;杀者凌迟处死"[②]。在人伦关系中，父子关系与兄弟关系为天合，其余均为人合。我

---

① 《寿州龙氏宗规》(第 1 卷)，《家规》，光绪十六年本。
② 《合江李氏族谱》(第 8 卷)，《族禁》，光绪二十一年本。

国古代封建社会是一个讲求血缘关系的宗法社会，因此，人们普遍认为天合重于人合，即父子、兄弟关系要重于夫妻、君臣、朋友关系。除父子关系而外，古人之所以将兄弟关系也看作是重要的人伦关系，是因为他们认为兄弟乃是父母生命的延续，兄弟间的关系可以直接延伸到妯娌关系、子侄关系、奴仆关系。若兄弟不睦，将会影响到整个家族的和谐，因此需要着力维护之。并且，理想的兄弟关系为兄友弟悌，"兄须爱其弟，弟必恭其兄。勿以纤毫利，伤此骨肉情"（方孝孺：《谕俗箴》）。即兄弟之间要互敬互爱，不可因妯娌关系、财产争夺等因素影响兄弟关系，继而影响整个家庭乃至家族的和睦。

2. 明清家法族规伦理思想以修身明德为主旨内容

借修身以明德乃是明清家法族规伦理思想的重要旨归。而所谓修身，则是指个体以社会主流伦理规范来提升自身道德修养、完善自身人格的自觉过程。明清家法族规中的修身思想在继承前代修身思想的基础之上，深受宋明理学思想的影响，不仅在内容上更加丰富、完备，对于修身的具体方法也进行了细致的探讨，以期训教和引导后世子孙的修身行动。众所周知，儒家特别强调修身的重要性，认为修身是齐家、治国、平天下的首要前提，但修身的目的不仅在于"独善其身"，更是为了构建和谐的家庭关系与社会关系，使家庭、社会处于良性的运作状态之中。明清家法族规则很好地继承了儒家传统的修身思想，认为个人通过修身，其低层次的目的是为了让后世子孙能够在竞争日益激烈的社会环境中立足，以维护个人、家庭乃至整个家族的社会地位与切身利益；从更高层次来说，则是期望后世子孙能够通过修身以达到治国平天下的终极目标。

明清家法族规伦理思想的内容丰富且充实，从个体来讲，大多涉及修身明德这一主题。明清家法族规认为，个体立身首要的、根本的内容便是要心存敬意。"敬"是一种对自己认真、对他人尊敬、对德业严谨的态度，是一种心无妄念、行不妄动的状态，是一种恭敬谨慎的品德。清人史搢臣曾言："人生自幼至老，无论士农工商，智愚贤不肖，刻刻常怀畏惧之心，如明中畏天理，暗地畏鬼神，终身畏父母，读书畏师长，居家畏乡评，做官畏国法，农家畏旱涝，商贾畏亏折，兢兢业业，为了得这一生。"①此处的畏惧之心便是敬畏、恭敬之心，为人处世只有时刻怀有恭敬之心才不会恣意妄为。明清家法族规修身思想的核心内容在于自省。所谓自省，也就是通过自我审视，找出自身的缺点与不足，并加以改正以达到自我完善。古人极力推崇曾子一日三省以进德："吾日三省吾身，为人谋而不忠乎？与朋友交而不信乎？传不习乎？"（《论语·学而》）自省的修身方法被明清家法族规加以继承，如明代著名文学家、政治家高攀龙便指出："见过所以求福，反己所以免祸。常见己过，常问吉中行矣。自认为是，人不好再开口矣。非是为横逆之来，姑且自认不是。其实人非圣人，岂能尽善？人来加我，多是自取，但肯反求，道理自见。如此则吾心愈细密，临事愈精详。一番经历，一番进益，省了几多气力，长了几多见识，小人所以为小人者，只见别人不是而已。"②由此可见，常见己过，人的心思便更加缜密，行事考虑自然更加周详，古人认为，这同样也是君子与小人之间的主要区别之一。

（二）明清家法族规伦理思想的主导精神

毫无疑问，中华优秀传统文化是中华民族迈向 21 世纪最可宝贵的民族精神之根柢。明清家法族规伦理思想作为中华传统文化的一部分，又有其一以贯之的主导精神，概括而言，即崇尚整体主义、以和为贵与重视礼法秩序。

1. 崇尚家族利益至上的整体主义

在中西方文化比较这一研究领域，学界业已达成的一个基本共识是：西方是个人本位主义，中国是家族本位主义。鉴于此，笔者认为，明清家法族规伦理思想以崇尚宗法等级秩序的家族本位为基础，它的一个重要的主导精神便是追求家族利益至上的整体主义。这种整体主义使得家族为了谋求切身利益，具有一定的狭隘性和排他性，即旨在排斥个体或他族的利益。按照这种价值取向，

---

① 陈宏谋辑：《五种遗规》（第 2 卷），《训俗遗规》。
② 高攀龙：《高子遗书》（第 10 卷），《家训》。

明清家法族规伦理思想一味强调：在家庭生活中家族整体利益至上，个人利益必须无条件服从家族利益。诸如父母在，子妇不许有私财、不许分家、无权处置家庭财产等等。家庭成员的一切行为只有与其所处的家族利益相一致，才能确定个体的存在价值，其自身也才能够被族众所认可。

明清家法族规伦理思想以家族整体利益的名义限制甚至取消个人的利益，这就在一定程度上压抑了人的需要以及个性自由。推而广之，在社会生活中，个人的利益、家庭的利益又必须无条件地服从国家的利益，即强调国家利益至上。这本无可厚非，然而，此所谓的国家利益却是"虚幻的集体"（马克思语）之利益，亦即代表的是统治集团的根本利益。明清家法族规伦理思想所推崇的整体主义，实质上就是通过抹杀个体利益以达到家族乃至社会整体和谐的标准，家族成员在此过程中则丧失了个性自由和自我价值。这就是狭隘的整体主义与强调整体利益与个人利益相统一的集体主义的一个重要区别。

2. 积极倡导家族人际关系和谐

明清家法族规伦理思想将维护家族人伦秩序、形成良好的家庭关系作为主要任务和价值取向。为此，它将"贵和"奉为主导精神和赖以行动的思想保证。所谓"家庭之间，以和顺为贵。严急烦细者，肃杀之气，非长养气也。和而有节，顺而不失其贞，其庶乎？"（《左宗棠全集·家书》）人所共知，追求和谐一向是中国传统文化的主导精神和价值追求，它渗透在人与自然、人与人、人与社会之间关系的各个方面。而所谓"贵和"，就是指在人际交往中力争做到和谐相处，使自身能够在群体中保持良好、和谐的人伦关系。在明清家法族规伦理思想中，父子、兄弟、夫妇等在家庭中都有各自的角色期待及与之相应的权利与义务，这样，他们才能自觉安于各自所处的等级地位，有效地减少家庭矛盾和冲突，以达到促进家庭和睦的目的。正所谓"君君臣臣，父父子子，兄兄弟弟，夫妇朋友各得其位，自然和。"（朱熹：《朱子语类》卷二十二）

明清家法族规重视人伦关系，强调家庭伦理关系的和谐有序，并主张个人在具体的人伦关系中应承担相应的伦理责任，这对于形成良好的家庭人伦关系乃至社会关系，进而维持社会的稳定都具有一定的积极意义。然而，这种和谐却是在不平等的人伦关系中寻求和谐，也就是在原本不和谐中力求和谐。实质上，在古代的历史环境中，所谓的社会和谐则是以牺牲广大下层民众的利益为代价的。

3. 高度重视家族礼法秩序

关于"礼"产生的缘由，古人曾多有论述，譬如儒家经典《礼记》有言："是故圣人作，为礼以教人，使人以有礼知自别于禽兽。"（《礼记·曲礼》）又说："礼之教化也微，其止邪也未形，使人日徙善远罪而不自知也，是以先王隆之也。"（《礼记·经解》）《淮南子》则进一步指出："夫礼者，所以别尊卑、异贵贱。"《淮南子·齐俗训》总之，正因为"礼"（广义）有辨别、规定等级区分以及使得等级关系有序化的功用，所以才有其产生和存在的可能与必要，明清家法族规也才会高度重视家族礼法秩序。

传统社会是人们公认的严于礼法的社会，它所极力维护的必然是封建等级秩序，而礼法秩序在其中则承担了协调和规范等级秩序的重任。在这个等级制社会中，业已形成了一套相当完备、周密的礼教观念和礼俗规范。受此影响，明清家法族规要求子女在家族生活中必须严守礼法秩序，诸如孝顺父母之礼、晨省昏定之礼、侍疾之礼，等等。事实上，家族礼法主要包含狭义之礼与法两个方面的内容，并且，二者的功用和效果又是不同的，它们相辅相成，正所谓"礼者禁于将然之前，法者禁于已然之后"（《大戴礼记》）。在明清家法族规中，常常礼法并举，且法的成分居多。古人不仅在治家中提倡礼法秩序，在治国亦即社会政治生活中也同样强调"礼治"与"刑治"抑或"德治"与"法治"的统一，旨在建立符合统治阶级理想的上下各安其位的社会等级秩序。

（三）明清家法族规伦理思想的借鉴价值与现代转化

明清家法族规伦理思想是我国古代劳动人民世代积累的关于育人与处世的

智慧结晶与经验总结。虽然其部分内容体现了较多的保守思想，不可避免地被打上了历史的烙印，但其中所蕴含的精华部分，是能够超越时空的界限为社会主义精神文明建设服务的。我们只有将这些优秀的伦理思想作为当代伦理文化建设的宝贵资源，并对其进行系统发掘与现代转化，才能构建具有中国特色的社会主义道德价值与规范体系。

1. 明清家法族规伦理思想的价值评判

笔者认为，影响和推动历史发展的主要因素并不在于对历史遗产继承的多少，而在于对其的肯定或否定（即价值评判）是否正确、科学。同样，能否使传统家法族规中的伦理思想经过一番现代转化使之服务于当今社会的社会主义精神文明建设，其重点不仅在于对传统家法族规伦理思想吸收与继承的完备程度，更在于是否能够对其进行客观与科学的评价。毫无疑问，我国的家法族规文化经历了漫长的历史发展过程，其中所蕴含的伦理思想既有精华也有糟粕，既有已经过时需要我们摒弃的东西，也有可资借鉴的宝贵思想资源。

首先，明清家法族规伦理思想的消极因素显然是不容忽视的。总体而言可以概括为两个主要方面：第一，浓厚的等级尊卑思想阻碍了社会前进的脚步。已如前述，中国传统文化中的等级观念，本质上是宗法制度的产物，既表现为政治等级观念，亦表现为伦理等级观念，是传统社会普遍认同并据以行动的价值观念和取向。这种等级尊卑思想外化为家法族规中同传统伦理紧密相连的价值观念之中，使得每个人都必须无条件服从于家长，各安其位而不得逾越。这一浓厚的等级尊卑观念虽然对于维护封建统治的稳定起到了至关重要的作用，但长期以来却禁锢了人们的思想、束缚了人们的行为，导致我国传统文化中平等、民主意识的缺失与法律意识的淡薄。社会主义制度建立后，虽然封建等级制度失去了其赖以生存的土壤，但等级尊卑思想却仍然植根于人们的心灵之中，影响着中国人的思维方式与价值取向，致使一些人自觉或不自觉地依照传统尊卑观念处世行事，如拜权主义思想、男尊女卑思想、家长专制思想等等均是如此。传统的等级尊卑思想尽管包含了诸如尊老敬老等具有积极内涵的一面，但其消极因素决不可忽视和低估。

第二，过于重视经验教育，而框制了人们的思维模式。传统家法族规的制订者们将前人的思想精华与自身的人生经验加以总结并编写为行为规范，用以教导和约束后世子孙，使其能够在艰难的社会环境中立足，从而维系整个家族的延续与繁荣。制订家法族规的本意是为后世子孙铺就一条通向成功的道路，但却出现了一定程度的矫枉过正，而框制了人们的思维模式。譬如，明清家法族规中对于宗族成员职业的选择便有明确的具有一定倾向性的要求，即以读书仕进为最佳选择（因"万般皆下品"），耕为上，工商次之。康熙年间的《海城尚氏宗谱》规定："后世子孙众多，须宜立志读书，或工韬略，各守一业，为农为商，随分安生，不做游荡之徒。"① 同时，明清家法族规还禁止子孙阅读经书以外的任何书籍，禁止族人下棋、打牌、听曲、看戏。譬如《浦江郑氏义门规范》规定："子孙不得目观非礼之书，其涉戏谑淫亵之语者，即焚毁之；棋枰、双陆、词曲、虫鸟之类，皆足以蛊心惑志、废家败事，子孙当一切弃绝之。"② 从而使他们成为思想呆板、视野狭窄的井底之蛙。人们的思维模式被限制在一些条条框框之中，不仅限制了个人的全面发展，而且当时由于人们认识世界能力的不足、创新意识的缺乏，同时也限制了整个社会的发展，使中国社会在数百年间停滞不前，以至于落后于西方诸国，最终导致近代中国屡遭列强的侵犯，饱尝国家积贫积弱之苦。

反观明清家法族规中的伦理思想，尽管存在诸多弊端，但其多数内容仍然是我们应该继承和弘扬的民族文化的精髓。无论是传统的封建社会抑或是当代的法治社会，明清家法族规中的伦理思想在维系家庭发展、维护社会稳定方面，都具有亟待开发的重要价值，其积极内涵与有效的教化方法对于丰富中国当代伦理文化建设的内容同样具有借鉴意义。具体而言，主要体现为如下两个方面：

第一，对于促进当代家庭自身的发展与维护社会的稳定均具有重要价值。

---

① 《海城尚氏宗谱》，《先王遗训》。

② 《浦江郑氏义门规范》，宣统二年本。

古人订立家法族规的主要目的是使后世子孙能够严格遵守这些规范，时刻不忘"修身、齐家"，从而能在维持香火的基础上兴旺发达、光宗耀祖。事实证明，认真制订并遵循这些规范的家庭与宗族，往往能够经受得起承平时岁月的消磨和战乱时烽火的洗劫。如前所述，浦江义门郑氏自南宋至明朝，合族同居十五世，被朝廷视为模范家庭，明太祖朱元璋曾赐"江南第一家"之号以彰其德。郑氏自元代订立家规之日起，便对后世子孙的行为规范进行严格要求，并根据家族的壮大不断对其内容进行增补修订。在结束长达300余年的累世同居后，郑氏子孙仍然注重"祖宗成法"，各支派经久不衰。反观中国当代家庭，由于社会客观环境的限制，传统的大家庭模式已经消亡，取而代之的则是与社会现状相适应的倒金字塔式的小家庭。重智轻德的教育模式为当代的家庭与社会带来了复杂的问题。因此，借鉴传统家训文化的成功经验，借以约束和规范家庭成员的行为，这对于促进当代家庭自身的发展与维护社会的安定均具有重要意义。

第二，继承和发扬了中华民族的优良传统，其教育内容与方法对于当代伦理文化建设具有借鉴意义。在明清家法族规的伦理思想中，中国传统文化的精华成分占有较大比重，其相当部分源于社会的善良风俗、中华民族的传统信念，如孝顺父母、和睦邻里、与人为善、勤劳简朴、尊师重道、正直廉洁、扶厄济困，禁止赌博、嫖娼、游手好闲等，当今社会应该加以继承并不断发扬光大。对于这类特有文化的传承，能够增强年轻一代的责任感与归属感，使之在当今社会乃至世界范围内的激烈竞争中能保持清醒的头脑，增强自身的是非辨识能力与自主选择能力，从而达到自身人格的完善与社会环境的和谐。

2. 明清家法族规伦理思想的现代转化

明清家法族规伦理思想所包涵和体现的思想观念，大都源于中国传统伦理思想，而其自身并无多少创新。因此，对于明清家法族规中伦理思想的发掘与现代转化，可视为对整个中华民族优秀伦理思想继承与发展的重要组成部分。为了完成历史发掘与现代转化这项艰巨的工作，笔者认为首先应从以下几方面入手：

第一，明清家法族规伦理思想现代转化的价值厘清。传统家法族规中的伦理思想将"修身"作为"齐家、治国、平天下"的基础与前提，将个体德行的完备作为其完成与实现社会责任与社会任务的首要条件。而在当代社会中，市场经济在为人们带来丰足的物质生活条件的同时，也使人们的价值观念发生了较为明显的倾斜——将对经济利益的追求置于对道德信念的追求之上，致使当代社会因道德失范而出现的社会问题层出不穷。因此，笔者以为，中国当代伦理文化建设的首要任务应该是厘清人们的价值观念，不仅要强调在遵守道德规范的基础上追求正当经济利益，还要将这种外在的道德规范内化为自身的道德需求，即自我满足、自我完善的需求。而这正是明清家法族规伦理思想所秉持的价值取向带给当代人的深刻启示。

第二，明清家法族规伦理思想现代转化的内容选择。对于明清家法族规伦理思想的内容，我们既不能一概否定，也不能全盘继承，而应"如同我们对于食物一样，必须经过自己的口腔咀嚼和胃肠运动，送进唾液胃液肠液，把它分解为精华和糟粕两部分，然后排泄其糟粕，吸收其精华，才能对我们的身体有益"①。在明清家法族规伦理思想的内容选择问题上，我们首先是要对在历史中造成恶劣后果的糟粕以及不符合当代伦理文化建设要求的内容予以剔除。譬如，《余姚徐氏宗范》规定："宗妇不幸少年丧夫，清苦自持，节行凛然，终身无玷者，族长务要会众呈报司府，以闻于朝，旌表其节"②。这种贞烈观念本质上就是对女性的歧视与压迫，是应予以坚决摒弃的。再如，明清家法族规中多有"禁争讼"的规定，将其认定为与人结仇种怨甚至是"有辱门楣"的行为。这种规定在当时社会固然有其存在的合理性，但若置于当代社会却与社会主义法治精神背道而驰，因而应予以剔除。其次，对于在传统伦理文化中发挥过重要作用且至今仍能产生积极影响的传统美德，应给予积极的评价并加以继承，如勤劳简朴、尊师重道、与人为善、诚实守信，禁止赌博、吸毒、嫖娼等。再次，对于明清

---

① 《毛泽东选集》（第2卷），北京：人民出版社，2009年版。

② 《余姚江南徐氏宗谱》（第8卷），《族谱宗范》。

家法族规伦理思想中的某些积极内容，要予以"扬弃"并提取其合理成分，使之逐步融入当代伦理文化体系中，如孝悌观念、义利观念等。

第三，明清家法族规伦理思想现代转化的方法借鉴。明清家法族规中的许多伦理教化方式和理念，如养正于蒙（教于婴稚）、潜移默化、严慈相济、注重环境（应列入今之所谓"生态伦理"范畴）等，时至今日仍然具有重要的参考价值。并且，明清家法族规中所体现出来的教育方法和价值追求对于发现与解决当代教育、特别是家庭教育中出现的种种问题，进而丰富和完善中国当代伦理文化体系同样具有重要的借鉴意义。诚然，随着社会的快速发展，个体在成长过程中所面临的环境也会愈加复杂，这便要求我们在借鉴诸如言传身教、因材施教等具体的教化方式和教育方法时，就要注重对其进行必要的现代转化，以使之与时俱进，做到不断推陈出新。

综上可见，明清家法族规中的伦理思想可谓金石相杂、瑕瑜互见。然而，经过充分发掘、系统整理与价值评判，笔者以为，明清家法族规伦理思想总体上而言是瑕不掩瑜的，因此才有对其进行一番现代价值转化的可能性与必要性。但是，这种现代转化并非终极目标，我们要坚持批判继承与综合创新的原则，将明清家法族规伦理思想加以去芜存菁、去伪存真，使之最终融入中国当代伦理文化体系中，以更好地为我国的社会主义精神文明建设服务。

六、传统儒家思想对日本家训的影响及意义*

儒家思想作为中国社会意识形态的主体已存续两千年之久。提及弘扬优秀中国传统文化，儒家思想当居首位。几经历史变迁，儒家思想中的绝大部分思想精华仍具有永久价值性。在思想观念纷杂、社会急剧变化的今天，在塑造健全人格、培养良好道德风尚等方面，儒家思想仍有其不可替代的时代价值。儒家思想十分重视道德教育的价值与重要作用，儒家思想的创始人孔子曾说过："君子怀德"（《论语·里仁》），"德育优先"在儒家思想中占有重要地位。儒家思想以仁、义、礼、智、信、忠、勇、和等思想为道德标准，以家训形式为依托，在中国社会教育出无数道德高尚、性情温良、有勇有谋、知耻重名的"仁者"。

（一）传统儒家思想的教育价值

儒家思想历史悠久且内涵丰富，它是中华民族经过几千年的论证留下来的宝贵文化资源，是中华民族得以生生不息、发展延续的精神动力和智慧源泉。儒家思想的精髓在于强调修身，"和谐中庸""修齐治平""诚信待人""包容汇通"等思想，在改善人与人之间的关系、增强民族凝聚力方面功在千秋。儒家思想最终追求的是以"仁"为核心，以"德"为基础，以"礼"为规范，以"和"为目标的理想境界。儒家思想从来就不是故步自封、抱残守缺、停滞不前

---

* 与李春燕合作完成。

的，它总是以包容汇通的精神不断实现自身的丰富与完善。因而，即使在今日社会，儒家思想仍有其不可估量的教育价值。不仅在中国，儒家思想在中日交流过程中，被传入日本，其对日本民族特有文化的形成产生了深远的影响。

（二）日本家训对儒家思想的汲取与传播

中国古代先进的政治制度和极尽繁荣的文化对周边国家产生了深远的影响，日本在长期汲取中国优秀传统文化的历史进程中，家训这一家庭训诫方式也被日本借鉴和模仿。中国家训以儒家思想为根本价值取向和参照体系，因此，它的核心内容是对中国优秀传统文化精神的进一步阐扬，是一种在家庭教育范围内对儒家思想及其价值观的一种传承。中国家训将儒家思想所提倡的仁、义、礼、智、信、忠、勇、和等思想渗透到家庭教育中，经过家庭的吸收与再加工，将新的思想复归于社会，使得处于不同时期的中国社会都能具有体现时代精神的文化内容。日本家训同样是以儒家思想为根本指导思想，是在对中国家训进行积极借鉴与忠实模仿的过程中逐渐产生并逐步得到完善的。

1. 日本家训对儒家思想之"仁"的汲取与传播

"仁"即所谓仁义、仁爱、仁政。"仁"的学说构成了儒家政治、思想、教育、人格培养等诸多方面的理论基础，是一切纲常伦理的核心。"为政以德"（《论语·为政》），"仁者爱人"（《孟子·离娄下》），"人者，仁也"（《孟子·尽心下》）。在中国家训中，无论是帝王家训、宰相家训、名臣家训还是名儒家训等，儒家思想的"仁"均占有重要地位。儒家思想主张统治者应施以仁政，这也体现在儒家的民本思想之中。"民为贵，社稷次之，君为轻"（《孟子·尽心章句下》），"民之所好好之，民之所恶恶之"（《礼记·大学》），"得民心者，得天下；失民心者，失天下"（《孟子·离娄上》）。儒家的民本思想实则是对"仁"的延伸，中国古代帝王家训中对民本思想给予高度认同，历代帝王以施仁政、造福百姓、推动社会进步为己任，可见上至帝王将相、下至黎民苍生，儒家思想都有其不可估量的教化作用。日本家训同样汲取了儒家关于"仁"的思想，这一思想在日本武家家训中得到广泛的传播与利用。武家家训要求武士"以仁为本"，"仁"指同情、宽容、怜悯……"仁者人也"（《中庸·第二十章》）。从某种特定意义上来讲，仁学即为人学，是一种以人为本的学问。日本学者认为，"武士道虽然是各种思想和哲学融合而成的道德体系，但"仁"是从儒教中汲取的"①。受儒家思想之"仁"的影响，日本武家家训主张在日常训诫中要注重培养武士的温文尔雅之风，以便展现出武士的"仁慈"，使武士集团唯美的情感内涵养于内而表现于外。

2. 日本家训对儒家思想之"勇"的汲取与传播

儒家经典著作中对于"勇"的论述并不在少数，可是"勇"却没有成为儒者一个特别鲜明的人格品质，这可能与"勇"在儒家思想中的真正内涵殊有关联。论语曰："见义不为，无勇也"（《论语·为政》），"勇者不惧"（《论语·子罕》），"折而不挠，勇也"（《荀子·宥坐》）。自古以来，儒家学者均以谦谦君子形象示人，中国古代要求儒者必须掌握六项基本才能："养国子以道，乃教之六艺：一曰武礼，二曰六乐，三曰骑射，四曰五驭，五曰六书，六为九数"（《周礼·保氏》）。所以，中国古代的儒者除饱读诗书之外，也应该是骁勇善战的。这一思想很好地被日本武家家训所承杨——日本武家家训要求武士不仅要具备一定的道德修养，还应该掌握必备的征战技能。儒家思想的"勇"不仅代表着勇敢大胆和刚毅果敢，而且有着鲜明的儒家思想意蕴。儒家的"勇"有"大勇"和"小勇"之分，"吾不欲匹夫之勇也，欲其旅进旅退"（《国语·越语上》），"好勇斗狠，以危父母"（《孟子·离娄下》）……儒家思想中"勇"的实施要讲求分寸和尺度，"勇"的实施以"仁"为前提，"志士仁人，无求生以害仁，有杀身以成仁"（《论语·卫灵公》）。儒家"大勇"的精神实质是指为了正义的事业，即使牺牲性命也不能改变对信仰的追求；为了不值得的事情去牺牲即为"小

---

① 史少博：《日本武士道精神对儒家思想的汲取》，《哲学》，2010 年第 6 期。

勇"——匹夫之勇。中国家训在对儒家思想的继承与弘扬过程中，汲取了"勇"的丰富内涵与主旨精华，教育出一批又一批有勇有谋的正义之士。日本武家家训积极吸收了儒家关于"勇"的思想，认为武士不仅要具备高超的技艺，而且要同时具备坚忍不拔、敢作敢为的精神。正如同中国家训中分"大勇"和"小勇"一样，日本武家家训同样对"勇"进行了深刻的解读。日本家训认为，"真正的勇气是当生时生，当死时死。"① 如果为了不值得的事情丢掉了性命即为"犬死"，"犬死"是被武士阶层所唾弃的一种鲁莽行为。尚勇——大勇的思想在日本武士集团内部广为传播。

3. 日本家训对儒家思想之"礼"的汲取与传播

儒家思想非常重视"礼"，认为"不学礼，无以立"（《论语·季氏》），"恭而无礼则劳，慎而无礼则葸，勇而无礼则乱，直而无礼则绞"（《论语·泰伯》），强调"非礼勿视，非礼勿听，非礼勿言，非礼勿动"（《论语·颜渊》），"上好礼，则民易使"（《论语·宪问》）等等。儒家思想中的"礼"指的是规矩，重礼的精髓在于凡事要合乎礼法规矩。中国素有"礼仪之邦"之称，可见儒家思想中的"礼"对中国国民性格塑造的突出作用。必须指出的是，儒家思想认为，虚礼不算礼。"礼"不是一种外在表象，真正的"礼"应存于"心"，发乎"仁"。在儒家思想中，"礼"是一种高尚的情操，属于伦理道德范畴，无论人前人后均应中规中矩，这是一个人道德修养的体现。与儒家思想的"礼"相呼应的是"慎独"，"道者也，不可须臾离也；可离，非道也。是故君子戒慎乎其所不睹，恐惧乎其所不闻。莫见乎隐，莫显于微，故君子慎其独也。"（《中庸·第一章》）在这一思想的教化下，中国民众普遍以"表里如一"为价值取向，以内外兼修为荣，以阳奉阴违为耻。日本家训吸收了儒家关于"礼"的思想，以至于日本也同中国一样，成为一个重礼的国家。日本人普遍以鞠躬的形式对他人表示问候、尊敬，鞠躬的角度、次数、时间的长短都有特别的讲究。与他人打招呼时要重礼、衣

---

① 史少博：《日本武士道精神对儒家思想的汲取》，《哲学》，2010 年第 6 期。

着要重礼、用餐期间同样要重礼。可见，儒家思想的"礼"已经渗透到日本生活的各个层面，细致而繁杂。

4. 日本家训对儒家思想之"和"的汲取与传播

"和"是中国传统文化中一个非常重要的范畴。儒家思想十分重视"和"，将其视为为政、为人的基本准则之一。儒家思想的核心是"仁"，其根本宗旨和基本功能在于求得社会稳定与和谐发展。"和"实质上是对"仁"的延伸，"仁"的实施离不开人，合理处理人际关系的准则就是"和"。"礼之用，和为贵"（《论语·学而》），"天时不如地利，地利不如人和"（《孟子·公孙丑下》）。在中国帝王家训中，以推行"和"的思想来维护统治，宰相家训、名臣家训、名儒家训中，则以"和"教导家族成员以期永保家族昌盛。中国在儒家思想"和"的影响下，形成了父慈子孝、长幼有序的和谐局面。儒家思想倡导的"和"不是盲从和委曲求全，"君子和而不同"（《论语·子路》），"和"之意在于协调，"同"之意在于求得一致。儒家思想主张"躬自厚而薄则于人"（《论语·卫灵公》），在与他人相处时，并不需要苛责自己与他人保持一致，只要做到"己所不欲，勿施于人"（《论语·颜渊》），即推己及人，将心比心。如此既可保持高尚的道德情操，又能同时构建起良好的人际关系。直至今日，中国民众依旧把"和"看作是为人处世的重要准则，家庭建设方面自不必说，"和"在构建和谐社会层面仍被作为理论基础，并在新时代散发出璀璨的光芒。日本有"和之魂"之称，很多日本人将"和"奉为信条，"和"是日本一切文明交往的重要准则，这也是与中国儒家思想重视"和"一脉相承的。日本的主体民族是大和民族（占日本总人口的99%），"和之魂"在意识形态领域即指日本精神。"和"的思想在日本武家家训和商家家训中均得到很好的应用。日本企业实行终身雇佣制，主张以"和"的思想教化、管理员工，以期在和谐的氛围中让员工尽心尽力为集团工作，从而实现集团利益最大化。

（三）日本家训的变异及其影响

从表象上看，日本家训以中国家训为母体，与中国家训有诸多相似之处。中日两国家训在中心思想、内容范畴、育人功能等方面大体一致，而且两国的家训均带有浓厚的感情色彩。但日本家训不是对中国家训的完全复制，实质上二者的发展路向是不同的。尽管日本家训深受中国儒家思想的影响——信奉仁、义、礼、智、信、忠、勇、和等思想，不幸的是，它在汲取儒家思想精华的同时，在一定程度上对儒家思想进行了异化，走上了与中国家训完全不同的道路。特别是对儒家忠、勇等思想的曲解，使得日本形成了暴虐的武士道精神，最终走向军国主义道路，给亚洲人民带来了深重的灾难。

1. 日本家训对儒家思想之"仁"的异化

经过历史实践证明，日本武家家训中所提倡的"仁"与儒家思想中的"仁"是有着微妙区别的。不管日本武家家训表面上如何倡导"仁"，武士以尚武、忠君、扩充领土为天职的宿命从未得到改变。在日本古代，任何有损武士颜面的庶民都可以被武士当众斩立决，这种行为在当时社会是合理合法的。由此可见，日本武家家训中的"仁"已与宽容、慈爱、怜悯相悖而行了。武家家训强调"以仁为本"，姑且不论作为统治集团爪牙的武士对其他集团民众是否施之以"仁"，就连武士阶级本身也难以享受此等待遇。武士以效忠领主为第一要义，以随时献出自己的性命为荣，这种精神被后来的军国主义所利用。军人的性命属于天皇，为了天皇的利益屠杀他国民众、掠夺资源，即便付出自己的性命也是军人的光荣。日本家训中的"仁"与儒家思想"为政以德""施以仁政""保民无疆"的要义相去甚远，因此，同属儒学文化圈的中日两国，有着截然不同的国民性格也就不难理解了。

2. 日本家训对儒家思想之"勇"的异化

日本武家家训虽然对"勇"进行了诠释，但在其实际运用中，在育人层面却出现了极大的偏颇。日本武家家训对武士有礼仪、忠诚、勤学等诸多德目要求："礼仪"是体现权势品级及修养的行为规范；"忠诚"被看作是武士集团赖以生存和发展的核心要素；"勤学"旨在以文道资助武道；"勇"则体现出夺取战争胜利的军事能力。在武家家训中，武士以维护集团利益、夺取对外战争的胜利为天职，因而日本武家家训带有浓重的尚武色彩。在日本武家家训的训诫思想中，武士为了领主及集团的利益，要勇于牺牲生命，生就绚烂多姿，死亡来临也要做到没有一丝的留恋和恐惧。日本武家家训将武士教导成了轻贱自己和他人生命的残暴的杀人恶魔。众所周知，武士道精神以武家家训为指导思想和行为准则，"轻死而暴虐，是小人之勇也"（《孟子·离娄下》），武士道精神是小人之勇的体现，可它却是日本军国主义的灵魂。军国主义以对外侵略扩张为要旨，在这一暴虐训诫思想的指导下，日本军人成为杀人不眨眼的机器，对自己的生命尚且如此轻贱，以残忍手段屠杀他国人民也就成了一种必然。

3. 日本家训对儒家思想之"礼"的异化

日本家训在吸收儒家关于"礼"思想的过程中，同样对"礼"进行了曲解，并走向了异化。儒家思想中的"礼"教导人们人前人后均须有礼有节，"礼"关乎个人的修养。而日本家训中的"礼"与其说是对他人的问候与关怀，不如说是一种"风度"的外在表现。日本在这种"礼"的教导下，形成了日本国民特有的"耻文化"。日本人在教育家族成员时常常说道"你会被他人耻笑的"，"不要丢家族的脸面"。"对于日本人来说，做一件事是否让自己蒙羞比是否犯罪更重要"。① 日本家训中的"礼"停留在表象层面，"在别人认识的圈子里做的每件事都有合适和不合适之分"②。与儒家思想的"礼"相比，日本的"礼"无疑是一种虚礼——如果说儒家思想强调"礼"关乎道德，日本家训的"礼"则重在

---

① ［英］保罗·诺不利:《这就是日本》，北京：商务印书馆国际有限公司，2016年版，第30页。

② ［英］保罗·诺不利:《这就是日本》，北京：商务印书馆国际有限公司，2016年版，第35页。

教导集团成员努力规避世人的目光。"中国人以违背儒家思想道德规范为耻，日本人以背叛集体、为集体丢脸为耻"。[①] "日本人感到耻辱，必须是实际上有人在场，或者至少觉得有人在场"。[②] 因此说，日本人只在自身过错被他人发现时才会感到耻辱，在不为人知的情况下便可抛开规矩恣意妄为。因此，与儒家思想内外兼修的"礼"相反，日本家训训教出的"礼者"无非是借礼之名行非礼之实，一旦"礼"的外衣被剥掉便无所顾忌。所以日本发动侵华战争犯下累累罪行，却从未对自己的罪行进行过反思与道歉，这在一定程度上可以看作是日本家训对儒家思想之"礼"异化的结果。

4. 日本家训对儒家思想之"和"的异化

"在中国，家族表现为由同宗同姓的多个家庭集合而成的宗族；在日本，则是既有血缘联系，又有主从关系的家与同族。"[③] 一言以蔽之，即日本的家与中国的血缘宗族不同，是超越血缘关系的社会共同体。日本特殊的家与家族制度决定了日本十分重视集团利益。儒家"和"的思想被借鉴到日本武家家训和商家家训之中，在武家家训中"和"意味着绝对地服从。武家家训在德川家康所建立的一系列严苛的家族制度和身份制度下，蒙上了厚重的灭人欲色彩——为了集团和领主的利益，武士的一生就应像樱花一样，"注定绚烂的开放，盛大的凋零，以殉道者的姿势，悲壮地牺牲"[④]。武家家训中的"和"思想是日本军国主义思想的重要来源——无条件地对主君效忠，这就为日本军国主义打着对天皇陛下效忠的旗号进行对外扩张找到了依据。并且，武家家训对日本国民性格的塑造也产生了重大的影响。由于日本武士在历史上的地位和在近代史上的作

---

① 于长敏：《菊与刀——解密日本人》，长春：吉林出版集团有限责任公司，2009年版，第113页。

② ［日］井上俊、伊藤公雄：《日本的社会与文化》，北京：世界知识出版，2015年版，第104页。

③ 李卓：《日本家训研究》，天津：天津人民出版社，2006年版，第1页。

④ 姜晓寒、徐慧：《浅析日本武士道精神中的儒家思想元素》，《读者与杂志》，2013年第4期。

用，日本人养成了与之相应的绝对服从和高度敬业的民族性格。日本商家家训同样强调"和"的作用，日本企业实行终身雇佣制，主张以"和"的思想教化、管理员工。儒家思想中的"和"是教导人们按照长幼有序的规范行事，从而使得社会和谐，秩序井然。然而，日本集团的"和"却是通过等级的差异来实现的。"在日本，人与人之间的社会地位存在着差异；每一个招呼、每一次接触都必须表示这种差距的种类和程度"。① 商家家训中提倡"和"，旨在教导员工应认清自己在集团中的地位，承认与他人之间的等级差异，以妥协的方式来实现和谐。"毫无怨言的忍耐，不可因为自己的悲哀或痛苦的表达而去破坏他人的快乐和宁静，最终形成了一种表面上的禁欲主义的国民性格"。② 由此可见，日本家训虽然吸收了儒家关于"和"的思想，却显然与中国家训中的"和"有着本质的差异。

两千多年来，通过中日两国间多次大规模的文化交流，儒家思想在日本的传播占据重要地位。毫无疑问，儒家思想是中国传统文化的核心，在儒家思想的教化下，中华民族形成了本民族特有的伦理认知：以统治者施以仁政为荣、以暴戾侵略为耻，以有勇有谋为荣、以匹夫之勇为耻，以内外兼修为荣、以阳奉阴违为耻，以和而不同为荣、以趋利苟同为耻……经过两千余年的积淀，儒家思想已融入中国人的政治思想、民族性格、价值取向及风俗习惯之中。日本家训同样汲取了儒家思想之精华，可以说儒家思想对日本人的道德观、教育观均产生了深远的影响，儒家思想在提高日本国民伦理道德水平方面功不可没。但遗憾的是，日本家训对儒家思想原意的理解与育人功能的运用上明显出现了差池。日本家训对儒家思想的曲解和异化，不仅塑造了日本国民复杂的民族性格，同时也成为日本军国主义思想的滥觞。

---

① [美] 露丝·本尼狄克特：《菊与刀——日本文化面面观》，北京：北京理工大学出版社，2009年版，第33页。

② [日] 新渡户稻造：《武士道》，南京：译林出版社，2014年版，第47页。

现代家训文化篇

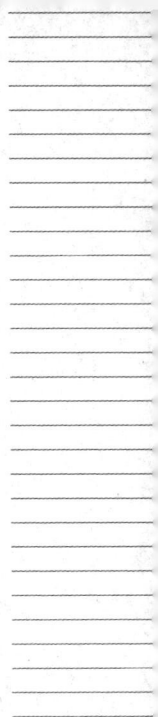

一、新时代家训、家风建构的新向度*

家训、家风是中国传统社会家国治理中不可或缺的组成部分，不但对家庭（族）成员的人格发展具有重要的影响，对于家庭（族）的繁荣发展与国家的稳定昌盛而言，其作用亦不可小觑。中国特色社会主义已经步入新时代，我们注重家训、家风，不仅意味着对于传统尤其是优良传统的尊重，同时也意味着对于当下的深切关注。

（一）新时代为何要注重家训、家风

家训、家风是中国传统社会的产物，其产生与发展均离不开以血缘关系为纽带的伦理经济、伦理政治以及伦理文化。然而，封建社会的瓦解、家族观念的式微以及家国关系的变更等，使得家训、家风存续的合理性与重构的向度成为家训、家风在当代社会亟待解决的问题。进入新时代，我们为何还要注重家训、家风呢？习近平总书记在第一届全国文明家庭表彰大会上便给出了答案，他指出："中华民族历来重视家庭。中华民族传统家庭美德铭记在中国人的心灵中，融入中国人的血脉中，是支撑中华民族生生不息、薪火相传的重要精神力量，是家庭文明建设的宝贵精神财富。无论时代如何变化，无论经济社会如何发展，对一个社会来说，家庭的生活依托都不可替代，家庭的社会功能都不可替代，家庭的文明作用都不可替代。"① 上述这段话，具体而言，可以包含或引申

---

* 与张金秋合作完成。

① 《习近平在会见第一届全国文明家庭代表时的讲话》，《人民日报》，2016 年 12 月 13 日。

为以下几方面的观点：其一，从古至今，家庭作为社会的细胞其所处的基础性地位未曾改变，它始终是"现实的人"的生活依托。马克思主义认为，人是一切社会关系的总和，而家庭（族）关系则是一切社会关系中的基础。"现实的人"不能脱离家庭（族）而独立存在，他们的生存、发展始终要依托于家庭（族），故而家庭（族）的稳定、和谐尤为重要，而优良的家训、家风则在家庭（族）稳定、和谐的关系中发挥着重要作用。这主要是因为优秀的家训文化有利于形成优良的家风，优良的家风又会推动一个家族的兴盛、发展；反之，固化、守旧的家训文化则会形成腐朽、没落的家风，在很大程度上成为家族衰败的加速器。其二，自古以来，伴随着家庭（族）而存在的家训、家风，始终承担着育人、化人的重要使命。家训、家风中所展现的优秀价值观念的凝汇，形成了社会的价值取向，而社会的价值取向又决定了各个家庭（族）价值观念的具体内容。在新时代，中国特色社会主义先进文化吸收并发展了传统家训、家风文化中的优秀价值观念，家训、家风作为中国智慧的重要组成部分，也应当承担起新时代的使命——家训、家风是培育社会主义核心价值观的基础场域，是实现个体对社会、国家认同的重要通路，是新时代中国特色社会主义思想大众化的重要载体。其三，从家训、家风在新时代的价值理念来看，它超越了传统社会的血缘共同体，建构了"现实的人"存在的现实关系——价值共同体，其主要表现为从家训、家风衍生发展而来的班训班风、校训校风、企业文化乃至中国精神。此时此刻，"训"与"风"的意义早不再局限于血缘共同体——家庭（族），而是意味着超越了血缘关系的价值认同。

家风正，则民风淳；民风淳，则社稷安。家训、家风是中华民族千百年来智慧的结晶，是超越时空的文化绵延。不论是在"伦理本位"的传统社会，抑或是在努力实现中华民族伟大复兴"中国梦"的社会主义新时代，家训、家风在传播价值理念、凝聚中国力量等方面始终扮演着无可替代的重要角色。回溯漫长的中国历史，我们便可发现，家训、家风于华夏子孙的成长而言，于传统家族的发展而言，于传统社会的稳定而言，均具有不可轻忽的作用——它以血缘关系为基础，架构了个人、家族与国家间的伦理关系，并始终为伦理道德的存在、家国治理方式的合理性作辩护。诚然，在不同的历史时期，家训、家风的表现形式、具体内容、价值尺度等亦不尽相同。但是，毋庸置疑，家训、家风在育人、治家、安邦等方面却始终蕴含着超越时空的中国智慧。

（二）新时代家训、家风建构的主要困境

在中国传统社会影响家风的因素纷繁复杂，择其要者，主要有三个方面：其一，家训文化的发展是否符合时代的需要——是否符合社会的政治、经济、文化等方面的需要，亦即家训、家风能否与时俱进。其二，家训文化的践行是否表里统一——子子孙孙是否系统地加以践行，并促使其世代传承，亦即家训、家风是否系统实践；其三，"家长制"是中国传统社会家族治理的主要特征，因而大家长的权威、垂范作用对于家族而言至关重要。然而，中国特色社会主义已经进入新时代，不论是经济、政治、文化所处的宏观背景，抑或是家国关系、家庭模式，还是家族成员的价值观念都发生了翻天覆地的变化，因而影响现代家庭发展的要素也随之改变。从"农耕经济"到"工业文明"，从"家国同构"到"家国和合"；从"修、齐、治、平"到社会主义核心价值观，这些不胜枚举的变化使得当代家庭不能局限于对于上述因素的考量，故而家训、家风的转化与发展还面临着诸多困境。

1. 刻板印象的形成对家训、家风传承的影响

刻板印象，也称作刻板效应（Stereotypes effect），是心理学中的常用词汇，主要是指人们在实行真实交往前便对某人或某一类人产生的固定的、不易改变的、笼统的、简单的评价。而本文中的刻板印象是指人们对于家训、家风所具有的固定的、不易改变的认知偏差，即不能够客观的、正确的认识传统家训、家风。这主要表现为以下几种情形：其一，"无知论"，这类人群大多对家训、家风不甚了解，并由于自身局限难以理解传统家训文化中"之乎者也"的表达方式，从而更不知其所云，这也说明了家训、家风亟须在尊重传统表达方式的同

时，应当日益大众化、日常化；其二，"无用论"，这类人群大多以"实用主义"为名，认为家训、家风不能行之有效地解决现实中的问题，因而将其作为历史文物一般束之高阁，这也说明了家训、家风在现代转化与发展的过程中在保持其原有的文化精髓的同时，应当关注日常生活，关注人伦日用；其三，"偏见心理"，这类人群大多受历史因素的影响颇深，将传统家训、家风文化统统斥之为封建残余。在落后、挨打的特定历史时期，人们急迫地希望与束缚人们的封建糟粕剥离开来，因而作为族权倚仗的传统家训、家风也理所当然地被一些人嗤之以鼻，加之"文化大革命"期间一度出现的否定中国传统文化的逆流，使得传统家训、家风作为封建糟粕的定论已似乎是铁案难翻。故而这类人群通常泛泛地将"三纲五常""存天理，灭人欲"等不适用于现代社会的局部内容当成家训、家风文化的全部而加以否定。近年来，习近平总书记虽多次强调要注重培育优良家风，但毋庸讳言，一些人对于家训、家风的认知固化却难以使之在短时间内再现生机与活力。

2. 家国关系的变更对家训、家风内涵的要求

从"家国同构"到"家国和合"，家国关系的变更是当代家训、家风现代转化与发展所面临的又一困境。首先，就订立家训、传承家风的出发点而言，在"家国同构"的传统社会，自给自足的农耕经济、绵延稳定的政治秩序、尊孔尚儒的礼乐文化，使得"家"与"国"之间产生了"亲亲""尊尊"的伦理形态，故而形成了"君—臣""父—子""夫—妇""兄—弟"等道德发生的自然次序。这种"差序格局"也决定了家训、家风在传统社会中的自上而下性，加之传统家族订立家训、传承家风的根本目的即在于助其久存于国家之中，因而，传统家训、家风的内涵往往以附和与符合封建统治阶级的利益与需要为基本出发点。然而，在"家国和合"的当代社会，个人、社会和国家的基本关系是"三位一体"、协同发展的，这需要家训、家风的内涵以"人民的名义"为出发点，以在个人、社会和国家协调发展的基础上实现每个人自由而全面的发展为出发点。其次，就家训、家风的本质而言，毋庸讳言，不论是"家国同构"的传统社会

还是"家国和合"的现代社会，紧密的家国关系贯穿始终；不论是"天下国家"的传统家国情怀，抑或是以爱国主义为核心的现代民族精神，都说明了炎黄子孙是将"家"与"国"的命运结合在一起的。诚然，传统社会中聚族而居的生活方式使得个体成员与家族、国家间属于隶属关系，其本身也离不开家族与国家的庇佑，故而提倡五世同堂，至少先在家族层面使得鳏寡孤独皆有所养。这种紧密的、互助的家国关系便成为传统中国人所憧憬的"大同社会"，而区别于古代西方所追捧的无血缘纽带的"理想国"。尽管现代社会"三口之家"与"民主家庭"的出现极大地冲击了传统家族、国家的认知观念，但却始终无人可以脱离家庭、社会与国家而独立存活。正如费孝通先生所阐释的——中国的社会是个乡土社会，人们离不开乡土，同时也离不开社群活动。因此，不论是传统社会的家训、家风，还是当代社会的社会主义核心价值观，其核心内涵均始终离不开个人、社会、国家中的任何一个层面。在传统家训、家风中，个人层面所倡导的"立德修身""立志勤学""谨言慎行""自强不息"等内涵，社会层面所倡导的"有义孝悌""里仁为美""乐善好施""尊师重道"等内涵，国家层面所倡导的"忠君爱国""奉公守法""谦敬恤民""为政以德"等内涵于当代而言仍大有裨益。从表面上看，对于家训、家风的现代转化，我们只需要将其具体内容加以改造，实质上家训、家风不再是尊卑有别、长幼有序等等儒学文化的衍生品，而是要与社会主义社会相适应且要符合现代社会的发展。家训、家风的现代转化不只是口头词语、表面文字的替换，而更需要根本性的变革。

3. 个人本位的出现对当代家训、家风建设的挑战

从"伦理本位"到"个人本位"的变化是当代家训、家风现代转化与发展需要面对的又一严峻挑战。所谓"伦理本位"或"家本位"是中国传统社会的一个重要特征，梁漱溟先生曾指出中国传统社会即是一个互以对方为重的"伦理本位"的社会。冯友兰先生也曾指出，中国传统社会的"家本位"源于以家庭为本位的生产方式，并在此基础上形成了以家为本位的社会制度与社会组织。在"伦理本位"的传统社会，家庭或家族不仅具有极强的政治、经济功能，同

时也承担了家庭或家族成员个人的全部精神与价值，甚或言之具有一定的宗教作用。故而其成员皆以家庭或家族为中心，并以家庭或家族利益为最高利益，这也使得传统家训、家风始终强调家庭、家族的核心地位，诸如"光宗耀祖""衣锦还乡"，夫妻为人伦之始，孝悌为道德之本等等。"伦理本位"的形成，离不开"血缘社会"的伦理要求，离不开以"家长制"为核心的制度保障。在封建家族中，以大家长为绝对权威，以血缘关系为纽带，有效地将家族成员凝聚在了一起，家训也得以受到家族成员的认可，并在家族成员中传播，从而形成一个家族的家风。然而，随着西方人文主义的兴起，"个人本位"也不断被世界各国所共享，"个人本位"倡导以个人需要的满足、个体价值的实现为最终目的。在中国传统社会也曾出现过诸如杨朱"拔一毛而利天下，不为也"（《孟子·尽心上》）的个人主义者，虽然这与西方的极端利己主义存在一定差别，但也不为崇尚"天下国家"的儒学社会所接受。以致后来随着工业化与信息技术的飞速发展，西方的价值观念不断呈现于现代社会之中。自由主义的兴起、多元价值理念的碰撞与冲击，打破了传统单一价值理念的束缚，人们开始关注"自我"，即个人利益与个人价值。加之现代社会的"民主家庭"代替了传统"家长制家族"，使得家长权威不断丧失、家族成员不断"原子化"，这也要求家训、家风的现代转化与发展既能够适应当代平等、平衡的家庭关系，同时还要预防利己主义的扩大化。

（三）新时代家训、家风建构的新向度

习近平总书记强调："国家富强，民族复兴，人民幸福，最终要体现在千千万万个家庭都幸福美满上，体现在亿万人民生活不断改善上。我们还要认识到，国家好，民族好，家庭才能好。"[①]因而，我们应当基于传统，反思传统，并以史为鉴，唯其如此，才能为当代家训、家风的革新与重塑提供可资借鉴的

---

① 《习近平在会见第一届全国文明家庭代表时的讲话》，《人民日报》，2016 年 12 月 13 日。

伦理向度。

1. 不忘初心——树立家训家风文化自信 纠正"被调节"的理想信念

近年来，或是冠以"亚文化"之名的公众人物吸毒事件，或是迫切追求"一搏必胜""一夜暴富"的价值错位等有关道德滑坡、道德失范的问题成为西方媒体关注的焦点。究其原因，一些西方媒体甚至妄言这是由于中国人本身的信念（faith）缺失而造成的。但笔者认为，当代中国并非缺少理想信念，而是理想信念受到了诸多因素的影响，或是源于对西方价值观念的盲目推崇，或是源于对于传统价值观念的一味否定，但在多元价值观念并存的当代社会究其根本则是由于文化自信的缺失。习近平总书记指出："我们要坚持道路自信、理论自信、制度自信，最根本的还有一个文化自信。"[①] 文化自信，意味着"对自身所处文化体系的生命力、创造力、影响力的坚定信念"[②]，来源于中华民族的文化传统。中华文化源远流长，是 5000 年来无数先贤们智慧的结晶，她不仅奠定了传统家训文化的根基，更是中华民族的"根"与"魂"。家训文化作为传统文化的重要组成部分，在家庭德育中所发挥的作用不容忽视亦无可替代。尽管随着近代新型家庭的产生，传统家族的生活模式已不再适用，但传统家训文化中的思想精髓于当代而言仍大有裨益。其或是"内圣外王"的价值追求，或是"修身、齐家、治国、平天下"的理想抱负，抑或是"忠贞不渝"的道德情操等等，都是传统家训文化中所蕴含的优秀的思想精华，它始终影响着炎黄子孙的为人、为学、处世等各个方面。树立当代家训文化自信，不是空穴来风，是源于中华民族延续数千年之久的治家之道；重塑当代新型家风，不是纸上谈兵，是致力于家国和合、知行合一的共同努力。

毋庸讳言，追求理想信念过去常被一些人作为空洞的、形式主义的口号，而忽视其中所蕴含的文化价值与文化功能。究其根本，理想信念源于实践，并

---

① 《习近平在中国特色哲学社会科学座谈会上的讲话》，《人民日报》，2016 年 5 月 18 日。
② 李美玲：《中国特色社会主义文化功能的多维解读》，《湖湘论坛》，2019 年第 1 期。

为实践所检验，它是对于未来可能实现的向往与追求的坚定不移、身体力行的精神状态。它最大的现实功用就是为人们提供了一个道德标准和尺度以供参考和实践，并在历史演进和社会发展中逐渐成为一种价值理念和文化传统。中国人的理想信念首先是源于绵延千年的优秀传统文化的滋养，并始终与时俱进，在马克思主义的指导下，形成了具有中国特色的文化机制与理念。诚然，在价值多元的大数据时代，我们面对来自不同国家、不同地域的文化价值观念，不可避免地，理想信念也会随之被不断调节，但那些融入我们骨髓中的精神命脉却从未改变。习近平总书记曾指出："不能把理想信念只当口号"，这不仅仅是对于共产党人的要求，更是对于千千万万的中国人的希冀。理想信念是每个人的精神滋养，是不可轻忽的价值追求，而这种理想信念的塑造和养成离不开家庭德育。

"父母是孩子的第一任老师"（苏霍姆林斯基语），同时也影响着孩子的一生，因而家训、家风不仅仅是国民教育的最初环节，同时也是最终归宿。它贯穿于国民教育的始终，如同物理学中的原子一般，不可分割，但却无孔不入，家族成员也无一不受其影响。习近平总书记在第一届文明家庭表彰大会上指出："广大家庭都要弘扬优良家风，以千千万万家庭的好家风支撑起全社会的好风气。"①因此，在当代家风建设中，应首先着力于理想信念的树立，要始终坚持马克思主义的指导地位不动摇，积极探索具有中国特色的社会主义理想信念。唯其如此，才能纠正"被调节"的理想信念。综上所论，打破家族盛衰周期律的首要环节就是要树立家训文化自觉与家训文化自信，这不仅是纠正"被调节"的理想信念的无形之手，更是实施中华优秀传统文化传承发展工程的有效助推力。这主要表现在：其一，传统家训文化中所蕴含的"忠孝悌义""礼义廉耻"等优秀的传统美德与文化精髓为优秀传统文化的传承与发展提供了根基；其二，传统家训文化的家庭德育功能为中华优秀传统文化的家庭化、个体化提供了行之有效的媒介；其三，优秀家训文化中所孕育的文化精神传承是非物质文化遗产保护

---

① 《习近平在会见第一届全国文明家庭代表时的讲话》，《人民日报》，2016 年 12 月 13 日。

的重要内容，等等。

作为繁衍在华夏沃土上的农耕民族的后裔，于我们而言，"父母在，人生尚有来处；父母去，人生只剩归途"（毕淑敏语），这种家的观念是融于中国人血液中不可剥离的传统，它从未被抹去，但却有待于唤醒。不忘初心，是对于传统的坚守，是对于自身的肯定，是对于未来的自信。当今家庭虽已告别共处一宅的生活模式，但以血缘为纽带的家训文化的影响却可以跨越时空界限而融入家族成员的血脉之中。因而我们应该不忘初心，重拾家训文化中的优秀资源；我们应该不忘初心，纠正"被调节"的理想信念！

2. 与时俱进——重塑家国关系 消弭"社会原子化"之有害影响

孟子有云："人有恒言，皆曰天下国家。天下之本在国，国之本在家，家之本在身。"（《孟子·离娄上》）在中国，自古以来"国"与"家"的关系即是密不可分的。虽然在当今社会，"家国同构"的治理模式已然不再适用，但却未曾改变人们对于"国"与"家"的传统文化认知。众所周知，不论是英语中的"Country""Nation""State"，还是西班牙、葡萄牙语中的"País""Nación"，抑或是日语中的"こっか"等等都只是强调了"国"之含义，唯有中国人将"国"亦称之为"国家"。这不仅仅来源于华夏文明中的历史传统，更源于中国人所具有的特色鲜明的家国意识。正如歌曲《国家》所揭示的，"都说国很大，其实一个家""家是最小国，国是千万家"，这是当代社会对于家国关系认知的具体体现。这种认知已然不再指向于制度层面，而是更多地指向于精神文化层面，即"家"与"国"之间所呈现出来的共同利益表征与共同价值追求。对"中国梦"的向往与追求就是其中的一个典型例证。习近平总书记曾对"中国梦"进行了系统而全面的阐述："实现中华民族伟大复兴的'中国梦'，就是要实现国家富强、民族振兴、人民幸福。"[①] 他强调："中国梦归根到底是人民的梦，必须紧紧依靠人

———————

① 《习近平在第十二届全国人民代表大会第一次会议上的讲话》，《人民日报》，2013 年 3 月 18 日。

民来实现，必须不断为人民造福。"① 可见，"中国梦"即是国之梦与家之梦的统一，更是国与家的共同追求。

所谓社会原子化（Social Atomization），主要是指人类社会联结的最为重要的机制——中间组织（Intermediate Group）的解体或缺失而产生的个体孤独、无须互动状态和道德解组、人际疏离、社会失范等社会危机。② 不难发现，社会原子化即每个人都成为独立的个体，人与人之间缺失基本的互动模式。对于家庭而言，这种原子化的现象主要表现在家族成员间相互的斥力；对于国家而言，则主要表现在人与人之间、个人与国家之间的互斥现象。近年来，中国社会原子化趋势显现，或是因为个人与家庭之间的连接纽带发生断裂，或是因为家庭与国家之间的沟通不畅，但归根结底是由于家训、家风的缺失。这就要求我们必须结合时代发展的需要，重建当代家训文化，重塑当代优秀家风，以期建立家国间的"目标一致""利益一致"与"价值一致"的新型关系。所以如此，主要是因为：其一，对于家庭内部而言，家训是对于家族成员的约束与规范，家风则是家族成员所表征出来的风气与风貌，二者既是家族成员之间的纽带，同时也是家之所以为家的源泉；其二，对于家庭与国家的关系而言，家训、家风建设旨在引导家族成员更好地处世、生活，因而可以在一定程度上解决个人利益、家族利益、国家利益之间的矛盾，并使得三者达到观念上的统一，有利于家庭和睦以及构建和谐社会。

在通过立家训、正家风借以推动家国关系重构的过程中，我们要坚持传统家训文化的与时俱进，使之在社会变迁中不断革故鼎新，进而在不同的时代背景下形成特色鲜明的家训文化。追忆往昔，从帝王家训到臣民家风，从口头训诫到书面章程，无一不体现着时代的痕迹。它虽然是自给自足的农耕经济条件下的产物，但同时也是中华民族漫长的社会历史实践的产物。因而，打破家族

---

① 李美玲：《中国特色社会主义文化功能的多维解读》，《湖湘论坛》，2019 年第 1 期。

② 田毅鹏：《转型期中国社会原子化动向及其对社会工作的挑战》，《社会科学》，2009 年第 7 期。

盛衰周期律①的关键即是推动传统家训文化的文化进步，其目的是推陈出新、古为今用，从而使之永葆生机与活力。面对以机器大生产占据主导地位及大数据时代来临等为主要特征的当代社会，优秀家训文化中的思想内涵及表现形式也必然需要进行创造性转化与创新性发展，从而使自身与社会主义先进文化、市场经济、民主政治、社会治理等相互协调、相互适应。因此，我们至少要从以下两方面入手：其一，对优秀家训文化中至今仍有借鉴价值的思想内容加以改造。诸如将孔孟之道、老庄之言、申商之法、汉唐文化和宋明儒学等优秀传统文化资源中所孕育的可资借鉴的哲学思想、人文精神、道德理念等有益成分，结合当代社会之所需对其加以改造，使之成为在马克思主义指导下具有民族特色、富于生命力的社会主义先进文化的重要源泉之一。其二，对优秀家训文化中陈旧的表现形式加以改造，使之破旧出新，再放异彩——既要尊重其"之乎者也"的文字表达形式，也要促进优秀传统文化典籍的古语今说，使其易学、易懂、易用。同时，还要打破传统家训文化的博物化、文本化，使之以"活态"的样貌呈现于当代社会。让正在消失或行将消失的非物质文化遗产等传统文化元素重现生机与活力，让濒于被束之高阁的家训文化如同"旧时王谢堂前燕"（刘禹锡：《乌衣巷》），以群众喜闻乐见的形式和具有广泛参与性的方式"飞入寻常百姓家"（同上）。

3. 尚和合　求大同——实现家族内部的权力平衡　减轻"病理学"利益关系重负

当前，在中国社会，"虎妈"式的教育对不对？望子成龙该不该？引发了无数的教育论战。其实，这种类似"棍棒底下出孝子"式的理念和方法不只作用于家庭教育之中，往往会潜移默化地渗入到工作、生活等相关领域之内，久而久之便发展成为整个家庭或家族的家风。而这种"虎妈—大家长"式的家庭教

① 杨威、张金秋：《家训家风视阈下中国传统家族盛衰周期律刍议》，《孔子研究》，2017年第5期。

育模式不仅不是一曲赞颂家风、家训的"赞歌"，反而是一曲将家风、家训送入泥潭的"悲歌"。殊不知，没有一种教育模式能够使孩子既享受到美国式的自由，又享受到中国式的宠爱。家训、家风的传承不是三言两语的儿戏，而是需要经过深思熟虑、反复琢磨，在实践检验的基础上形成的警句箴言。由此可见，继续盲目地沿用"大家长—权力中心"式的家庭结构模式已有些不合时宜，因为这种耳提面命、"君君，臣臣，父父，子子"（《论语·颜渊》）式的独断、严苛的教育理念和模式，几乎完全与当前大数据时代下愈加自由、平等、民主且丰富多彩的社会生活相去甚远。并且，这种根源于权力关系不平等的家天下制度下的家庭文化，与我们所追求的共产主义理想信念也是背道而驰的。因此，亟须一种平等、平衡的新型家庭权力结构模式，而究其根本，就是要平衡家族内部"权力—利益"关系。与此同时，这种"病理学"利益关系的平衡与否也是深刻影响家族兴衰的因素之一。诚然，在血缘关系十分浓厚的中国家庭谈及权力和利益是较为敏感和有所忌讳的话题，但俗语有云"亲兄弟明算账"，尤其是在当下个体独立的观念愈加深入人心的境况下，家庭内部的利益关系是一个不容规避的问题。而平衡这种利益关系既是一个亘古不变的治家之理，也是家风、家训文化中不容忽视的问题。"张弛有度""纵横捭阖"是中国传统文化中处理利益关系、维护国家统一和家族稳定的重要方法。我们在重塑家国关系的问题上仍需把握家国间的"度"，明确家国间的"矩"，减轻"病理学"利益关系的重负，以期实现家国间的和合、大同。

习近平总书记曾指出，尚和合、求大同等本身所展现的时代价值是涵养社会主义核心价值观的重要源泉。何谓和合？和合一词最早见于《国语·郑语》："商契能和合五教，以保于百姓者也。"而《中庸》又讲"喜怒哀乐之未发谓之中，发而皆中节谓之和。"尚和合，于家庭而言，即讲求父义、母慈、兄友、弟恭、子孝的伦常道德；于个人而言，即讲求中和，或曰中庸，做到无过亦无不及。在家训、家风中融入治家节度之理，崇尚和合，营造家庭成员共有的精神家园，有益于实现家庭内部的大同，也有益于个人修养的培育。所谓大同，即是克服了家天下制度下的亲疏远近之分，打破了人与人之间的界限，以达"天下为公"

之境。而所谓家庭内部的大同，就是减轻家庭内各成员间"病理学"利益关系的重负，实现家族内部权力和利益的平衡，并让一荣俱荣、一损俱损的观念深入每个家庭成员的心中。众所周知，家庭内部权力和利益的失衡，常常会导致整个家庭乃至家族的衰败和分崩离析。因此，在家训和家风中融入尚和合的理念和方法，融入求大同的目标和愿景，有益于整个家庭乃至家族挣脱盛衰周期律的枷锁，从而树立能够促进当代家庭发展与进步的时代新风。

综上可见，从家国同构到家国和合；家兴而国兴，国盛则家昌——具有中国特色的家国关系血脉相成。家训、家风是千百年来中华民族智慧的结晶，是影响当代家庭盛衰荣辱的思想之源、文化之根。因而，我们应当不忘初心，共同致力于构建当代新型家风，让束之高阁的家训、家风再度绽放时代光彩；我们应当与时俱进，重塑当代新型家国关系。唯其如此，才能达到符合新时代发展需要的家国和合之境，才能早日实现中华民族的伟大复兴！

二、新时代中华优秀家风道德认同的生发机理*

2019 年 11 月，中共中央、国务院印发了《新时代公民道德建设实施纲要》，以深入推进新时代公民道德建设，其中强调要"传承中华传统美德""用良好家教家风涵育道德品行"①。而凝结中华民族数千年治家育人智慧的中华优秀家风，正是深化公民道德教育引导、提升公民道德素质、促进人全面发展的重要抓手。新时代强化中华优秀家风的道德认同，是基于社会主要矛盾的新变化和人的发展的新需求，也是"德治教化"在新时代的重要表现。因此，如何强化新时代中华优秀家风的道德认同，如何深化新时代中华优秀家风的道德实践等，业已成为目前学界亟待探讨的重要问题。而其中关于新时代中华优秀家风道德认同的生发机理，显然是问题研究的起点。为此，我们可以借鉴空间治理的相关理论，集成空间内的各个治理要素，以空间视角综合考察人与空间治理体系的耦合关系，以期立体、多角度地对新时代中华优秀家风道德认同的生发机理加以分析，从而为加强新时代公民道德建设投砾引珠，并提供一定的学理参考。

（一）新时代中华优秀家风道德认同的空间治理内涵

空间治理（space governance）是一个源于空间理论的概念，旨在以空间视角对空间中的主体、对象、方式、内容、目标加以治理，使之在空间中达成全

＊ 与罗夏君合作完成。

① 《中共中央国务院印发〈新时代公民道德建设实施纲要〉》，《人民日报》，2019 年 11 月 28 日。

面、有序、协调的发展状态，并服务于现实空间事务与空间需求。客观的空间是现实的、立体的、动态发展的，但由于受主观条件的制约，人们对空间的认识仍不够详尽、全面。而空间治理即是在人们对空间认识的基础上，人为地构建起立体、动态的系统结构，为空间发展提供综合优化的认知方式和实践路径。由此可见，新时代中华优秀家风的道德认同，即是基于中华优秀家风所具有的以家为本、家国同构的特质，将家、族、国的观念通过人在空间中的实践活动，内化于个人思想观念和自我认知中，并在外化行为表现与情感表达评价中，形成符合社会空间发展所认可、期望的情感和角色。

空间是人们进行生产生活的场所，也是治理制度优化、治理能力提升和道德观念生发的基础条件。在国内国际形势深刻变化的大背景下，以空间思维分析新时代中华优秀家风道德认同的空间治理内涵，对把握中华优秀家风道德认同的规律，深入理解新时代中华优秀家风道德认同的生发机理，进而完善中华优秀家风道德认同的空间治理体系，均具有十分重要的理论和实践意义。具体而言，新时代中华优秀家风道德认同的空间治理具有如下双重内涵：

第一，在空间治理体系中，政府相关职能部门是新时代中华优秀家风道德认同的空间治理主体，处于主导地位，起决定性作用。不同于由国家进行资源分配的传统管理方式，这一治理强调的是使个人与机构、公家与私人等不同主体间相互冲突或不同的利益得以调和，并且采取联合行动的持续过程[1]，倡导以协调、合作的方式达到目标效果最优化。而空间既是人们广泛实践的产物，也是实现治理的工具和场所。现代空间理论奠基人、法国哲学家列斐伏尔（Henri Lefebvre）认为，对空间加以治理的本质"是要通过控制、管理时间和空间的爆炸以达到控制和管理具有高度差异性的日常生活的目的"[2]。因此，在对新时代中华优秀家风道德认同进行空间治理时，必然要通过治理主体统筹治理思路、确定治理方针、协调治理内部各要素关系，以空间视角对时间、场所、要素、对

---

① The UN Commission on Global Governance, *Our Global Neighborhood,* Oxford : Oxford University Press, 1995, p.1.

② Wang Yuan, A Study on Henri Lefebvre, *Architect,* 2005(10), pp.42-50.

象等加以科学管控，使空间中具有高度差异性的治理要素实现和谐发展。而拥有上述空间治理能力的治理主体，毫无疑问是由众多"公共的人"①构成的现实观念中的政府相关职能部门，是具有政治公信力与权威性的国家政权机关。此外，对空间治理体系进行横向分析可见，政府相关职能部门对中华优秀家风道德认同的空间治理并不是政治"主宰"，而是基于社会空间发展趋势，对公民和各治理对象、治理要素进行道德建设的公共服务与公共产品，保障道德建设在新时代空间治理中发挥重要作用。另一方面，对空间治理体系进行纵向观察可见，政府相关职能部门对中华优秀家风道德认同进行空间治理并不是简单的中央管辖地方、地方听命中央的治理关系，而是基于社会空间自发秩序与区域空间自治的治理机制来进行空间治理的。根据现代国家治理的相关理论，社会空间中产生的"公权力"为人们所有，在"一级政府、一级事权"②的原则下，中央政府治理与地方政府治理各自发挥着不可替代的重要作用。因此，政府相关职能部门对新时代中华优秀家风道德认同进行空间治理，就是以各级政府为代表的多级国家政权机关，通过履行人民赋予的"公权力"，在社会空间中进行全方位、多元化的治理模式改革，以不断满足公民的发展需求、提升政府在公民道德建设中的空间治理能力。

第二，在空间治理体系中，新时代中华优秀家风道德认同的主要治理对象是社会空间，其中既包含物质空间，也包含精神空间。新时代的社会空间治理虽有多重表征，但其内部并非分离与割裂的，而是通过人在社会空间中的实践与政府相关职能部门对空间各要素的治理有机连接起来，使物质空间与精神空间统一于社会空间整体之中。米歇尔·福柯（Michel Foucault）认为："空间是权力运作的重要场所或媒介，是权力实践的重要机制。"③也就是说，社会空间中的

---

① [法]亨利·列斐伏尔：《空间与政治》，李春译，上海：上海人民出版社，2008年版，第3页。

② 宣晓伟：《"多规合一"改革中的政府事权划分》，《城市与区域规划研究》，2018年第1期。

③ [法]米歇尔·福柯：《规训与惩罚——监狱的诞生》，刘北成、杨远婴译，北京：生活·读书·新知三联书店，2003年版，第164页。

物质空间与精神空间为空间治理的权力运作提供了必要的现实基础。可见，政府相关职能部门在对中华优秀家风道德认同进行空间治理的过程中，离不开社会空间中物质空间与精神空间的空间供给和空间支持。英国哲学家大卫·哈维（David Harvey）在吸收列斐伏尔空间理论的基础上，将空间实践和社会空间内部联系起来，认为"空间和空间的政治组织体现了各种社会关系，但又反过来作用于这些关系"[①]。众所周知，人在社会空间实践中创造和产生了各种社会关系，而社会关系的发展离不开人在社会空间中的实践。即社会空间发展虽然受自然环境的物质性制约，但物质空间和精神空间却能通过与社会空间中各种社会关系的互动，产生作用于各种社会关系的强大力量，进而影响社会空间的发展进程。因此，在人们不断的社会空间实践中，就有必要对物质空间、精神空间和空间中的各种社会关系加以治理，使之形成协调、有序的形态，从而共同推动社会空间发展。新时代对中华优秀家风道德认同进行空间治理，正是在深刻把握物质空间、精神空间和空间中各种社会关系的基础上，以空间的整体视阈对三者进行合理规划和有效治理，旨在提升人们对中华优秀家风的道德认知，深化中华优秀家风的道德实践，并以此强化新时代中华优秀家风的道德认同。

（二）新时代中华优秀家风道德认同的生发机理分析

关于新时代中华优秀家风道德认同的生发机理，学界目前探讨较少。基于空间治理体系分析新时代中华优秀家风道德认同的生发机理，是探寻新时代中华优秀家风道德认同路径、提升这一道德认同的治理能力与治理质量的理论根基。鉴此，我们在阐明空间治理内涵的基础上，试以空间的整体视阈，对新时代背景下中华优秀家风道德认同的生发机理作一初步探讨。

---

① David Harvey, *Social Justice and the City (Revised Edition)*, Athens:The University of Georgia Press, 2009, p.353.

1. 新时代中华优秀家风道德认同的内生机理

当前，随着社会的快速发展，人们的物质生活越来越丰富，同时在精神生活方面也开始更多地关注家庭道德建设——以优秀的家风涵养个人道德品行，传承和弘扬家庭美德，以构筑新时代更为美好、丰富的精神世界。但与此同时，受不良思潮影响，社会空间中的道德失范现象仍旧存在，诸如个人主义、利己主义、拜金主义等问题较为突出，空间治理的制度供给能力尚有不足，社会空间中的社会秩序仍不够完善等。人们期待中华优秀家风道德建设的空间治理体系能够得以进一步优化，期待中华优秀家风在家庭美德培育、家庭文明创建，以及爱国爱家、向上向善的社会风尚塑造中发挥更大作用。因此，新时代中华优秀家风道德认同的内生逻辑，主要体现在人们对中华优秀家风的道德需求与现实社会空间的矛盾之中。

第一，人们在社会空间实践中对中华优秀家风日益增长的道德需求，是新时代中华优秀家风道德认同生发的内因。众所周知，人总是"从自己出发的""他们的需要即他们的本性，能及他们求得满足的方式，把他们联系起来（两性关系、交换、分工），所以他们必然要发生相互关系"[①]。换言之，人通过实践在生产劳动创造的物质条件与精神空间中不断满足自我需求与实现自我价值，从而促进个人发展。但满足个人需求的条件与社会状态并不是短暂、单一、孤立的，而是根据社会空间的现实条件与要求，长期、曲折并伴随人的需求的改变而不断发展的。因此，对于人们而言，其对中华优秀家风的道德需求，皆是社会空间中对具体生活实践的现实反映，是人在社会空间中的道德需求与外部社会空间不平衡的状态中，为满足自身道德需求而形成的相互依赖、相互促进的关系。由此可见，人们对中华优秀家风的道德需求同社会空间发展是密不可分的。

第二，新时代人们对中华优秀家风的道德需求，是日益多元且不断发展的。马克思认为："人的需要是一种主观意识，但需要的内容和满足的方式是客

[①] 《马克思恩格斯全集》（第3卷），北京：人民出版社，1960年版，第514页。

观的。"① 人们对中华优秀家风的道德需求，乃是在物质需求的基础上，对渴望更多精神空间和更为丰富的精神活动的需求。诚如马克思所言："需要是人对物质生活条件和精神生活条件依赖关系的自觉反映"②，"一旦满足了某一范围的需要，又会游离出、创造出新的需要"③。现实生活的变化促使社会空间不断发展，人的需要也在此过程中不断改变，其中既包含对家庭美德培育、职业道德教育的需求，也包含对社会道德环境塑造、个人道德实践养成的需求，更包含提升公民道德素质、加强社会主流价值观引导的需求。可见，新时代，人们对中华优秀家风的道德需求既是多层次、多角度的，同时也是具体的、历史的。而社会空间的发展必然生产出更多能满足人们关于中华优秀家风道德需求的道德产品，催生出更为丰富多样的中华优秀家风道德需求，使人们对中华优秀家风的道德需求呈现"满足—不满足—满足"的循环式上升路径，进而在此过程中凝练中华优秀家风的道德观念、推动中华优秀家风的道德实践，从而强化中华优秀家风的道德认同。因此，为了满足人们对中华优秀家风日益增长的道德需求，我们的社会必须要加强道德培育与道德建设，特别是在社会空间中要构建出一个完整而多元的空间治理体系，构建出一体化、全方位的精神空间，同时加强物质、精神生活的生产，以满足大众在不同背景条件下对中华优秀家风的道德需求，进而消除大众日益增长的中华优秀家风道德需求与社会空间发展之间的不平衡性。"天下之本在家"（《孟子·离娄上》），正如习近平总书记所言，"无论时代如何变化，无论经济社会如何发展，对一个社会来说，家庭的生活依托都不可替代，家庭的社会功能都不可替代，家庭的文明作用都不可替代"④。中华优秀家风是家庭美德培育和公民道德建设中不可分割的重要内容。新时代，人们对中华优秀家风的道德需求，是人们在社会生产生活实践中产生的，体现了人们对中华优秀家风的理解和重视，表达了人们在新时代社会经济高速发展的背

---

① 《马克思恩格斯全集》（第 2 卷），北京：人民出版社，1960 年版，第 164 页。
② 《马克思恩格斯全集》（第 2 卷），北京：人民出版社，1960 年版，第 164 页。
③ 《马克思恩格斯选集》（第 1 卷），北京：人民出版社，2012 年版，第 158 页。
④ 《习近平在会见第一届全国文明家庭代表时的讲话》，《人民日报》，2016 年 12 月 16 日。

景下，对更加美好、文明的社会生活向往的迫切需要。进而言之，正是人们对中华优秀家风日益增长的道德需求，才推动了中华优秀家风道德认同在新时代的不断发展，进而焕发出无限生机，并展现巨大活力。

2. 新时代中华优秀家风道德认同的外生机理

众所周知，人不会生存于社会关系之外，任何一种社会制度、观念、文化都需经由人在社会空间中的实践产生。反之，社会空间为满足人的生存与精神发展需求也在不断改变自身状态，探寻更加适应人生存、发展的有效路径，以推动人在社会空间中的实践发展，并提供更为强大的外部动力。因此，如若没有外生动力，新时代中华优秀家风道德认同的目标也就无法实现。正如马克思所说，人的本质"在其现实性上，是一切社会关系的总和"[1]，即人的本质要到其所在的现实社会当中去探寻。这就要求社会空间必然要找到一条能满足人物质需求和精神空间发展的路径。而社会空间为不断满足人的自然属性和社会属性所提供的生产生活的必要场所，以及在此基础上经实践而形成的社会生存技能、社会角色期待、社会行为规范、社会道德文明等，皆为满足人的物质精神发展需求提供了动力。此外，马克思在《资本论》中曾指出："一切规模较大的直接社会劳动或共同劳动，都或多或少的需要指挥，以协调个人的活动，并执行生产总体的运动——不同于这一总体的独立器官的运动——所产生的各种一般职能。"[2] 可见，凡是有人类实践活动的社会空间，便需要内部的协调、控制和配合，从而满足人的发展需要，并推动社会空间的良性运转。也就是说，新时代中华优秀家风道德认同的目标实现，需要进一步加强空间治理内部各要素之间的配合与协作，以形成整体、完善、多元的空间治理体系，不断强化新时代中华优秀家风的道德认同。鉴此，新时代中华优秀家风道德认同的外生逻辑，需要到能满足人的社会空间需求、适应空间治理体系发展的道德认同的规律中去探寻。

---

[1] 《马克思恩格斯选集》（第 1 卷），北京：人民出版社，2012 年版，第 18 页。

[2] 《马克思恩格斯选集》（第 23 卷），北京：人民出版社，1960 年版，第 362 页。

第一，社会空间群体成员对中华优秀家风外化的实践过程，是新时代中华优秀家风道德认同生发的外因。马克思认为，"发展着自己的物质生产和物质交往的人们，在改变自己的这个现实的同时也改变着自己的思维和思维的产物"①，"任何意识形态一经产生，就同现有的观念材料相结合而发展起来"②。新时代中华优秀家风的道德认同，同样是在社会空间实践中与现有的"观念材料相结合"，能改变社会空间现实和"自己的思维"的产物。即社会空间群体成员在践行中华优秀家风的过程中，根据人们对新时代中华优秀家风发展的道德需求，不断改变社会空间状态，形成符合适应这一道德需求的社会空间发展路径，进而又以这种发展路径反作用于社会空间的道德实践之中，产生弘扬中华优秀家风的强大外部动力。可见，新时代中华优秀家风道德认同的外生机理，正是基于人们对道德建设的新要求和社会空间道德建设的新变化，是在掌握能"改变自己的这个现实"和"改变着自己的思维"的社会空间道德认同规律后，对规律的深刻理解和能动把握。亦即新时代中华优秀家风的道德认同，要符合人们对社会空间道德认同规律的认知、接受和内化理路，并在空间治理体系中以人的社会化的优化进路，不断适应、满足、作用于人的社会发展需求。

一般认为，社会化是人在社会中学习、接受和践行社会秩序、社会法律、社会道德规范等社会空间建设要求的过程。人一旦进入社会，就势必要遵循社会道德规范，逐渐减少其"动物性"的表现，培养个人在社会空间中生存发展的社会性技能。而新时代中华优秀家风道德认同是培育人德行、塑造人品行、规范人言行的重要教育内容，是反映人当下的道德需求、符合人们对社会空间道德认同规律的表现形式之一。从加强社会公民道德建设空间治理的角度而言，新时代中华优秀家风道德认同就是在培养人们形成符合社会空间发展的道德认知和道德行为，成为能够推动社会空间进一步发展的社会角色。可以说，新时代中华优秀家风道德认同是基于社会公民道德建设与家庭美德培育，是以社会

---

① 《马克思恩格斯选集》（第1卷），北京：人民出版社，2012年版，第31页。
② 《马克思恩格斯选集》（第4卷），北京：人民出版社，2012年版，第254页。

空间基本组成单位的道德建设为基础，以新时代公民道德建设空间治理体系为依托，不断强化人的道德认同与道德认知，进而在社会空间的实践中、在人对中华优秀家风的外化行为中，促进人在空间治理体系中的社会化发展，不断呼应、满足人的现实发展需求的过程。

第二，新时代强化中华优秀家风道德认同的规律，越是符合社会空间发展的道德需求，对完善新时代中华优秀家风道德认同空间治理体系的积极作用也就越大。正如习近平总书记所说："千家万户都好，国家才能好，民族才能好。"① 新时代中华优秀家风道德认同的规律是基于对"家"的道德建设和对"人"的道德培养，既包含人们对物质空间的社会认知，也包含人们对精神空间的多元需求。前文已述，新时代中华优秀家风道德认同的规律在空间治理体系中是实现人社会化、满足人社会空间发展需求的重要规律。正如列斐伏尔所言："空间是政治的、意识形态的。它真正是一种充斥着各种意识形态的产物。"② 因此，从空间治理视角来看，新时代中华优秀家风道德认同是回应人在社会空间实践中的发展需求，以空间治理的思维模式增强人的道德修养、提升主流意识形态认同力的具体行动之一。在人社会化的过程中，唯有接受、认同社会空间中的主流意识形态，将社会空间中的道德规范、道德观念吸收内化，进而形成社会自发的道德秩序并反馈于社会空间道德建设之中，才能增强人们对社会的归属感与安全感。这是人实现社会化发展的必由之路，也是对新时代中华优秀家风道德认同规律的准确把握。在空间治理体系中，只有深刻把握符合社会空间发展的道德需求和新时代中华优秀家风的道德认同规律，才能在社会空间中凝聚起强大的精神力量，从而推动人的社会实践以及社会空间向前发展。因此，新时代中华优秀家风道德认同的外生逻辑，是在人的社会化需求与社会空间良性发展的压力作用之下产生的，也是完善新时代关于中华优秀家风道德认同的空间治理体系、推动中华优秀家风创新发展的主要动力之一。

---

① 《习近平在会见第一届全国文明家庭代表时的讲话》，《人民日报》，2016 年 12 月 16 日。

② ［法］亨利·列斐伏尔：《空间与政治》，李春译，上海：上海人民出版社，2008 年版，第49 页。

（三）不断完善新时代中华优秀家风道德认同的空间治理体系

新时代强化中华优秀家风的道德认同，是内外多重因素作用下的必然结果。并且，作为空间治理的主体，新时代强化中华优秀家风道德认同，离不开政府相关职能部门的有效引导和科学规划。而提高新时代中华优秀家风道德认同的空间治理能力，不断完善新时代中华优秀家风道德认同的空间治理体系，同样离不开政府相关职能部门的支持和保障。在新时代中华优秀家风道德认同的空间治理体系中，内生机理和外生机理共同构成了该空间治理体系的基础，是促进新时代强化中华优秀家风道德认同的目标实现、推动新时代公民道德建设进一步发展的关键因素；而政府相关职能部门则是新时代中华优秀家风道德认同的空间治理体系中必不可少的一部分，是保障新时代中华优秀家风道德认同的重要力量。因此，基于新时代中华优秀家风道德认同的生发机理，可以从空间治理主体、内生机理与外生机理三个维度，推动完善新时代中华优秀家风道德认同的空间治理体系（参见下图）。

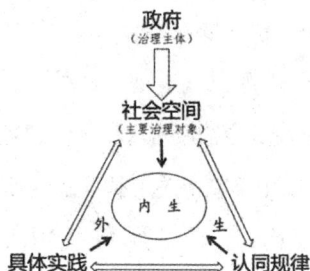

1. 不断提升空间治理主体的治理能力，推动完善新时代中华优秀家风道德认同的空间治理体系

如前所述，政府相关职能部门是空间治理的主体，是推动空间治理发展、促进空间治理体系不断完善的主要力量。新时代中华优秀家风道德认同的空间治理体系，涵盖了人们在社会空间实践过程中的各种道德认知、文化信仰和价值利益等，具有明显的目的性，是培育社会主义核心价值观与个人优秀道德品质、弘扬社会主义先进文化与传承家庭美德的重要途径之一。尤其在当前经济

社会深刻变革、公民道德建设体系尚未完全成熟的情况下，依靠政府相关职能部门对新时代中华优秀家风道德认同的生发进行适当干预、引导与治理，以纠正偏误，强化中华优秀家风道德认同就显得尤为重要。因此，从空间治理主体的角度而言，完善新时代中华优秀家风道德认同的空间治理体系，就是要加强政府相关职能部门对空间治理的理性认识，统筹治理政策、法规、制度、空间资源环境等各个治理要素，进一步提升政府相关职能部门的空间治理能力，以形成合力不断完善新时代中华优秀家风道德认同的空间治理体系。此外，新时代中华优秀家风道德认同涵盖内容广泛、涉及事项、人员众多，其中既包含中华优秀家风发展、家庭美德培育、个人素质教育、公民道德实践等方面的工作，也关系到国家、社会、个人等各方利益，是一项需要长期坚持、努力完善空间治理方式与治理理念的时代课题。因此，优化新时代中华优秀家风道德认同的空间治理体系，提升空间治理主体的治理能力，也要根据新时代中华优秀家风道德认同的空间治理表征，进行精准施策、综合治理。其中既需要在国家层面整合各方资源，优化空间治理结构，编制和实施合理空间规划，充分彰显中华优秀家风的时代价值和魅力；也需要在社会层面划定中华优秀家风道德认同的主体功能区，统筹新时代中华优秀家风道德认同的环境资源，创建强化中华优秀家风道德认同的空间治理环境；更需要在个人层面加强对中华优秀家风的教育引导，涵育个人道德素养，深入推进相关道德实践活动，多层面、全方位地强化新时代中华优秀家风道德认同，不断完善新时代中华优秀家风道德认同的空间治理体系。

2. 不断满足人们对于中华优秀家风的道德需求，推动完善新时代中华优秀家风道德认同的空间治理体系

新时代中华优秀家风道德认同的内生机理，是基于人们在具体社会实践中对于中华优秀家风的道德需求而形成的。随着社会空间的不断发展，人们对中华优秀家风的道德需求日益增长，并在此过程中对其道德认同的空间治理提出更为具体的要求。这些要求既隐含着人们对新时代中华优秀家风道德认同的目

标期待，也体现了新时代中华优秀家风道德认同空间治理的关注重点和政策趋势，是推动完善新时代中华优秀家风道德认同空间治理体系的着力点。值得注意的是，从空间治理的视角看，新时代人们对中华优秀家风的道德认同需求，并不是由政府相关职能部门在主导空间治理过程中对强化这一道德认同的强制性政策，或者对中华优秀家风道德认同空间治理的宏观调控及损益补偿，而是人们依据自身在社会空间中的发展需要所进行的自主选择。同时，新时代人们对中华优秀家风的道德认同需求，也是强化中华优秀家风道德认同、促进其道德认同的空间治理体系不断完善的强大力量。因此，优化新时代中华优秀家风道德认同的空间治理体系，也要从新时代中华优秀家风道德认同的内生机理出发。一方面，要加强人们对中华优秀家风道德观念的理解力、感悟力，深化人们对中华优秀家风的道德认知与教育引导，不断满足人们对于中华优秀家风的道德需求，进而消除人们日益增长的道德需求与社会空间发展之间的不平衡性，为完善新时代中华优秀家风道德认同的空间治理体系夯实群众基础。另一方面，要结合新的时代条件和人们在社会空间实践中的具体道德需求，促使中华优秀家风与人们的时代需求相联结、与现实生活相融通，从强化中华优秀家风道德认同的产业机制、内容机制、创新机制、效益机制等方面，满足人们具体的道德需求，扩大中华优秀家风在社会空间中的辐射力和影响力，使得中华优秀家风更好地植根于新时代人们的道德观念中，从而丰富中华优秀家风道德认同的空间治理内容、形式和载体，推动新时代中华优秀家风道德认同的空间治理体系不断完善。

3. 深刻把握新时代中华优秀家风道德认同规律，推动完善新时代中华优秀家风道德认同的空间治理体系

马克思指出："有完整的人的生命表现的人，在这样的人身上，他自己的实现表现为内在的必然性、需要。"[1] 即人在社会化的过程中，一种道德观念能否为

_____

① 《马克思恩格斯选集》（第 1 卷），北京：人民出版社，1979 年版，第 129 页。

人们所接受和认同，归根结底要看这种道德观念是否在社会实践中遵循了人的道德认同规律、是否满足了人的内在发展需要。如前所述，新时代中华优秀家风道德认同的外生机理，是在遵循新时代中华优秀家风道德认同规律的基础上，回应人在社会空间实践中的现实发展需求，增强人在社会空间的归属感、安全感的必然要求，同时，也是推动完善新时代中华优秀家风道德认同的空间治理体系的主要动力之一。由此可见，如欲增强新时代中华优秀家风道德认同的空间治理能力，完善这一道德认同的空间治理体系，必须要深入理解和把握新时代中华优秀家风的道德认同规律，并广泛应用于空间治理过程中，以使其道德认同目标与人的道德发展需要相一致，与空间治理体系的发展趋势相一致。也就是说，要将新时代中华优秀家风的道德认同规律置于空间治理的整体视阈之中，以空间治理全面化、立体化、动态化的治理思维，根据新时代中华优秀家风道德认同的空间治理表征，有方向、有计划、有目的地在人的社会化实践中，不断完善新时代中华优秀家风道德认同的空间治理体系，从而强化新时代中华优秀家风的道德认同。因此，从新时代中华优秀家风道德认同的外生机理出发，以推动完善新时代中华优秀家风道德认同的空间治理体系，我们应该做到：一方面，要在深刻把握新时代中华优秀家风道德认同规律的基础上，加强对社会空间主流意识形态的引导，以先进、积极、向上的社会道德力量，在空间治理中推动人们形成符合社会空间发展的道德认知和道德行为，并以此促进人的社会化需求与空间治理发展之间的良性互动，从而在社会空间中树新风、养正气，营造符合新时代中华优秀家风道德认同的空间治理氛围与社会道德环境。另一方面，也要增强人们对中华优秀家风道德观念的外化践行能力。人们对中华优秀家风道德观念的外化践行能力，是评估新时代中华优秀家风道德认同效果的重要标准，也是影响其道德认同的空间治理的主要因素之一。我们要在空间治理中通过积极开展中华优秀家风道德实践的相关活动，使人们在心理和行为上潜移默化地增强对中华优秀家风的道德认知和道德认同，进而在社会空间中积极参与道德实践，引领新时代中华优秀家风道德实践新风尚，从而在实践中对新时代中华优秀家风道德认同的空间治理体系进行及时调整与优化，使之得以不断完善。

自党的十八届五中全会提出"建立由空间规划、用途管制、领导干部自然资源资产离任审计、差异化绩效考核等构成的空间治理体系"[①]后，空间治理逐渐成为能够实现空间可持续、高质量发展，促进各项政策精准落地，以及提升国家治理能力现代化的重要途径之一。在国内国际形势深刻变化的大背景下，不断强化中华优秀家风的道德认同，推动中华优秀家风的道德实践，不仅能够提升人们对中华优秀家风的道德认知，推动中华优秀家风的创造性转化与创新性发展；也能够以新时代强化中华优秀家风道德认同的空间治理经验为依托，提升公民道德建设的空间治理能力，增强新时代公民道德建设的实效性，从而"培养和造就担当民族复兴大任的时代新人"[②]，以强大的精神力量鼓舞华夏子孙为实现中华民族伟大复兴的中国梦而奋力前行。

[①]《中共十八届五中全会在京举行》，《人民日报》，2015 年 10 月 30 日。

[②]《中共中央国务院印发〈新时代公民道德建设实施纲要〉》，《人民日报》，2019 年 11 月 28 日。

三、中国当代家风构建的新范式*

一般认为，家风（又称"门风"）形成于中国传统家庭或家族世代繁衍的进程中，它以古代"家学"（家训、家规和族谱等）为载体，以塑造家庭成员的道德品质和人格修养为目标，将人们日常生活中的实践经验、生活智慧和行为规范加以外显。而中国传统家风的本质内涵则表现为在基本遵循儒家家庭伦理规范的基础上，为追求丰家成业、代际和谐等美好夙愿，对家庭伦理秩序、道德观念所引发的伦理审思与诉求。

（一）构建当代家风场域何以可能

在当代社会，优秀家风所涵养和展现的伦理精神与道德风貌仍旧是夯实社会伦理道德大厦之根基。正如习近平总书记所指出的："家庭是社会的基本细胞，是人生的第一所学校。不论时代发生多大变化，不论生活格局发生多大变化，我们都要重视家庭建设、注重家庭、注重家教、注重家风。"① 由此可见，家庭、家教与家风乃是相辅相成的统一整体，通过优秀家风的传承使得家教成效得以外显。因此，构建当代优秀家风即是实现家庭和睦的关键所在，也是营造和谐、安定社会环境的先决条件。

"场域"与"惯习"是法国当代著名社会学家布迪厄所提出的社会实践理论中的核心概念。他在《实践理论大纲》正文开篇就引用了马克思《关于费尔

---

* 与刘宇合作完成。

① 《习近平在 2015 年春节团拜会上的讲话》，《人民日报》，2015 年 2 月 18 日。

巴哈的提纲》中的第一条："从前的一切唯物主义——包括费尔巴哈的唯物主义——的主要缺点是：对事物、现实、感性，只是从客体的或者直观的形式去理解，而不是把它们当作人的感性活动，当作实践去理解，不是从主观方面去理解。"① 由此可见，受马克思思想的影响，布迪厄将实践作为其阐发社会学理论的出发点。而与马克思的实践唯物主义哲学略有不同，布迪厄对实践的理解更倾向于"实践活动"——具体是指一般的生产劳动、经济、政治和文化生活等日常性活动。他在长期从事社会实践调查中发现，行动者（行为人）的行动往往是趋于自发且未经缜密思考的行为方式，但结果却能在其所处的社会环境中达到"恰如其分"的效果。这一现象表明，行动者的行为方式并不像结构主义者所认为的那样完全取决于社会环境和社会结构，也有悖于唯智主义者所主张的由纯粹主观意愿所决定的观点。布迪厄认为，在行动者的社会实践中存在着"双重转化"的社会生成运动，他用"场域"和"惯习"这对概念来解释该生成性运动。具体而言，一方面，布迪厄用"场域"来诠释行动者的群体、阶级等划分标准是由"社会结构"（structures socials）所影响的；另一方面，他又用"惯习"来表述人们思想和行为的"感知模式"（des schèmes de prception）。这种理论的构建既可以抑制结构主义过于强调社会环境和社会结构的稳定性和不变性，也可以弥补对行动者自身心态等主动性因素的忽略。

笔者认为，当下，将布迪厄的"场域—惯习"论应用于当代家风的构建中是十分必要的和可能的。这是因为：首先，构建家风场域具有反思性。亦即能够在客观审视传统家风的基础上，辩证分析和正视传统家风中存在的问题与缺陷，从而构建符合当代社会发展实际的家风新范式。其次，构建家风场域强调关系性。亦即将家风置于社会历史发展的动态变化之中，强调社会与个体的密切联系和双向互动，从而能够在一定程度上为当代家风的构建提供新的动力和支撑。最后，构建家风场域具有实践性。在扬弃传统家庭伦理规范的基础上，强调个人惯习在道德的教育与践行之间达成一致。并且，通过家风场域与惯习的统一

---

① 《马克思恩格斯选集》（第 1 卷），北京：人民出版社 1995 年版，第 54 页。

性研究，旨在达到完善家庭乃至社会的伦理规范与道德教育的现实目的。鉴此，我们可以将"场域—惯习"论运用到中国当代家风构建这一实践领域，使当代家风在继承优秀传统文化的同时，既体现出宏观社会和微观家庭之间的密切联系，又充分考虑到家庭成员个体心理的人文关怀；既能显现家庭伦理文化之全貌，又可赓续家庭道德规范传承之途径等等。在此意义上，这也体现出布迪厄"场域—惯习"论的应用价值之所在。

（二）实现当代家风场域和惯习的多重统一

古人云："无乎不在之谓道，自其所得之谓德。道者，人之所共由；德者，人之所自得也。"（焦竑:《老子翼·卷七引》）从伦理学意义上讲，家风是承载中国传统文化的道德之维与伦理之维，且呈现出较为稳定的生活方式、家族氛围和风俗礼仪等精神文化风貌的总和。而究其根本而言，家风应在重视家庭道德教育的同时回归于人，强调"内得于己"的道德要求以及"外施于人"的行为准则。总之，以"场域—惯习"论来寻求构建当代家风的新模式和新方法，意在借助"场域—惯习"论的特点，实现当代家风场域和惯习"历时性与共时性""宏观（整体）与微观（个体）""内化与外化"的统一，进而达到当代家庭道德教育之目的。

1.凝练传统家学文化资本，实现当代家风场域和惯习历时性与共时性的统一。传统家学文化的承续可视为中国传统文化范畴内以儒家思想为依托的家庭道德发展史，抑或是家庭道德传承史。家风扎根于社会历史文化的"土壤"之中，将家学文化与道德教育紧密相连，"之所以说家庭成立之根据于性本能之超化以使其道德自我实现者，盖家庭之成立，乃处处根据于性本能之规范以实践道德"①。一方面，从历时性角度分析，家庭伦理道德本身并非独立存在或纯粹的实体之物，它"内嵌"于日常生活之中，附着于家学文化资本载体之上。如《孔

---

① 唐君毅:《文化意识与道德理性》，北京：中国社会科学出版社，2005年版，第42页。

子家语》《颜氏家训》《温公家范》《袁氏世范》等经典家训文化中所蕴含的德育思想以家风形式得以呈现，这些优秀家风可以绵延数百年甚至上千年之久。由此，传统家学文化资本在家风场域下得到保存和传承，而家学文化中所蕴含的德育要求则内化于家风惯习之中，进而达到对家庭成员的教育目的。另一方面，从共时性角度分析，传统家学文化强调的家庭伦理秩序，要求家庭成员在日常交往过程中按照一定的伦理关系及其相应的伦理准则来行事，而家风场域的主要作用则是维系家庭成员之间"浑然不觉"的客观秩序。譬如，类似于强调"百善孝为先"这样的传统家风千百年来备受推崇。传统家学文化将"孝"视为立德之本与行为准则之首，将"仁"视为处理人伦关系时所应尽的责任和义务。二者以礼法（家礼）或与之相适应的习俗进行道德规范，从而达到"仁"与"礼"在"孝治"中的统一，而家风场域则是该伦理秩序参鉴的外在形式与空间。

毫无疑问，传统伦理道德既是历史性的也是现实性的存在。随着社会的发展与进步，在诸如经济和政治等影响因素的作用下，其自身也在不断地进行着自我更新，并力图与时俱进。因此，在对待中国传统家风的问题上，我们应首先将传统家学文化伦理精神的内核高度凝练，同时以前人的家学典范为后人树起道德理性的标杆。在此基础上，再以家风场域的当代构建为途径来继承传统家学文化资源，并在这一过程中达成家风场域和惯习历时性与共时性的统一。

2. 承续优秀传统道德观念，实现当代家风场域和惯习宏观与微观视阈的统一。构建当代家风场域，能够使道德的稳定性和继承性在家庭范围内得以彰显。家风场域承续了家庭道德价值观念并对其根本阈限做出规定，使经由历史演变而被继承的道德观念和价值体系能够存续和发展，进而促使家庭成员形成符合当代道德观念的家风惯习（当下即符合社会主义核心价值观的价值认同和家风惯习）。可以说，由于家风场域与社会环境、社会结构关系紧密。因此，通过家风场域，家庭成员能够对社会价值观念加以理解和判断，并通过家风惯习对价值观念进行认知与认同。换言之，当代家风场域的构建与社会核心价值观越趋于同步，家庭成员的惯习就愈发认同于社会价值观。除此而外，家风场域对道德价值观念和道德行为还具有定性功能。价值观念是人的行为方式和道德选择的主要动机之一，家风场域可以明确衡量价值观念的评判标准和体系，也可以对道德行为的是非优劣进行价值判定。在此基础上，家风场域亦可对道德价值观念发挥引领和导向的作用。因此，在家庭范围内，醇正家风既是价值选择的尺度，也是价值取向的参鉴范本。它在引导家庭成员形成正确价值观的同时，也使得家庭道德教育与当代社会主义核心价值观相一致。

古人云："修身齐家治国平天下"（《大学》），欲治其国者必先"齐家"，欲治其家者必先"修身"。由此可见，整饬家风场域是维系安定、有序的社会环境的前提，亦是家庭成员形成"修身"惯习的必要条件。"太上有立德，其次有立功，其次有立言"（《左传·襄公二十四年》），家风场域将"立德""立功"与"立言"一以贯之，从而构建出对道德价值观认同、生成与践行不可或缺的现实境域。而与此相应，当下构建家风场域与惯习，则可以从宏观层面强调家庭道德教育与社会核心价值观的有效对接，从微观层面强调家庭成员对社会价值观体系的认同，进而在道德价值观层面实现宏观与微观、整体与个体的统一。

3. 提升传统家庭育人目标，实现当代家风场域和惯习外显性与内隐性的统一。一般来说，道德教育的目的和意义主要在于培养具有完整人格的社会人，并通过教育力量将人格的应然性转变为实然性。具体而言，家风与德育具有诸多相似性。从目的论角度出发，"人们通常把道德理解为个人德性的完成或者价值目的的达成"[①]，在德与行上欲做到成己、成物与成人，而家风的目的也在于此。从主体功能上分析，家风与德育最终均指向于人的维度。人是道德的主体，"道德与人同在，就是人之为人的生活方式，是人之为人的内在规定性"[②]。古今中外学者对伦理道德的理解多有争执，但其主体终归于人的视角却都不谋而合。"在价值世界中人是主体，人是这个世界的中心，价值和意义都是向人展现的，没有人也就无所谓价值和意义，价值世界并不是一个可以描述的物理世界，它不过是围绕着'人'产生的意义'场'而已，人消失了，这个'场'也随之消

---

① 万俊人：《寻求普世伦理》，北京：北京大学出版社，2009 年版，第 65 页。
② 高兆明：《"道德"探幽》，《伦理学研究》，2002 年第 2 期。

失"。① 因此，可以说家风中所反映的风俗礼仪、道德规范和行为方式等，从根本上都是为了完善人而存在的。

康德将人的本质分成动物性、人性和人格三个部分。马克思说："动物和自己的生命活动是直接同一的，而人则使自己的生命活动本身变成自己意志的和自己意识的对象。"② 从某种意义上说，当代家风场域的德育目标是在肯定人性的基础上与人格达成交融，进而以人格形式体现人的存在方式，这是对人的本质更高层次的要求。家风场域对人格品性的审视与考量，使人格不应停滞在本然的状态，而应在超越个体道德价值修为的同时，以超然性的标准来评判自身，使其"诚于心而形于外"（《大学》）。具体而言，"成于心"表现在从"前意识"层面对道德价值观进行合理构建，通过对家庭成员人格的积极引导和规范，达到人格品性的至真状态和道德品质的超然境界。而"形于外"则表现在通过德育的"实践感"达成家风场域与惯习的契合，进而实现人格的"内圣"与"外王"。总而言之，构建当代家风场域，将人置于宏阔的社会现实境域以及微观的个体内心之中，在人格由外而内的认知和由内而外的践行过程中，实现家庭道德教育外显性与内隐性的统一。

（三）构建当代家风场域的现实意义

如前所述，布迪厄用关系性思维方式对社会进行了理解和描述，他用场域来解释和划分社会结构，用惯习来替代个体心理主义的主观意志。换言之，场域以宏观且整体的视角来审视客观社会，而惯习则以微观视角来理解个体行动者的主观心理和行为范式。通过"场域—惯习"论，布迪厄试图在"主观与客观""宏观与微观"以及"整体与个体"之间寻求一条"超越二元对立的思维模式"。除此而外，与其他西方学者不同，布迪厄的"场域—惯习"论还从"历史与现代"的双重视角，试图通过寻求跨越历史的"恒定因素"来揭示统摄各场

① 兰久富:《社会转型时期的价值观念》，北京:北京师范大学出版社，1999年版，第7页。
② 《马克思恩格斯选集》（第1卷），北京：人民出版社，1995年版，第46页。

域运作中的"普遍法则"，进而达到历时性与共时性的统一。

本文无意拘泥于对于家风的传统理解，而是试图将家风置于"场域—惯习"论之中予以诠释。毋庸置疑，家风场域是社会性因素的产物，它不仅作用于家庭成员个体，同时也嵌入在中国社会的情境之中。"社会现实不仅存在于个体之间、也存在于个体之外，既存在于心理中、也存在于事物中。在社会学研究中必须坚持社会现实的两重性"。① 因此，从某种意义上说，家风场域具有个体性和社会性的双重属性，家风场域始终随着社会的发展呈现出新的内涵与意蕴。场域所具有的历时性与共时性这一"共变互构"的特点，也赋予了当代家风新的生成性动力。有鉴于此，我们可以从"场域—惯习"论的分析视角，将其应用于中国当代家风构建的具体实践中，以期为家庭伦理建设过程中所遇到的道德教育困境找到新的解释框架。"场域—惯习"论强调行动者的日常生活实践与社会的关联，这为诸多学科领域提供了富有启迪意义的理论资源。正如布迪厄本人所言："通过类比推理，可以实现移植工作，发掘出大批置身其中的各专业领域的成果。"② 因此，我们拟将"场域—惯习"论运用到中国当代家风构建的过程中，也是意在突破传统意义上对家风的定义和理解，试图改变家庭道德教育层面仅仅囿于代与代之间教育与被教育的单一模式。并且，力求在重视中国传统家学文化的基础上，对家庭伦理道德进行多层次、多角度的探索和检视，借以构建内在与外在双向交互的家庭交往关系和教育模式，从而使家庭道德价值观念符合社会主义核心价值观的时代要求。

孟子曰："天下之本在国，国之本在家，家之本在身。"（《孟子·离娄上》）借助于良好的家风来砥砺德行，这不仅是传统家庭道德教化的主要方式，也是其所传承的伦理精神的集中体现，二者均在家庭成员的日用人伦之中得以体现和延续。任凭时代更迭，社会更新，家风的文化价值和精神内涵却未曾中绝

---

① 戴维·斯沃茨：《文化与权力——布尔迪厄的社会学》，上海：上海译文出版社，2006年版，第111页。

② 皮埃尔·布迪厄：《实践与反思——反思社会学引论》，北京：中央编译出版社，2004年版，第133页。

和泯灭，醇正的优秀家风依然世代相传。并且，诚如习近平总书记所指出的："千千万万个家庭成为国家发展、民族进步、社会和谐的重要基点"[①]。因此，在这一意义上可以说，由众多优秀家风而促成的优良民风和国风的基本定型，乃是实现中华民族伟大复兴中国梦的重要一环。正所谓千万家庭"汇"家风，家风互传"染"民风，民风兴盛"促"国风。家风、民风、国风三者一脉相承，它们共同凝聚起中华民族不可或缺的精神血脉与民族之魂。我们坚信：在并不遥远的将来，醇正家风如若蔚然成风，优良国风自然水到渠成——这无疑是探索和构建中国当代家风新范式的根本目标之所在。

---

① 《习近平在 2015 年春节团拜会上的讲话》，《人民日报》，2015 年 2 月 18 日。

四、当代家风"场域—惯习"的运作逻辑*

优秀传统家风以中国传统家训文化为载体，表现为"一家或一族世代相传的道德准则和处事方法"①。在传统社会，中国家庭的生活空间呈现出耕读传家、家教训育和家风续存等家庭文化事象。从家庭层面来说，优秀传统家风表现为家庭成员之间，长辈对晚辈的鼓励与教导，通过潜移默化的方式培养家庭成员行为处世、安身立命的道德品质和价值观念。从社会层面来说，优秀家风强调修身、齐家、治国、平天下的统一。家庭成员所接受的家庭道德教育使个人修为与社会责任达成一致。在这一过程中，人们所遵循的社会核心价值观发挥了重要作用，它影响着社会中的每个个体成员的一言一行。正如习近平总书记所指出的："要重视家庭文明建设，努力使千千万万个家庭成为国家发展、民族进步、社会和谐的重要基点，成为人们梦想启航的地方。要动员社会各界广泛参与家庭文明建设，推动形成爱国爱家、相亲相爱、向上向善、共建共享的社会主义家庭文明新风尚。"②毫无疑问，以家风及其建设为切入点，就是在家庭层面将社会核心价值观与日常生活紧密相连，使道德规范和价值观念融入人们日常生活的方方面面。可见，构建符合社会主义核心价值观的当代家风具有重要的现实意义。为此，我们拟将"场域—惯习"论运用到中国当代家风构建的宏观视阈中，旨在突破传统意义上对家

---

* 与刘宇合作完成。

① 中国社会科学院语言研究所词典编纂室：《现代汉语词典》(第6版)，北京：商务印书馆，2012年版，第621页。

② 《习近平在会见第一届全国文明家庭代表时强调动员社会各界广泛参与家庭文明建设 推动形成社会主义家庭文明新风尚》，《人民日报》，2016年12月13日。

风的定义和理解，从而使其更加符合当今社会的时代要求。

（一）"场域—惯习"论述要

"场域"与"惯习"是法国当代著名社会学家布迪厄所提出的社会实践理论中的核心概念。他在《实践理论大纲》正文开篇就引用了马克思《关于费尔巴哈的提纲》中的第一条："从前的一切唯物主义——包括费尔巴哈的唯物主义——的主要缺点是：对事物、现实、感性，只是从客体的或者直观的形式去理解，而不是把它们当作人的感性活动，当作实践去理解，不是从主观方面去理解。"[①] 由此可见，受马克思思想的影响，布迪厄将实践作为其阐发社会学理论的出发点。而与马克思的实践唯物主义哲学不同之处在于，布迪厄对实践的理解更倾向于"实践活动"——具体是指一般的生产劳动、经济、政治和文化生活等日常性活动。

所谓"场域"（field），即"位置间客观关系的一个网络或一个形构"[②]。在布迪厄的社会实践理论中，"场域"是处于统摄性地位的核心概念。正如他本人所言："场域才是首要的，必须作为研究和操作的焦点。"[③] 布迪厄之所以提出场域概念，是为了避免传统实践观中以实体论和本质主义来解释社会的倾向。他认为，社会结构并不是抽象的，不能被单纯地以静态结构加以对待，而应将其视为一种动态的社会网络结构，应该用一种关系性原则对社会作出客观解释，并以此来揭示社会真实性联系。在布迪厄看来，社会结构即是行动者在不同场域进行实践性活动的社会空间。由此，行动者在各场域中的活动与社会结构形成了一种制衡关系。这表现为，一方面，行动者的实践性活动受到社会结构客观性条

---

① 《马克思恩格斯选集》（第1卷），北京：人民出版社，1995年版，第54页。

② Robbins.D, *The work of Pierre Bourdieu: Recognizing Society,* Boulder and San Francisco: Westiview Press, 1991, p.87.

③ Pierre Boudieu and Loic Wacquant, *An Invitation to Reflexive Sociology*, Chicago: The University of Chicago Press, 1997, p.107.

件的制约。另一方面，社会结构又依赖于行动者的实践，任何一个（部分）行动者都能影响到整个社会活动以及社会结构。布迪厄试图以场域概念形象地阐述社会结构的动态化性质，尽可能真实地描述社会空间区分化原则，并通过灵活性、动态性和共时性来表达场域的基本特点。可见，场域即是每一个行动者依据他们的阶层、群体关系经由各种社会力量和社会因素的制衡下在社会空间中缔结而成的社会关系网络综合体系。在这样的界定下，我们认为，场域的关系性不是行动者个体之间主观意义上的交往与互动，而是基于马克思的"独立于个人意识和个人意志而存在的客观关系"[①]。这种关系性的网络架构将社会按功能、性质结构化和具体化（如布迪厄将社会场域细化为文化场域、教育场域和权力场域等），并遵循各自的逻辑原则来运行的阶层化的社会关系网络。

与"场域"相对应，"惯习"（habitus）也是一个十分重要的概念。布迪厄早期将"惯习"解释为"认知能力"，之后又解释为"实践特征"，最终，他将其解释成为"性情倾向系统"（disposition）。这种性情倾向描述的是行动者内心固有的心理状态，其存在方式表现为一种身体上的习惯性倾向、习性抑或是某种爱好。他称其为"属于人的心智结构的一部分，它来自社会客观结构，是'一种社会化了的主观性'"[②]。布迪厄十分重视道德本身所具有的理论和实践的双重属性，因此，他对惯习的诠释则不囿于传统哲学、心理学抑或是社会学所定义的习惯、习气、情感等具有主观意识的描述，而是将这一概念建立在具体社会环境和历史条件之上，把行动者的思维情感、品性爱好、行为举止以及语言风格等要素都纳入其中，以便达成一种具有双重结构化功能的心理秉性和行为模式体系。值得一提的是，基于中法语言的隔阂，"习惯"与"惯习"具有既相似而又相区别的语意范畴。两者的相似之处在于，它们都强调行动者在活动中所获得的长期积累的经验性因素，但二者又存在本质性的差异。具体表现为，惯

---

① 皮埃尔·布迪厄：《实践与反思——反思社会学引论》,北京：中央编译出版社,2004年版,第133页。

② 皮埃尔·布迪厄：《实践与反思——反思社会学引论》,北京：中央编译出版社,2004年版,第170页。

习具有构建性和创新性等特征，它在历史实践活动中积累和复制社会客观因素的同时，不断发展并进行新的结构性创造。而习惯则表现为惰性和相对机械的重复性等特点，也不具备惯习那种可以改变并重建的主动性动力。布迪厄认为，场域与惯习之间的关系与日常生活世界密不可分。在特定的场域空间内，由行动者长期所积累的实践经验就会内化成意识和思维方式，并储存于人的头脑之中。这种深层次的思维架构无以察觉，却能潜在地影响和调动行动者的行为策略，即生成了行动者的惯习。也就是说，"一个场域由附着于某种权利（或资本）形式的各种位置空间的一系列客观关系所构成，而惯习则由'积淀'于个人身体内的一系列历史的关系所构成"①。可见，惯习既可以理解成行动者内在的主观精神状态，又可以理解成外化的社会活动。行动者的道德观念、生活方式以及价值取向通过惯习得以表现出来。换言之，"它是一种先验的前反思模式，是已经沉淀成生存心态的、长期反复的个人和群体特定行为方式，是已经构成内在的心态结构的生存经验，是构成思维和行为模式的、具有持久效用的秉性系统……一旦经历一定历史时期的沉淀，并内化于特定历史阶段的人群和个人意识内部之后，便自然地去指挥和调动个人和群体的行为方向，赋予各种社会行为以特定的意义"。②因此，惯习与场域的关系是社会活动两个维度之间的关系性互动，这种互动使行动者主观心态与客观社会结构形成关联。

诚然，以"场域—惯习"的视角来看待社会问题虽具有独到之处，但布迪厄所提出的这一观点也曾遭到一些质疑。查理斯·詹肯斯在他的《皮埃尔·布迪厄》一书中就批评布迪厄没有明确场域是如何形成和被认同的。他指出：在布迪厄的场域理论中，缺乏对于体制的理论模式的描述，这样，体制的运作逻辑与个体行动者的运作逻辑似乎就没有区别了。"③而史华兹则从场域结构同源关系角度提出了同源场域的群体却未必处于相同场域这样的疑问。他指出："许多占

① 皮埃尔·布迪厄：《实践与反思——反思社会学引论》，北京：中央编译出版社，2004年版，第17页。

② 高宣扬：《布迪厄的社会理论》，上海：同济大学出版社，2004年版，第115页。

③ Richard Jenkins, *Pierre Bourdieu*, New York：Routledge, 1992, pp.89-90.

据场上同源位置的不同群体并未形成同盟。为什么有些群体而非另一些群体形成了策略联盟？"①类似上述的质疑不无道理，的确，场域等概念带有模糊性和不准确性，事实上，布迪厄的社会实践理论中亦存在着某些不确定性。但笔者认为，一方面，正是由于布迪厄理论中含糊且具有争议的部分才恰如其分地反映出他对社会实际情况中的动态性和多变性的把握。这也是布迪厄理论中最个性鲜明的特点。另一方面，布迪厄的"场域—惯习"论所关注的不是具体学科领域中的实体性内容，它只是作为一种分析性工具在社会实践领域中发挥作用。"场域—惯习"论是以关系主义的视角将其理论集中于各个领域的关键性问题本身，用兼具包容性的学术话语来构建其特定领域的理论框架。将"场域—惯习"论运用到中国当代家风构建的宏观视阈中，借以构建内在与外在双向交互的家庭交往关系和教育模式，从而使当代家风与社会主义核心价值观乃至"中国梦"相一致。

（二）当代家风"场域—惯习"的运作逻辑

1. 传统家风场域及家风弱场域探因

传统家风场域是基于中国古代社会结构，在基本遵循儒家家庭伦理和道德规范的前提下所形成的家族或家庭成员之间的关系性网络构型。可以说，家风场域虽不具有实体性倾向，但在其有限空间内，家庭成员之间需要按照一定的伦理关系和伦理秩序来行动，以建立和维护良好的家庭风气和氛围。在这一过程中，家庭成员将道德规范、行为方式和价值取向内化于心，并生成适应家风场域的惯习，从而达到古代家庭道德教育的目标。

在场域理论中，场域间的相互关系、场域强弱是依赖于社会关系网络中的社会关系和社会力量来维系的。布迪厄把这种多维度的社会力量对比理解成为具有经济性、政治性、文化性等属性的权力。权力的大小及性质又取决于特定场域中所持有的资本（经济资本、政治资本、文化资本、象征性资本等）力量

---

① David Swartz, *Culture and Power*, Chicago: University of Chicago Press, pp.135-136.

的总和。在当代中国社会，传统家风对于家庭的影响已远不及从前，通过家风形式进行家庭道德教育和规范的作用正在走向衰微。可见，当代核心型家庭的社会关系和社会力量与古代传统大家族的社会权力是不可比拟的。此外，维持传统家风场域的家学文化资本的利用价值也正逐渐消磨殆尽。人们慨叹"古风不再"，这不仅预示着家庭德育出现了问题，同时也反映出更为深刻的社会原因。因此，我们试图另辟蹊径以"建构的结构主义"视角来看待社会与家庭的问题，以"场域—惯习"论对传统弱家风场域进行较为深层次的探源，意在构建符合当代社会的家风场域这一最终目标。首先，传统家风场域以中国传统社会结构和社会制度为依托。恩格斯指出："家庭制度完全受所有制的支配。"[①] 传统家风产生于以自然经济为基础的封建社会、依附于宗法等级制度以及"家国同构"的社会结构。随着封建社会的终结，传统社会向现代社会过渡，传统家庭也随之向现代家庭转变。传统家风场域提倡的崇儒重文、耕读传家的道德价值取向与现代家庭模式相背离。因为传统家风所依附的社会结构和社会制度已经荡然无存，所以就必然导致传统家风场域与现代社会和家庭出现矛盾。其次，传统家风场域以家学文化资本为载体，家学文化资本具有潜在维护或改变家风场域空间格局的"力量"。换言之，家风场域的作用取决于家庭成员对家庭文化资本的认同程度。在当代社会，传统家学文化资本的日渐式微使家风场域在家庭道德规范与教育中的作用与地位逐步缺失与退位，致使支撑传统家风场域的影响力难以维系。最后，传统家风场域虽然注重对家庭成员整体的道德规范，却往往忽视个体的心理因素。在传统家风场域中，家庭成员的行为方式和道德准则既受家风场域强弱的影响，也取决于其个体心理素质的差异。正所谓"龙生九子不成龙，各有所好"（徐应秋：《玉芝堂谈荟·龙生九子》），家风虽同，而家庭成员的思想言行和心理品质却不尽相同，这种泛化的家庭道德教育也就削弱了家庭成员对家风场域的认同度。通过审视传统家风场域的退场以及当代家风场域的相对空疏，我们不难发现，当代中国家庭伦理道德体系尚未完善，家庭伦理

---

① 《马克思恩格斯选集》（第4卷），北京：人民出版社，1972年版，第2页。

道德教育同样令人担忧，这也就使得构建符合中国当代社会的家风场域成为当前家庭道德建设迫在眉睫的任务。

2. 家风惯习的运作机制和作用

家风惯习是家庭成员在家风场域下对客观环境进行主观调适所形成的性情倾向。它的生成既是社会因素、文化因素与家庭成员心理因素相互建构的过程，同时，也是对家风场域加以维系和改造的过程。因此，家风惯习的运行逻辑是在"结构—构建"层面达成"外在到内化"与"内在到外化"的双向统一的。

首先，"外在到内化"的运作方式表现在惯习对于"前结构预设"和"定势心理"的把握与运用上。所谓的"前结构预设"是行动者在历史经验中沉淀、形成并最终内化为稳定的心态结构，这种心态结构能够在行动者实践之前，对其行动进行倾向性的指引，"一方面，是作为行动中的意识结构，成为行动的动机和规划方案，指导着行动的始终；另一方面，它又作为一种预先模态化的行动模式，规定了行动者的活动方式及其风格。"① 无独有偶，这与心理学中的"定势理论"有异曲同工之处。"心理定势"被认为是在一定外部因素促进下所形成的具有心理倾向性的准备状态，它在一定程度上可影响后继活动的发展趋势。由此而论，在家风场域下，家风惯习规定并且预设了家庭成员行动的可能性，并在潜移默化中引导家庭成员的性情倾向，形成符合家风场域道德规范和行为准则的惯习。正如布迪厄所指出的："无论何时，一旦我们的惯习适应了我们所涉入的场域，这种内聚力就将引导我们驾轻就熟地应付这个世界。"② 亦即在家庭道德教育中，要充分发挥家风惯习的优势。这是因为家风惯习是非强迫性的道德说教，它在日常生活中通过不被人们所察觉的感染和同化，使家庭成员在家风场域下形成不以个体意志为转移的道德认同。换言之，家风惯习之所以能够发挥其德育功效，关键在于它在意识和思维运作之前就已经生成了符合家风场

---

① 高宣扬：《布迪厄的社会理论》，上海：同济大学出版社，2004 年版，第 119 页。

② 皮埃尔·布迪厄：《实践与反思——反思社会学引论》，北京：中央编译出版社，2004 年版，第 22 页。

域的性情倾向，从而使家庭成员的"一举一动，一语一默，人皆化之以成风气"（曾国藩：《曾文正公全集·文集》，《求阙斋日记类钞》卷上）。

其次，"内在到外化"的运作方式体现在惯习对家风场域的作用和影响上。家风惯习在运作过程中对家风场域既发挥着结构性作用，同时也对其起到建构性作用。一方面，从家风惯习的结构性作用来看，家庭成员在家风场域下逐步形成一套"前提设定"。这种设定经由惯习使家庭成员的心理状态和认知结构外化于家风场域，并在特定的家庭情境中自发地认同家风场域。可以说，"内在的外化"是家庭成员从心理和行为两个维度对家风场域进行相对持久的维系，进而促使家风场域的结构体系更加明确和具体；另一方面，从家风惯习的建构性作用来看，家风惯习促进家风场域的构建，其本身具有开放性和能动性的特征。家庭成员在日常生活中不断总结和积累实践经验，其惯习也会随之不断强化或调整。家庭成员在深刻理解和洞察社会的基础上，对家风场域进行反思与重构。正因为如此，本文拟通过发挥家风惯习的结构性和建构性作用，试图探究和构建超越传统家风的当代家风场域。

最后，"外在到内化"和"内在到外化"的双向运作表现在对传统儒家思想的历史性审视和传承上。惯习的历史性"是在作为社会塑造的生物个体性的惯习与历史遗留的客观结构之间的关系中确定自身的"[①]家风惯习处于以儒家伦理道德观念为核心的社会历史之中，亦可视为是在中国传统社会特定场域中不断积累并形成的道德价值取向与认同。中国自古以来极其重视道德教化，"古之教者，家有塾，党有庠，术有序，国有学"（《礼记·学记》），家庭层面的德育更是古代教化的重中之重。醇正家风场域有赖于道德惯习的有效生成。在家风场域下，家风惯习的生成亦可视作历史实践的产物，它保证既往德育教化经验的有效在场，同时也使承袭的家庭道德和行为规范影响到每个家庭成员，使其思维方式和心理结构与家风场域保持一致。当家庭成员处在不同家庭交往关系之中时，它能够依据家风惯习，依靠预设的和固有的实践逻辑来行动，进而确保家风惯习在家风场域下的有效运行。

---

① 苏国勋、刘小枫：《社会理论的政治分化》，上海：上海三联书店，2005 年版，第 362 页。

3. 家风场域与惯习的生成性分析

根据上文所述，我们分别对家风场域和惯习的生成和运作进行了逻辑分析。由此可知，场域和惯习是双向性的互动关系，只有将二者放至彼此的关系之中，它们才能生成并有效地运作。因此，为了维系家风场域与惯习之间的运作关系，其关键在于"本体论的对应与契合"，而"实践感"则是达成这一契合的桥梁。布迪厄将"实践感"解释为："行动者对整体社会结构的实际把握与控制，这种控制通过行动者在场域结构中将所占据位置的感觉表现出来。"[①] 这体现了"场域—惯习"论的自律性特征，即行动者在社会实践中要以整个社会力量的结构分布为依据，而并不是单纯地依赖主观意愿去行动。个体行为在社会活动之中既被牵涉进去，同时又保持一定距离，在不知不觉之中，行动者根据其惯习，逐渐地呈现出自然的行为模式，以便在社会的关系网络之中调节同他人间的关系，自觉地适应并最终确立符合其特定场域的行为特征和关系样态。不言而喻，所谓"家风的实践感"，即家庭成员在学习认知之前所形成的实践倾向或认知意向，它能够根据家庭情境的变化，随时被激发出相应的行动实践。可见，家风场域与惯习之间的"本体论对应"是本体论层面的契合关系，而非传统家庭教育中所倡导的教育者与被教育者之间机械的因果联系。在家风范畴内，场域与惯习的生成与运作要通过家风的实践感得以实现。

实践感能使家风场域和惯习之间形成截然不同的两种关系形式。具体而言，第一种关系形式表现为家风场域与惯习之间的有效运作。因为实践感内隐于心，在前意识中即已影响家庭成员的行为举止，它可以驾轻就熟地应对家风场域并自发地配合家风场域，从而做出"即兴式"且"合情合理"的行为方式。家庭成员的惯习一旦适应了他们所熟悉的家风场域，就能自然地、主动地与场域进行调试。这种契合的原因在于，从家风场域角度分析，家庭成员对社会文化和家族历史的认同使他们在日常生活中自然而然地接受了伦理道德观念。在此条

---

① 皮埃尔·布迪厄:《实践与反思——反思社会学引论》,北京:中央编译出版社,2004年版,第172页。

件下，家庭成员的惯习能融洽地契合于家风场域的情境之中。从家风惯习角度分析，受家风场域影响的前意识引导家庭成员的性情倾向，使道德规范和行为准则与家风惯习相一致，也就形成了家风场域与惯习之间双向互动的运作关系。这种关系既存在于家风场域之中，又存在于家风惯习之中，即显于家庭成员之外，又存于家庭成员内心，充分体现了家风场域与惯习的契合与同步。第二种关系形式表现为家风场域与惯习的不匹配和相脱离。当家庭成员无法把握和控制家庭环境的时候，自身的惯习与家风场域就会存在差异，并出现"不匹配"或"脱节"现象。这种"不匹配"可以是暂时性的，其原因在于家风惯习的生成性和创造性发挥了作用。它们对家风场域的影响以反思性的方式达成对家庭成员的自我认知，从而调整了原有的思维、判断和行动方式，进而调整到适合当下家风场域的生活习惯，最终促成了家风惯习与场域之间的平衡。然而，另一种情形是，当家风场域发生显著变化时，家庭成员的惯习仍旧维持着固有的倾向性，这便导致家风场域和惯习之间长时间的冲突和不协调。譬如，在中国传统社会向现代社会转型之际，由于社会和家庭结构的变迁，传统家风场域已然发生巨变，而人们却缺乏对社会和家庭整体把握和掌控的实践感，甚至迷失于时代转折的洪流之中。并且，由以往社会历史结构所形成的惯习未能跟上场域转变的脚步，从而导致家风惯习调适的失败，以致无法达到与当代家风场域的匹配与契合。因此，在社会转型期间，当代家风场域与惯习之间的长期"脱节"所诱发的当代家庭伦理道德问题以及家庭教育问题便显而易见了。

（三）促进当代家风"场域—惯习"与社会主义核心价值观的同步与契合

家风是社会风气的重要组成部分，千万家庭的好家风撑起社会的好风气。可以说，好家风必然涵养社会主义核心价值观。所谓"社会主义核心价值观"，单从字面意义上来理解，是指在社会主义核心价值观中居于主导地位的价值观念。众所周知，党的十八大明确提出了"三个倡导"，即从国家、社会和个人三个基本层面对社会主义核心价值观进行了阐述。在社会主义核心价值观的引领下，为共建共享社会主义家庭文明新风尚，我们试图构建当代家风场域与惯习的新范式。可以说，这既是在社会宏观层面对社会主义核心价值观的弘扬与升华，也是在个人微观层面对社会主义核心价值观的传播与践行。重拾日渐式微甚至趋于断裂的传统家风，并以新的视角审视当代家风，对于社会主义核心价值观的培育和弘扬具有重要意义。因此，当代家风场域的构建，是将社会主义核心价值观融入日常生活之中，使之落细、落小和落实的有效途径。

首先，构建符合中国当代社会的家风场域，进而形成家风"场域—惯习"运作范式，就要以社会主义核心价值观为引领，并始终以社会主义核心价值观为导向。如前所述，社会主义核心价值观是社会主义核心价值体系的内核，它对社会主义价值观念的根本性质和基本特征进行了明确的界定。同时，它也是衡量个人道德品行与事物是非善恶的评判标准。家庭是社会最基本的生活单位，也是社会最重要的一种制度和群体形式，而家风则是社会风气中最基本的组成要素，亦是社会主义核心价值观细化与落实的着力点与落脚处。如欲打破家风弱场域之瓶颈，则需要各种优秀家风相凝聚，社会风气才会有发展的根基。社会场域由人的行动场域组成，是同行动者在各个场域中的社会实践活动紧密联系的。这种关联"一方面表现为社会结构为行动者的具体实践提供客观制约性条件，另一方面又表现为社会结构本身仰赖于行动者的整个实践过程"[①]。因此，就要在家庭层面培育和践行社会主义核心价值观，从而形成符合时代要求的家风场域的客观条件。与此同时，还要通过家庭层面实现重言传、重身教，教知识、育品德的实践过程，逐步形成家风场域内家庭成员的惯习，即实现家风"场域—惯习"的运行模式，这是构建当代家风场域的有效途径。可以说，在社会主义核心价值观的引领下，构建当代家风场域与惯习是将国家发展、社会进步和个人成长的价值观念合为一体，通过家庭道德的教育实践得以实现。进一步讲，只有在社会主义核心价值观的引领下，家风场域与惯习所倡导的道德价值观念才

---

① 高宣扬：《布迪厄的社会理论》，上海：同济大学出版社，2004年版，第136页。

能植根于普通民众的日常生活中，才能成为引领社会发展与进步的时代风尚，并转化为广大人民所普遍遵循和崇尚的家国情怀。诚然，从某种意义上说，家风虽然不能涵盖社会主义核心价值观的全部内容，但却可以通过家风形式塑造以社会主义核心价值观为目标的道德人格，并将个人的道德品质、个性修为和理想追求同国家命运和社会发展联结起来，这也是构建当代家风场域与惯习的最终目标之所在。总之，在社会主义核心价值观的引领下，构建当代家风场域与惯习，这既是个人价值观形成的基点，也是社会和国家价值观形成和发展的关键。

其次，通过家风惯习的双向运作机制来传承和弘扬中国传统文化，并以中国传统文化涵养社会主义核心价值观，借以促进和推动当代家风场域与社会主义核心价值观的同步与契合。从价值观层面上说，一个社会的核心价值观不能脱离其所属的历史文化传统而存在。中国传统价值观的精华成分始终扎根于民族文化的土壤之中。正如习近平总书记所明确指出的："培育和弘扬社会主义核心价值观必须立足中华优秀传统文化。牢固的核心价值观，都有其固有的根本。抛弃传统、丢掉根本，就等于割断了自己的精神命脉。"[①] 因此，如欲构建当代家风场域，必须要打通社会主义核心价值观与传统文化之间联结的血脉。"场域—惯习"作为社会关系网络结构，它"不是固定不变的架构或形式，而是历史的和现实的、实际的和可能的、有形的和无形的、固定下来的和正在发生的，以及物质性的和精神性的各种因素的结合"[②]。依据"场域—惯习"的这一基本特点，在构建当代家风场域的过程中不能脱离传统文化而"另起炉灶"。为此，本文依据家风惯习"外在到内化"和"内在到外化"的双向运作逻辑来试图阐释并分析中国传统文化是如何涵养社会主义核心价值观的。一方面，传统家风所倡导的诸如尚中贵和、明礼廉耻、孝慈仁爱等伦理道德观念经过数千年的沉淀，已经融入中国人的血液和灵魂之中，并潜移默化地引导家庭成员形成符合当代家风场域的道德标准和行为倾向（即外化于内）。另一方面，这种设定以当代社

---

① 《习近平在中共中央政治局第十三次集体学习时强调把培育和弘扬社会主义核心价值观作为凝魂聚气强基固本的基础工程》，《党建》，2014 年第 3 期。

② 高宣扬：《布迪厄的社会理论》，上海：同济大学出版社，2004 年版，第 138 页。

会核心价值观念为依据，经由家庭成员的心理和行为自发地与家风场域达成认同与共识，形成维系家风场域的行为实践，并且对家风场域进行塑造与调整（即内化于外）。可以说，家风"场域—惯习"的构建达成了传统文化与社会主义核心价值观在家庭层面的通融与契合。总之，将传统美德与社会主义核心价值观相结合，并在构建当代家风场域的过程中赋予其以新的时代内涵。同时，还要将传统家风的精神内核高度凝练，使之成为当代社会普遍遵循的价值理念和道德规范。可以断言，基于优秀传统文化，力促当代家风场域发生时代转化与升华，在潜移默化之中实现对日常人伦价值观的超越，让社会主义核心价值观在家庭中生根与成长。

最后，形成良性的"家风实践感"，使家风场域契合于社会主义核心价值观，使家风惯习认同并与实现中华民族伟大复兴"中国梦"的奋斗目标保持一致，进而确保当代家风"场域—惯习"得以有效运行。马克思认为："人以其需要的广泛性和无限性区别于其他一切动物。"[①] 在此基础上，马克思又进一步指出："有完整的人的生命表现的人，在这样的人身上，他自己的实现表现为内在的必然性、需要。"[②] 由此可见，这种需要是价值观认同的基本动力，价值观能否被认同和接受，从根本上而言，取决于价值观能否满足于个体或社会的需要。毫无疑问，社会主义核心价值观是当今中国的主流价值观，它集中体现了社会大多数成员的精神追求和行为认同。因此，在家庭层面，构建当代家风必须要引导家庭成员接受和认同社会主义核心价值观，从而使得家风与社会主义核心价值观相联系，并与中华民族伟大复兴的"中国梦"保持一致。具体而言，就是要通过家风"场域—惯习"形成良性的"家风实践感"。在家风场域下，通过惯习的养成使得家庭成员的心理状态和认知结构趋同于社会主义核心价值观；而实现中华民族的伟大复兴的"中国梦"，其具体表现则是国家富强、民族振兴和人民幸福。这种"预设前提"一旦形成，便会将核心价值观与"中国梦"转化为新

---

① 《马克思恩格斯全集》（第 1 卷），北京：人民出版社，1979 年版，第 139 页。

② 《马克思恩格斯全集》（第 1 卷），北京：人民出版社，1979 年版，第 129 页。

的认知结构并将情感意志融入其中——既可内化为人们的精神追求，又可外化为其自觉的行动实践。换言之，以社会主义核心价值观为指导培育良好家风的具体途径，即是提升良性"家风实践感"的活动实践。譬如，我们要高度重视家庭文明建设，共建共享社会主义家庭文明新风尚，其目的是要推动形成符合社会主义核心价值观的家风场域，提倡家庭成员能够自然地与家风场域相适应，并主动地融入于家风场域的情境之中；而积极组织开展家庭文明建设活动，通过政策引导、舆论宣传和文化产业建设等多种途径来拓展和强化文明家庭创建范围和力度，则是强调家风惯习的生成与实践，其目的皆是通过提升良性的"家风实践感"来促进家风"场域—惯习"与社会主义核心价值观的同步与契合。总之，"国家好，民族好，家庭才能好。只有实现中华民族伟大复兴的中国梦，家庭梦才能梦想成真。"① 个体对社会主义核心价值观与"中国梦"的认同表现为对它的自觉接受和遵从。一个人只有融入社会主流价值观之中，才能得到社会的接纳与尊重，才能满足自身的精神需求乃至最高层次的自我实现需求。

总而言之，讨论家风建设不可泛泛而论，中国当代家风构建的实践亦不可浅尝辄止。优秀家风是中华儿女世世代代融于血脉之中的精神内核和民族骄傲。正如习近平总书记所指出的："家庭是社会的基本细胞，是人生的第一所学校。不论时代发生多大变化，不论生活格局发生多大变化，我们都要重视家庭建设，注重家庭、注重家教、注重家风……使千千万万个家庭成为国家发展、民族进步、社会和谐的重要基点。"② 有"国"才有"家"，有"家"才有"风"，家国兴盛、社会发展才能促使家风起到感化人心、教育后人的积极作用。因此，在这一意义上说，由众多优秀家风促成的优良民风和国风的基本定型，乃是弘扬和践行社会主义核心价值观的重要一环，推动形成社会主义家庭文明新风尚，亦是实现中华民族伟大复兴的中国梦所要迈出的坚实一步。

---

① 《习近平在会见第一届全国文明家庭代表时强调动员社会各界广泛参与家庭文明建设 推动形成社会主义家庭文明新风尚》，《人民日报》，2016 年 12 月 13 日。

② 《习近平在 2015 年春节年拜会上的讲话》，《人民日报》，2015 年 2 月 18 日。

五、新时代家国情怀的现实基础、价值内蕴与基本特征*

家国情怀是中华民族一脉相承的优良文化基因，是中华优秀传统文化中集中体现中国精神和凝聚中国力量的价值理念。习近平总书记强调指出："我们要在全社会大力弘扬家国情怀，培育和践行社会主义核心价值观，弘扬爱国主义、集体主义、社会主义精神，提倡爱家爱国相统一，让每个人、每个家庭都为中华民族大家庭做出贡献。"[①]中国特色社会主义建设步入新时代,家国情怀仍然潜移默化地影响着人们的价值判断和行为选择，它在凝聚人心方面的作用不可小觑，同时对于促进社会进步与人的全面发展均具有十分重要的意义。

（一）基于中国社会现实阐释新时代家国情怀

不同的时代及与之相适应的社会结构对家国情怀的生发起到决定作用。众所周知，中国传统社会是"家国一体"的社会，是守土重迁的"熟人社会"，以血缘和地缘关系为基础的家国秩序是维系社会运行的基本秩序，血缘关系中最质朴的孝悌之情被推及至"国"而为忠。因此，传统家国情怀总是难离忠孝。近代中国以救亡图存为开端，因社会革命需要，家国一体的结构和由家至国的秩序被打破，促使人们在"保家卫国"中建立起与国家的直接联系，并使得家国情怀具有了新的价值逻辑与实践方式。在中国共产党带领中国人民经历革命、

---

* 与高昕合作完成。

① 《习近平在 2019 年春节团拜会上的讲话》,《人民日报》, 2019 年 2 月 4 日。

建设和改革之后，中国社会迎来了从站起来、富起来到强起来的伟大飞跃，传承家国情怀的人们置身于新时代的"家国共同体"中，家国情怀在适应新的社会主要矛盾的过程中被进一步激发，并在回应着新时代公民道德建设的呼唤。

1. 新时代的"家国共同体"是家国情怀得以传承的基础架构

毋庸置疑，新时代具有不同于以往的社会形态。个人的社会化程度、主体意识的显著提升，对于实现人的自身价值有了更加独立的判断及更加丰富的实现手段，这些都有赖于社会的快速发展和国家的日益强大。家庭的形式、成员间的关系、人们的婚姻家庭观念均呈现出丰富多样的发展趋势，家庭的部分功能被社会所取代，家庭事务逐步从私人领域拓展到公共领域，但家庭仍然是社会的基本细胞，仍被中国人所看重并视其为奋斗的希望和动力所在。基于共同的职业、利益、价值观、兴趣爱好等形成的社会团体对个体生活、社会风气乃至国家决策的影响凸显，这些社会团体摆脱了血缘和地缘束缚发展成为各类共同体。基于对"家是最小国，国是千万家"即国家命运与个人命运、家庭命运共生息、同荣辱的切实体认，个人和家庭对于社会、国家有着热切关注和期待，同时也会因社会、国家的发展需要而承担更多的责任。此外，国家外部环境即国际形势也可能会直接影响到人们的日常生活，整个人类社会虽然还远未达到马克思理想中"自由人联合体"的发展水平，但是"这个世界，各国相互联系、相互依存的程度空前加深，人类生活在同一个地球村里，生活在历史和现实交汇的同一个时空里，越来越成为你中有我、我中有你的命运共同体"①。每个人都身处于各式各样的共同体——小到一个家庭、学习小组、工作团队或者网络聊天群，大到国家乃至人类命运共同体，这些共同体纵横交叉、相互影响，并直接或间接影响着人们的思考和行动。可以说，新时代是一个共同体时代。在各类共同体中，个人—家—国利益的密切相关是主轴，围绕这一主轴形成的共同

---

① 习近平:《顺应时代前进潮流,促进世界和平发展——在莫斯科国际关系学院的演讲》,《人民日报》, 2013 年 3 月 24 日。

体是主干，可将其称之为"家国共同体"。这一状况使得"天下为公"的价值理想获得了现实的土壤，反映到个体层面，"有福同享，有难同当"的共同体意识愈来愈成为个人处理好各类社会关系和实现价值目标的必备素质。新时代家国情怀即在这一共同体背景中得以接续发力。

2. 在社会主要矛盾的转化中培育新时代家国情怀

当前，社会主要矛盾已经转化为人民日益增长的美好生活需要和不平衡不充分的发展之间的矛盾。这一转化首先显现为人们对于自身生活水平和国家各方面实力普遍提升的直观感受，这即为家国情怀的生发与培育提供了认知和情感基础。社会主要矛盾转化的根本原因是生产力发展到了一个更高的阶段，体现为我国社会生产力总体水平显著提高，并且在很多方面跻身世界前列，尤其是发达的信息技术和快速发展的交通运输，使得"睁眼看世界"成为现代人的日常，短时间内"行万里路"对很多人来说亦非难事。人们能够更加便捷、多样地参与到社会活动中，能够真切感受到时代的进步和国家的强大，由此对国家和民族油然而生的归属感、认同感和自豪感进一步增强，这即是家国情怀的重要内涵所在。其次，在社会主要矛盾转化过程中，个体思想意识和需要层次的提升为家国情怀的培育提供了前提条件。根据马克思主义关于社会存在与社会意识关系的原理，随着社会生产力水平的提升，人们的社会意识也相应地发展到一个更高的阶段。进入新时代的人们不仅对物质文化生活提出了更高要求，而且在民主、法治、公平、正义、安全、环境等方面的要求也会高起来。人们越来越认识到，个人的美好生活与社会的发展、国家的命运紧密相连，全面建成小康社会、全面建设社会主义现代化强国的战略任务凝聚成为全体人民的价值共识。最后，新时代社会主要矛盾的消解过程，即社会主义现代化建设的伟大实践为家国情怀的实现提供了丰厚的土壤。认知、情感及思想观念条件已具备，但只有当每个对家国怀有依恋和希冀的社会个体能够将身心投入各行各业，并充满热情和自信地投入家国共同体的建设中，唯其如此，家国情怀才具有了现实的落脚点。无数个体携手奋斗、攻坚克难，在美好生活需要不断得到满足的过程中书写下属于这个时代的家国情怀，也就能够彰显出中国稳步走向世界舞台中央的自信与豪迈。

3. 涵育时代新人须呼唤新时代家国情怀

适应社会主要矛盾变化、满足人民对美好生活的向往，须通过加强公民道德建设涵育时代新人，这实际上也是对新时代家国情怀的深切呼唤。《新时代公民道德建设实施纲要》指出，新时代公民道德建设的主要任务是筑牢理想信念之基、培育和践行社会主义核心价值观、传承中华传统美德、弘扬民族精神和时代精神[①]，这几方面均与新时代家国情怀密切相关。如若保持理想信念的正确方向，关键是要将自身与社会、民族、国家的利益紧密联系在一起，即"小我"要自觉融入"大我"，在成就"大我"中实现"小我"价值，其中很可能包含着"小我"在利益或情感上的牺牲，而家国情怀则是这一系列联系、取舍最生动简洁的表达；有效培育和践行社会主义核心价值观，关键在于使其内化为个体的内心自觉并外化于行，在这一过程中，高尚的情怀能够使主体行为变得更加恳切、持久，主观能动性的发挥也会更加充分；自强不息、敬业乐群、扶正扬善、扶危济困、见义勇为、孝老爱亲是中华民族的传统美德，是中华优秀传统文化的重要组成部分，倡导家国情怀有助于时代新人对中华优秀传统文化形成礼敬自豪的态度，并在日常生活中身体力行地传承和弘扬传统美德，这样就能够为传统美德与现代精神的融合提供强大的心理支撑和实践要素，为推动中华优秀传统文化的创造性转化与创新性发展打下坚实基础；民族精神与时代精神是家国情怀在历史与现实中的不同表述，倡导家国情怀最终指向培育具有丰富精神内涵的时代新人，通过他们塑造和展现新时代的精神风貌，推动民族团结、国家进步，并为构建人类命运共同体不断增添有益因子。

---

① 《新时代公民道德建设实施纲要》，《人民日报》，2019 年 10 月 28 日。

（二）彰显价值理念、文化自信与优秀品格的新时代家国情怀

家、国并用是中国特有的文化现象。《辞海》中对"家国"的释义：一是指家和国，二是指故乡，三犹言国家①；"情怀"意为心境、心情②。可见，"情怀"原为中性词，与家、国相连后成为中国人观念中高尚的素养与追求。在基本的语义上，家国情怀就是对家、故乡和国家的深切热爱之情，并由此展现出一种爱国情愫和宽广的胸襟。

1. 家国情怀包含人对自身本质与价值的体认方式

在以伦理为本位的传统中国社会，有一套体认自身本质和实现目标价值的完整体系，即"修身、齐家、治国、平天下"——个人以提升道德修养为起点，通过自身努力以维护家庭和睦、天下太平，个人价值在此过程中得以实现。在当代中国社会，受西方认知方式的影响，各种社会关系被过分强调的"个体"所弱化，人与家分离，家与国分殊，导致丰富的交往手段在增进人与人情感、增进社会凝聚力和向心力等方面无大裨益，个体常常感觉陷入孤寂，人被原子化为无意义的个体。马克思认为，"人的本质是一切社会关系的总和"③，要解决过分个体化认知方式所带来的问题，真正认识"现实的人"的本质，中国特有的家国情怀就能够在此过程中发挥有益的作用。当前社会面临的主要问题是人的过度个体化，以及个体难以与社会发展相适应的问题。新时代共同体化的时代背景和当前人们对社会公平正义的高度关注，意味着人们有意愿也有条件借由各类共同体发挥更大的主观能动性，也就是说，人们的认知方式需要从"个体"转向"关系"。在这种现实状况下，大力肯定与弘扬中国人崇尚道德、重视家庭、热爱祖国并甘愿为家为国担责奉献的精神，非但不会抹杀个性，反而能够让个体对自身所处的各类社会关系有更加真切的和符合日常生活经验的体认，

---

① 《辞海》，上海：上海辞书出版社，1999年版。

② 《辞海》，上海：上海辞书出版社，1999年版。

③ 《马克思恩格斯文集》（第1卷），北京：人民出版社，2009年版，第501页。

进而对人的本质形成符合时代和社会发展的认知，激发积极的情感与正能量；如果能将这些积极的情感、正能量同社会发展的总体目标结合起来，引导具有家国情怀的个体投入到社会主义现代化建设的伟大实践中来，则个人的价值追求就真正融入社会的价值取向和国家的价值目标中了。简言之，新时代为人们提供了一个现代版"修身、齐家、治国、平天下"的大舞台，舞者之灵魂正在于其所具有的家国情怀。

2. 新时代家国情怀是内蕴新时代美好理想的主流价值追求

习近平总书记指出："中华文明绵延数千年，有其独特的价值体系。"[①] 传统家国情怀"倡导个体以修己慎独为价值准则，以克己奉公为价值取向，以'内圣外王'为价值目标；倡导社会以忠恕之德为价值准则，以先义后利为价值取向，以天下大同为价值目标；倡导国家以精忠爱国为价值准则，以'民为邦本'为价值取向，以国富民强为价值目标"[②]。虽然不同时代的主流价值追求不同，但是价值体系一般都包含个体、社会与国家层面的价值准则、价值取向以及价值目标，而且人们对于创造美好生活的理想追求不会改变，无论哪个时代的家国情怀都以此作为价值基点。人们热爱家国，坚信通过自身努力能够让家更富、国更强，同时坚信"家国共同体"的兴旺发达能够为自身带来更加美好的未来，而保障这一深厚感情和坚定信念持续发生作用的根本则是对社会倡导的主流价值观的认同与实践，在新时代即表现为对社会主义核心价值观的自觉培育和践行：个人应当以爱国、敬业、诚信、友善为准则提高和完善自身素养，在参与社会事务中以自由、平等、公正、法治为价值取向，认同并逐步实现富强、民主、文明、和谐的国家建设目标。社会与国家层面也应加强与个体之间的互动，在倡导新时代家国情怀时，要积极引导个人在对"小家"和"大家"的责任与贡献中找到平衡点；同时，还要积极关注各类家庭的差异化发展，营造更适宜现代家庭存

---

① 《习近平谈治国理政》，北京：外文出版社，2017 年版，第 107 页。

② 杨威、张金秋：《中国传统社会的家国情怀刍议》，《长白学刊》，2019 年第 2 期。

在与发展的社会环境，引导家庭与社会和谐互补平衡发展，共同为家国情怀创设良好环境。家国情怀与新时代的主流价值追求保持和谐一致，并随着时代进步，在文化传承与积淀中获得了思想基础和实践条件。

3. 新时代家国情怀是基于家国认同的文化自信

家国情怀是具有悠久历史的文化传统，蕴含着丰富而深刻的思想内涵，但其中最基本的内容和最直观的表达，是对家、国的归属感、荣誉感和责任感，这类高尚的情感建立在对家、国的认同之上。但是家、国的具体含义可能会随着社会的变迁而发生些许变化。家在传统社会中处于核心地位，几乎包含了所有的社会关系，并且有一整套宗法观念和礼制维护其地位。个体完全隶属于家庭（家族），由此与"国"产生联系，而"国"则是由家推演出去的一个相对抽象的概念。因此，传统家国情怀建立在对家庭（家族）的维护与贡献上，经邦济世亦离不开行孝敬忠与乡梓观念。近代社会，个体自主意识被唤醒，国家曾一度陷于危亡却因此而使人们具有了民族国家的明确概念。国家权威得以树立和巩固，家庭（家族）没有了礼制傍身而归属为血缘关系和情感寄托之所，因此，家国情怀更多地被表达为以爱国主义为核心的民族精神。新时代个人和家庭的社会化程度越来越高，个体与集体之间的关系趋于合理化并演变为共同体，由此，家国情怀也就化育成为自觉参与"家国共同体"建设的重要精神支撑。在投身于"家国共同体"建设的过程中，主体的认同体现在两个方面：一方面是对家国实体的情感认知，即对国家和民族的感知感触和对故土家园、大好河山、骨肉同胞的热爱，以及对养育自身的小家庭的维护；另一方面是对历史文化的认同与自信，它体现了新时代家国情怀的本质。对历史文化的认同与自信即对中国特色社会主义文化的认同与自信，其主要内容包括：中华优秀传统文化，它使得中华文明传承几千年而未曾断裂，并成为家国传承的根本凭依；革命文化，它是党领导人民在革命、建设、改革中创造的文化，其中蕴含着革命创造精神和革命乐观主义的优秀基因；社会主义先进文化，它是引导亿万小家和中华民族大家庭走向现代化、走向世界、走向未来并屹立于世界民族之林的精神力量。

4. 新时代家国情怀是溶渗于主体品格的人文素养

精神文化的充实是高质量美好生活的保障，拥有强大精神力量的国家才能真正实现自强自立。首先，家国传统是中国社会所特有的文化底蕴，家国情怀是浸润于其中的人们所具有的特殊人文素养，以及区别于其他文化个体的优秀品格。中国历史上源远流长的"士"阶层集中体现了中国文化的特性，这一阶层以"志于道"即维护社会基本价值和承担文化使命为己任，而"道"最后都归结为治国、平天下。[①]"志于道"在很大程度上体现为"士"关于家国情怀的理想与实践："士不可以不弘毅，任重而道远。仁以为己任，不亦重乎？死而后已，不亦远乎？"（《论语·泰伯》）由这样的理想与实践凝结成的中国精神传承至今，成为流淌在中华儿女血脉中的优良文化基因。进而，新时代家国情怀成为个体的核心素养，它能够成就个体的高尚品格并指向人的全面发展。今天我们倡导家国情怀，不仅仅是对优秀传统文化的继承与弘扬，更重要的是要将民族精神、时代精神与个人品质融为一体，塑造心念家庭、心系祖国、心怀天下的新型理想人格。作为个体核心素养的新时代家国情怀主要包括：珍视仁爱之心，人们能够在珍爱生命、敬畏生命中体悟生命，在关心家人、关爱他人中调节自身与家庭、社会的关系，在建设幸福家庭、形成良好家风的过程中为社会的法治、道德等规范体系注入友善与温情；共同体意识或者说大局观与中国传统文化中"大道为公"的整体意识、马克思主义道德观中的集体主义有着深刻的渊源，是新时代的人们所必备的素养；家国情怀是与勇于创新和务实奋斗精神同行的"情怀"，要求人们能在危急时刻显身手、扛大旗、立奇功，关键的"修炼"还在于踏实的日常生活中；新时代崇尚英雄尤其是各行各业的平民英雄，"天地英雄气，千秋尚凛然"，他们的浩然正气和报国之志成为新时代最闪亮的坐标。

5. 家国情怀与道德之辨

家国情怀与道德在内涵和外延上均有所不同。道德以善恶为评价方式，是

---

① 余英时:《士与中国文化》，上海：上海人民出版社，1987年版，第2、3、51页。

行为规范的总和；家国情怀是积极的思想意识和情感体验，较少涉及规范。道德更多地体现为个体在具体行为中展现出来的素养，因其行为发生的场域不同可划分为社会公德、职业道德、家庭美德、个人品德；而家国情怀是深蕴于个体的心境与胸怀，渗透于各类道德行为中但却只有在少数情形下才得以显露，且一般没有固定的发生场域并无法加以分类。人们可以通过承担多种角色使自身较高的道德水平得以体现——在社会上做一个好公民、在工作中做一个好建设者、在家庭里做一个好成员；具有家国情怀的人平时也可以是多种角色，但家国情怀多显露在危急时刻。简言之，道德是品行，家国情怀是"风骨"；道德是个体的"为人"，家国情怀是为人之"大义"。从外延上看，道德在现代社会中是可以跨国界的，尤其是在涉及公德的领域，其行为规范也在一定程度上呈现出国际化的趋势，但家国情怀在当前仍然具有鲜明的民族性和国家性。同时，家国情怀与道德具有共通之处，二者都以对社会主义核心价值观的认同和践行为基础，都是社会主义社会精神文明建设的重要内容，均能够通过调节各类社会关系为推动社会发展产生积极的作用，从而促进全体人民在理想信念、价值理念和道德观念上紧密团结在一起。家国情怀与道德情感中的正面内容多有重叠——道德情感中最基本的是同情心、羞耻心，同时也包含责任感、义务感、集体荣誉感、爱国主义情感等与家国情怀密切相关的情感。家国情怀少有负面情感，而多体现为积极纯粹的对家国的挚爱深情，是道德主体之"大爱"。

（三）通达古今、情理相融、万众一心是新时代家国情怀的基本特征

传统社会中，"先天下之忧而忧，后天下之乐而乐""天下兴亡，匹夫有责"的爱国深情、整体观念和责任担当意识激励了无数仁人志士。在中国近现代社会，几近国破家亡之时，革命先烈们挺身而出，满怀报国壮志与乐观主义精神，带领历经磨难的中华民族一步步站起来；在中国当代社会，于社会主义建设、改革中淬炼出的雷锋精神、"两弹一星"精神、女排精神、载人航天精神、抗洪救

灾精神，引领着中国特色社会主义建设一路走进新时代。新时代家国情怀具有以下几个主要特征：

1. 寓传统于现代：新时代家国情怀体现为继承性与超越性的统一

中国精神传承数千载至今，不变的是中国人对家国的无限眷恋、深沉热爱。同时，家国情怀中总是包含一些超越性的价值范畴，如"道""仁义"等。孔子认为管仲"不知礼"，但却否定了他人对管仲"非仁"的议论："管仲相桓公，霸诸侯，一匡天下，民到于今受其赐。微管仲，吾其被发左衽矣。岂若匹夫匹妇之为谅也，自经于沟渎，而莫之知也？"（《论语·宪问》）正是这种超越阶级、阶层和小集体界限的价值理念，使得家国情怀之光能够经受时代变迁甚至动荡而不湮灭，反而在家国危机时迸发出巨大的能量。而且，人们要做出正确的评价和选择，从而避免陷于"自经于沟渎"而不自知的境地，就需要跟随时代的发展完成对家国情感的升华。家国情怀中包含的核心价值观即一己之利、之名、之德不应违反社会整体利益，这一"合理内核"经千年流转变迁，在新时代具有了全新的表达方式：将个人对美好生活的追求自觉融入社会主义核心价值观的培育和践行。新时代家国情怀既与行孝尽忠、乡梓观念、经邦济世、天下为公等具有密切联系，又是对其的超越和升华。传统家国情怀旨在实现"平天下"的伟业，但"天下"更多的时候只是由自身向外推去的无限大，是一个抽象概念；而新时代的人们却能够切身体会到构建人类命运共同体的需要，"天下之行，大道为公"（《礼记·礼运》）从抽象的理想成了现实的需要，悠久的传统在实践中被传承，亦被超越。

2. 蕴理于情：新时代家国情怀体现为理性化与情怀化的统一

新时代家国情怀是一种关乎家国的高尚情感，但它同时也是理性化的情感。首先，新时代家国情怀的主体是社会化和专业化的现代人。随着社会化大生产的进一步发展和社会分工越分越细，家国情怀与现代社会的关联性通过无数从事不同职业的个体得以构建，个人与"家国共同体"相连的价值追求需有较高的专业素养与之相匹配。钟南山院士在"非典"疫情中"把重病人都送到我这里来"的豪言、84岁高龄又在新冠肺炎疫情中逆行武汉的坚毅背后，是他精深的医学专业知识和崇尚科学的坚定信念。专业眼光、专业判断、专业技能够为新时代家国情怀的展露增添底气。其次，家国情怀之所以不是短暂的、浅表的情感体验，是因为其建立在道德智慧之上。道德智慧是道德认识的升华。具有道德智慧的人在处理各类利益关系，尤其是面对困难的道德抉择时，会表现出平淡恬静、从容自如的睿智。[①] 家国情怀多显露在危急时刻，总是有牺牲相伴，面对大节大义勇于牺牲却不追求盲目牺牲、过度牺牲，需要以道德智慧作为其前提。此外，"情理相融"的家国情怀有助于个体或集体避免陷入偏激的爱国主义和狭隘的民族主义。爱国主义的核心是对国家利益的维护，民族之爱通过民族认同与共同信仰维系，二者都包含明确的政治诉求。当国家、民族利益受到损害时主体容易产生偏激情绪，而家国情怀则更多地体现为仁爱之心、眷恋之情和广泛的共同体意识，因而能够消解不良政治情绪，取得去偏激化的效果。

3. 融万众于一心：新时代家国情怀体现为全民化与个性化的统一

随着物质生活水平和思想文化水平的普遍提高，人们对共同建设中国特色社会主义的理想信念更加坚定，再加之近年来对于中华优秀传统文化的大力弘扬，传统社会中专属于士大夫阶层的家国情怀现已成为全体公民的精神追求，"志于道"成为千千万万向往美好生活的人们普遍的精神面貌，并推动着时代新风的形成和播扬。尤其在经历一场来势汹汹的全球性大战"疫"之后，蕴藏于人民大众之中的那种深厚的家国情怀被充分激发出来，无数平民英雄得以涌现，让我们感奋于经由众多普通人和普通家庭无私奉献释放出的巨大能量。这正是新时代所倡导的"幸福源自奋斗""成功在于奉献""平凡孕育伟大"理念的生动体现，这是新时代展现出来的前所未有的魅力，也是新时代持续发展的不竭动力。同时，家国情怀又是具有主体性的，包含于每一个主体的思想意识当中，

---

① 王泽应：《伦理学》，北京：北京师范大学出版社，2015年版，第260页。

带有浓厚的感情色彩,因而在客观条件允许的情况下会有个性化、多样化的表达方式。不同年龄、性别、性格、行业、岗位、兴趣爱好,让千万个具有家国情怀的主体展现出千万种个性,因此家国情怀便具有了千万种表达方式:改革开放精神、劳动精神、劳模精神、工匠精神、优秀企业家精神、科学家精神和伟大的抗"疫"精神……一位新生代媒体人结合其多年采访经历进行的深入思考印证了这一点:"家国情怀最终要投射到一个个如你我的个体身上,具体而生动。因此,关注个体的命运就是关注家国的命运。"[①]家国情怀的全民化和个性化相统一标志着社会成员思想意识水平的全面提升。

在深厚的文化和情感积淀中,在中国特色社会主义伟大实践中,中华儿女应时而上、砥砺前行,不断更新对自身、对家国的理想化愿景,不断为时代发展和社会进步注入新的精神动能,使得从古至今一脉相承的家国情怀在新时代具有了新鲜充实的内容,获得了广泛坚实的民众基础,焕发出旺盛的生命力。家国情怀终将成为一个丰富开放的情感体系、一种更加闪耀的文化标识、一股不断壮大的精神力量,推动全体人民持续保持昂扬向上、奋发有为的状态,凝心聚力,实现人民幸福、民族振兴、国家富强,并不断将人类命运共同体建设推向新的高度。

---

① 张亚楠:《关注个体就是关注家国——一个新生代媒体人的新闻追寻路》,《青年记者》,2014 年第 31 期。

六、传统家训文化与高校思想政治教育融合路径探析*

习近平总书记在党的十九大报告中强调指出，要"推动中华优秀传统文化创造性转化、创新性发展，继承革命文化，发展社会主义先进文化，不忘本来、吸收外来、面向未来，更好构筑中国精神、中国价值、中国力量，为人民提供精神指引"。[①] 传统家训文化作为中国优秀传统文化的重要组成部分，蕴含着丰富的治家思想，其中的道德规范及人文精神发挥着潜移默化的育人作用。新时代高校应如何把传统家训文化融入大学生思想政治教育，推动中华优秀传统文化实现创造性转化和创新性发展，切实提高思想政治教育工作的实效性，是新时代高校思想政治教育无法回避的新课题。

（一）传统家训文化与高校思想政治教育融合之必要性

传统家训文化与高校思想政治教育相融合，无论对于传统家训文化自身的创新发展，抑或是对新时代高校思想政治教育的实效性提升，均具有重要的现实意义。

1. 传统家训文化实现创造性转化和创新性发展的需要

"中华文明源远流长，孕育了中华民族的宝贵精神品格，培育了中国人民的

---

* 与赵婵娟合作完成。

① 习近平：《决胜全面建成小康社会夺取新时代中国特色社会主义伟大胜利——在中国共产党第十九次全国代表大会上的报告》，北京：人民出版社，2017 年版。

崇高价值追求"。① "历史和现实都表明，一个抛弃了或者背叛了自己历史文化的民族，不仅不可能发展起来，而且很可能上演一幕幕历史悲剧"。② 中国家训自五帝时代发端，发展成熟于西汉至三国两晋南北朝，鼎盛于唐宋元明清，而至近代，在"西学东渐"社会变迁的历史形势下，屡显式微之象，甚至出现断层。就其历史印记而言，中国家训文化借助于历代帝王将相、圣贤大哲、文化名人的家训、家范、家学等，融入中华传统文化的宏大叙事之中，对中国社会的发展和繁荣做出了巨大贡献，其影响遍及中国社会的每一个角落和每一个发展时期。传统家训文化包含的范围更是大到国家社稷、民族信仰，小到家庭伦理、为人处世、读书治学，几乎对中国人精神生活、社会生活和民俗生活等各个层面都有传承和阐释，蕴含着中国人独有的内在特质和生命智慧，更蕴含着中国传统文化的核心范畴和概念。如尊崇以"道"为核心的朴素辩证法，将其作为孕生万物的总根源和指导社会人生的总规则；把"仁"作为处理人与人之间关系的道德原则和标准；把"义"作为人之为人的表征；把"中"作为追求内外需求的处世态度；把"和"作为对宇宙人生审美境界的最高追求等。传统家训文化可为思想政治教育提供深厚的文化力量，充分利用好高校思想政治教育这一主渠道，把握传统家训文化核心要义的古今之别，依托现代社会伦理关系，用新时代社会主义核心价值观作为引领，对传统家训文化中的伦理道德、家国情怀等优秀文化进行重新解读。同时，根据大学生个性和心理发展特点将传统家训文化融入家庭、学校和社会生活，利用现代技术创新家训文化的表现形式和表达方式，赋予其符合时代要求的新内涵，进而有效激发传统家训文化的生命力，为传统家训文化的创造性转化和创新性发展开辟新路径。

2. 提升高校思想政治教育工作实效性的需要

《一流本科教育宣言（成都宣言）》中提出："培养堪当民族复兴大任的时代

---

① 《新时代公民道德建设实施纲要》，《人民日报》，2019 年 10 月 28 日。

② 《习近平谈治国理政》（第 2 卷），北京：外文出版社，2017 年版，第 349 页。

新人是高等教育的核心使命""立德树人的成效作为检验学校一切工作的根本标准"①。对于高校而言，立德树人是立身之本，而思想政治教育则是高校坚持立德树人必须要抓住的关键点。高校思想政治教育的含义是"为了保证党和中华民族奋斗目标的实现，以宣传和传播社会主义和共产主义思想体系，引导人们的政治态度，解决各类思想问题，提高其思想、道德和心理素质，以完善人格和调动积极性为根本任务，对人们进行的以政治思想教育为核心和重点的，思想教育、道德教育和心理教育的综合教育实践"。② 可见，新时代高校思想政治教育工作传授的不仅是知识体系，更是价值引领，是确保中国特色社会主义事业兴旺发达的希望工程、固本工程和铸魂工程。如何把握好知、情、意、信、行均衡发展的高校思想政治教育新定位，是当前每一位思想政治教育工作者都需要潜心研究、认真思考的重要课题。传统家训文化是文化传统和传统家庭美德的结晶，也是警世育人的基础。传统家训文化不仅能丰富新时代高校思想政治教育教学资源，更能为其提供教育理念、原则和方法上的有益借鉴，拓展高校思想政治教育的实践路径，从而提升高校思想政治教育工作的实效性。

（二）传统家训文化与高校思想政治教育融合之内在依据

传统家训文化与新时代高校思想政治教育相融合是切实可行的，具有较强的现实合理性，其内在依据主要体现在以下几个方面：

1. 二者立德树人的教育目标相同

传统家训文化既包含修身、齐家的"小德"，也包含治国、平天下的"大德"。既有期盼家族和睦、子孙贤达的"小目标"，也有着崇尚内圣外王、家国

---

① 一流本科教育宣言（"成都宣言"）[EB/OL].http://www.moe.gov.cn/jyb_xwfb/xw_fbh/moe_2069/xwfbh_2018n/xwfb_20180622/sfcl/201806/t20180622_340649.html，2018-06-22.

② 陈秉公：《思想政治教育学》，北京、延吉：高等教育出版社 延边大学出版社，1997 年版，第3-4页。

情怀的"大追求"。思想政治教育子系统目标的确立，必须以社会总系统实现共产主义的最终目标为依据。但党和国家在社会发展的每一个阶段，都有其具体的阶段性目标，而思想政治教育目标又必须反映党和国家发展的阶段性需求。因此，高等教育要明确新时代高校思想政治教育的历史使命，发挥其立德树人的独特优势，努力培养担当民族复兴大任的时代新人，培养拥护中国共产党领导和我国社会主义制度、立志为中国特色社会主义事业奋斗终身的有用人才。具体的教育目标应包括：增强对青年大学生的理想信念教育，把实现中华民族伟大复兴的中国梦教育作为大学生理想信念教育的重要组成部分；加强和巩固马克思主义的指导地位，坚定大学生的政治意识和政治立场；增强大学生对社会主义核心价值观的情感认同，并引导其自觉遵循和积极践行；凸显高校思想政治教育时代性的文化意蕴，提升大学生的文化自信意识。从道德教育的本质来看，传统家训文化力求使子孙后代成为明道且具有德性之人，为传统社会伦理生活共同体的实现提供规训，最终实现人之为人的使命。① 传统家训文化的合理内核决定着其能为高校思想政治教育的目标实现提供助力。

首先，传统家训文化中的家国情怀与中国梦的目标追求相融合。齐家治国是传统家训文化的根本目标。《周易·家人》卦辞中就已经提出了"教先从家始""正家而天下定"的主张。《大学》有言："一家仁，一国兴仁；一家让，一国兴让。一人贪戾，一国作乱。"传统家训通过家训、家语、庭训、家书等训诫规约来教导子孙心正意诚、家齐国治而天下平。高校思想政治教育要培育中国梦的助推者和践行者，就应发挥家训文化中家国情怀的导引作用，激发大学生的责任意识和担当精神，使其积极投身于实现中国梦的伟大事业中。

其次，传统家训文化与社会主义核心价值观相契合。任何一个时代的家训文化都凝结着其所处时代的主流价值取向和人生理想，社会主义核心价值观亦不例外——它是在中国特色社会主义建设的实践过程中，立足于中国优秀传统

---

① 任彩红:《论道德教育的价值取向与趋向——基于"转识成智"与"由智化境"的视角》，《江苏高教》，2018 年第 6 期。

文化而凝练出来的产物。传统家训一方面普及了孝悌仁爱的家庭伦理和道德观念，将具体的道德原则和价值观念上升到社会普遍的道德原则和价值观念。另一方面，传统家训也从修身、求知、治生、处世等层面对子孙反复进行劝诫，将儒家核心价值观下移到个体的具体道德原则和观念中。24字社会主义核心价值观的每一德目都可在传统家训文化中找到依托。此外，传统家训文化的表达方式通俗易懂，容易引起大众的情感共鸣，为社会主义核心价值观的大众认同架设了桥梁。

最后，中华优秀传统文化是社会主义先进文化的重要源泉。中华优秀传统文化是中华民族五千年历史长河中积淀而成的思想根基，更是中国人民价值追求的集中体现，并与当代社会的优秀思想理念相结合，成为社会主义先进文化的重要组成部分。具体而言，中华传统文化与优秀家训文化就是整体与部分的关系，且二者相互依存、相互制约。中华传统文化是优秀家训文化产生和存在的背景，决定着优秀家训文化的内容与实现目的。[①] 传统家训文化的思想源泉和道德根基是促进社会主义先进文化不断发展壮大的有益滋养，并成为中华民族坚定文化自信的重要来源和基础。

2. 二者促进个体社会化的教育内容相通

思想政治教育活动的有效开展离不开思想政治教育的内容，这一介质包括思想、政治、道德、人格教育等方面，这些教育内容有着共同的指向就是实现人的社会化。中国传统家训文化所体现的价值理念和道德要求，主要表现在个人与自我、个人与家庭成员、个人与社会以及人与物的价值理念与规范上。二者在教育内容上有诸多相通之处。在个人与自我层面，"修身为本"是传统家训文化遵循的教育逻辑。长辈通过教导子孙读书、治生、立志、守信等，培养子孙的道德品质，方法上提倡笃静思心、慎独自省、持之以恒等，体现了对家族后人追求"内圣外王"之道的期盼。在个人与家庭层面，传统家训文化在家庭

---

① 李庆华、雷方：《优秀家训文化传承与创新的多维视角》，《学术交流》，2017年第6期。

伦理关系中强调孝悌为本。将最亲近的家庭成员作为传统社会处理人际关系的着力点。传统家训文化将孝悌视为人之本，本立而道生，认为孝友之家才能绵延长久。这种家庭伦理关系扩展到亲属、邻里之间，便是强调仁爱宽厚、乐善好施。在个人与社会层面，传统家训文化注重责任担当、互助济难。其所秉持的价值理念往往也不局限于家庭或家族自身利益，而是把家庭作为通向社会和国家的中间单位，强调兼济天下。如《钱氏家训》告诫为官子孙"利在一身勿谋也，利在天下者必谋之"。在人与物层面，传统家训文化强调对物的价值观念与规范是节约爱惜，不贪恋物、不为物所役。司马光在《训俭示康》中深刻阐释节俭的重要意义和奢侈的极大危害："顾人之常情，由俭入奢易，由奢入俭难""侈则多欲"。这些伦理道德教育内容在今天同样具有重要的教育指导意义。高校思想政治教育中个人价值和社会价值的辩证统一和目标实现，决定了其在教育内容上可以融合传统家训文化，教育、引导学生处理好上述各层面的关系，助力大学生实现全面发展。

3. 二者关注生活世界的价值取向相合

传统家训是一种生活化的教育，寓教育于家庭生活是传统家训的内在要求。家训家风是中国人道德养成的原始场域，形成了深植于人们内心深处和精神层面的道德基因，影响和塑造着一个人的世界观、人生观和价值观。这不仅反映在教育内容上要注重生活所需要的基本修养，还体现在教育方式上注重父母长辈对受教者的以身作则、典型示范以及同辈之间的对比监督，而不是强行灌输和空洞说教，主张对受教者施加潜移默化的影响。传统家训在育人时针对个人的性格特点、兴趣爱好因材施教，并且对受教者的教育是随时随地遇物而教、因时而教、因事而教，着眼于生活中的一个个小细节，让子女在一定的情景中产生体验和共鸣，做到感情和理智相结合。现代思想政治教育同样注重通过对个体成长环境的熏陶，使其逐渐养成良好的思维和习惯，从而塑造其品格。习近平总书记在中央政治局第十三次集体学习会上强调："一种价值观要真正发挥作用，必须融入社会生活，让人们在实践中感知它、领悟它。"高校思想政治教育的主体不是抽象的大学生，而是受一定家庭文化、校园文化、地域文化、社会文化熏陶和影响的大学生个体。高校思想政治教育不仅要指向学生的生活世界，还要扩展传统家训文化中"家"的含义，利用生活情境的教育功能，既发挥核心家庭的育人作用，还要发挥班级之家、社团之家、学校之家、社区之家、乡镇之家等的育人功能，优化高校思想政治教育育人空间。

4. 二者知行合一的教育理念相融

现代思想政治教育学认为，人的道德品质是一个知行统一的完整体系，理想人格所蕴含的道德品质不是与生俱来的，而是在不断学习和社会实践中培养造就出来的。高校思想政治教育不仅是知识教育，更是一种文化熏陶、实践践履。传统家训文化同样是将知与行摆在同等重要的位置，强调知和行的有机统一。诸多传统家训都告诫子弟只有将学习到的知识身体力行，付诸实践，才是真知。陆游向子孙们传授了许多学习方法，亦强调要力行。"人人本性初何欠，字字微言要力行"[1]"学贵身行道，儒当世守经"[2]"纸上得来终觉浅，绝知此事要躬行"[3]。左宗棠反对子弟只读死书，告诫子弟"识得一字即行一字，方是善学。终日读书，而所行不逮一村农野夫，乃能言之鹦鹉耳。纵能掇巍科、跻通显，于世何益？于家何益？非惟无益，且有害也"[4]。不仅如此，传统家训还将知行统一贯彻到家庭教育的言传身教之中。包拯一生为官清廉，执法严峻，不畏权贵。据《宋史》记载，包拯"虽贵，衣服、器用、饮食如布衣时"[5]。他在仅有几十个字的家训中告诫家族子孙："后世子孙仕宦，有犯赃滥者，不得放归本家；亡殁

---

① 陆游：《睡觉闻儿子读书》，《陆游集·剑南诗稿》，北京：中华书局，1976 年版，第 704 页。

② 陆游：《示元敏》，《陆游集·剑南诗稿》，北京：中华书局，1976 年版，第 1475 页。

③ 陆游：《冬夜读书示子聿》，《陆游集·剑南诗稿》，北京：中华书局，1976 年版，第 1065 页。

④ 左宗棠：《家书·诗文》，《左宗棠全集》（第十三册），长沙：岳麓出版社，1987 年版，第 4-5 页。

⑤ 脱脱：《宋史·包拯传》，北京：中华书局，1976 年版，第 10318 页。

之后，不得葬于大茔之中。"① 清帝康熙在《庭训格言》中谈到吸烟问题时曾说："今禁人，而已用之，将何以服人？故而永不用也。" 由此可见，传统家训文化与思想政治教育在知行合一教育理念上的契合，也为二者的进一步融合奠定了坚实的基础。

（三）传统家训文化与高校思想政治教育融合之路径探析

总体上来看，传统家训文化与高校思想政治教育相融合既是一个理论问题，也是一个实践问题。二者相融合的主要路径，笔者认为，大体可以概括为以下几个方面：

1. 秉持培养时代新人的育人理念

马克思曾指出："问题就是时代的口号，是它表现自己精神状态的最实际的呼声。"② 当前培养一般意义上的公民已无法满足实现中华民族伟大复兴"中国梦"和推进中国特色社会主义伟大事业的迫切需求。"盖有非常之功，必待非常之人。"（《汉书·武帝本纪》）培养堪当民族复兴大任的时代新人是中国特色社会主义进入新时代这一特定历史阶段，国家对人才素质的客观要求。新时代高校思想政治教育工作的意义更为深远和宏阔，高校思想政治教育的重心和目的，不再是通过教育或劝说让学生认同某种道理，效仿某种行为，而是要实现"转识成智""由智化境"的价值转向。通过思想政治教育工作来满足青年学生对美好生活的向往，让他们在向上向善的实践中感悟到真善美，体会到作为人的尊严和责任。传统家训文化不仅强调"析万物之理"（《庄子·天下》）的宇宙存在之大道，更强调能够"判天地之美"（同上）的德行修养之道。高校思想政治教育充分挖掘和利用传统家训文化可使思想政治教育目标和任务更为具体化，同时让传统家训文化实现活态传承。传统家训文化重视家庭子女及后辈道德品质

---

① 杨国宜整理：《包拯集编年校补》，合肥：黄山书社，1989年版，第256页。

② 《马克思恩格斯全集》（第40卷），北京：人民出版社，1982年版，第289-290页。

的养成与人格修养，在构建家庭内部关系中提倡敬老爱幼、长幼有序的家族团结精神，在国家观念上把家庭的命运与国家的命运紧密相连，在处理家庭与社会关系中则彰显出"和合"的传统文化思想。高校思想政治教育要融合传统家训文化，将传统家训文化中的家国情怀、民族精神和中华民族核心价值认同融合思想政治教育转化传承，使智慧之思从抽象走向具体，化德性为德行。培养有理想、有本领、有担当的时代新人，培养顺应时代潮流、走在时代前列的奋进者、开拓者、奉献者。

2. 深化传统家训文化与思想政治教育融合的理论研究

高校从思想政治教育视阈深入开展对传统家训文化的理论研究是对其传承和应用的基础。改革开放以来，尤其是进入 20 世纪 90 年代以后，学者们对家训文化开展了系统研究，对中国家训产生的历史背景、形成、发展及对社会的影响，对不同时期家训的基本内容、原则、方法、宗旨等都有探索，尤其是对传统家训中道德教育的研究最为突出。[①] 自从习近平总书记在 2015 年春节团拜会上发出"注重家庭、注重家教、注重家风，紧密结合培育和弘扬社会主义核心价值观，发扬光大中华民族传统家庭美德"的号召以来，"传统家训与社会主义核心价值观"的研究成为现时期的热点。当下，高校要深入挖掘传统家训思想发展历史的深层次机理和家训文化发展的历史规律，对于传统家训文化的根本特质、核心要义、价值取向、运行机制等进行理论阐释，挖掘传统家训文化的规诫载体、教化方式的学理基础。通过对传统家训文化精华与糟粕的深入分析梳理，挖掘传统家训文化的现代价值，并将其与新时代高校思想政治教育工作的培养目标、培育内容、教育方法等紧密结合，使传统家训文化能在新时代进行创造性转化和创新性发展，尤其是要加强具体方法的实践探索，才能真正助力高校立德树人目标的实现。

---

① 陈延斌、田旭明：《中国家训学：宗旨、价值与建构》，《江海学刊》，2018 年第 1 期。

3. 挖掘传统家训文化的思想政治教育资源

高校思想政治教育资源是指高校对学生开展思想政治教育工作过程中所选择利用的、能承载和传递思想政治教育内容和信息的、有利于实现思想政治教育目的各种要素的总和。[①] 高校要深入挖掘传统家训文化中的教学素材资源和教育方法资源，扩展思想政治教育教学体系。传统家训文化中倡导"行道"的经世精神，凸显了"德、义、善"基本价值规范的"忧患意识"，"居之无倦，行之以忠"（《论语·颜渊》）的处世态度，对于新时代大学生的人生观教育、使命意识和担当精神都是一种有益的引导。传统家训、家规、家法中的规矩内涵与法治功用及其所蕴含的现代法律理念的来源，如"人而无信，百事皆虚"之于民法的诚信原则，"不取不义之财"之于物权法的财产所有理念等，对培养新时代大学生的规则意识、制度意识和法治精神无疑是有益的补充。传统家训中寓爱于教、严慈相融、经验传授、典型引导的教育方法，以及因材施教、爱之以德、以身示范的教育原则等，对新时代思想政治教育理念创新具有一定的启示意义。高校要让思想政治教育传递的时代精神与传统家训文化融合创新，把道德教育、法制教育、价值观教育、"中国梦"教育等与传统家训文化有机融合，给予传统家训文化符合时代需求的解读，让传统家训文化既体现厚重感又具有时代感。并且，还要使之适应新媒体时代文化传播的形态变迁，以大学生习惯接受的话语体系和表达方式，占领高校思想政治教育网络阵地。同时，抓好高校学团工作和传统家训文化结合的着力点，不断拓展"家"的理念，把学生寝室、班级、学生会、社团组织等建成思想教育、行为养成的素质提升之"家"，努力把传统家训文化融入教育、管理和服务工作中，提升高校思想政治教育工作格局。

4. 推进传统家训文化融入思想政治教育实践活动

"马克思主义看重理论，正是，也仅仅是，因为它能够指导行动"。[②] 传统家

---

① 聂波等：《大学生思想政治教育资源本质探析》，《思想理论教育导刊》，2010 年第 11 期。
② 《毛泽东选集》（第 1 卷），北京：人民出版社，1991 年版，第 292 页。

训文化有鲜明的日用人伦教化特色，长辈的生活轨迹和习惯像本能一样熔铸在子孙血脉中代代传承，所以如此，其根本原因即在于家族倡导的价值理念和道德规范在家族成员中不仅有理性认同、情感上的接受，更有在实践中的自觉践履。《新时代公民道德建设实施纲要》中强调要"用良好的家教家风涵育道德品行"。"要弘扬中华民族传统家庭美德，倡导现代家庭文明观念，推动形成爱国爱家、相亲相爱、向上向善、共建共享的社会主义家庭文明新风尚，让美德在家庭中生根、在亲情中升华"。[①]因此，高校思想政治教育需要充分挖掘、运用家训文化开展实践教育活动，将历史文化遗产的祠堂、家庙等建筑遗迹作为实践教学基地，将传统家训中的动人故事和价值理念作为素材融入于学校特定的场所，或通过组织开展经典家训典籍阅读活动，联合社区、家庭共同开展谈家史、话家风等实践活动，让学生在潜移默化中接受家训文化的熏陶。同时，还要利用好传统节庆和纪念日，通过讲述、回顾优秀家训人物品行与事迹，生动地强化学生对家训文化核心价值的认同。恰如美国学者海尔布隆纳所言："思想和行动在生活经历中是不可分割地联系在一起的。思想提供了对过去的理解，我们以它指导我们的行为，行为体现了思想向未来活动的转化。"[②]只有真切地引导学生把学习到的生涩理论知识与鲜活的生活实践相融合，才能有效地增强学生的自我教育能力，实现思想政治教育知行合一的教育目标。

---

① 《新时代公民道德建设实施纲要》，《人民日报》，2019年10月28日。

② ［美］海尔布隆纳：《马克思主义：赞成与反对》，马林梅译，北京：东方出版社，2016年版，第56页。

七、新时代家训文化研究的价值、主旨与理路*

党的十九大报告指出："深入挖掘中华优秀传统文化蕴含的思想观念、人文精神、道德规范，结合时代要求继承创新，让中华文化展现出永久魅力和时代风采。"① 家训文化作为中华优秀传统文化中独具特色的部分,包含着丰富的道德教化思想与德育实践经验，以及对社会主流价值观的认同和践行方式，因而能够成为现代思想政治教育的鉴思资源。以源远流长的家训文化为载体开展思想政治教育，有利于丰富和完善思想政治教育体系，增强教育的亲和力与实效性，引导人们积极弘扬和践行社会主义核心价值观，从而实现推动社会进步和促进人的全面发展的最终目标。基于思想政治教育的分析视角，家庭的和谐兴旺、家教的殷切严缜、家风中的善勤义廉等，从来都不是只关乎一家一族的"家务事"，而是整个社会、民族和国家精神风貌和文明水平的重要表征，这就从一个侧面反映出新时代家训文化研究所具有的价值意蕴。并且，为了满足时代提出的关注与促进家庭、家教、家风建设的需要，新时代家训文化研究的主旨则体现在民族与国家的精神追求与价值目标的实现中。因此，在这一意义上可以说，明确这一主旨是分析家训文化研究理路的基础。

（一）新时代家训文化研究的价值意蕴

习近平总书记在会见第一届全国文明家庭代表时的讲话中提出"注重家

---

* 与高昕合作完成。

① 《中国共产党第十九次全国代表大会文件汇编》，北京:人民出版社，2017 年，第 34 页。

庭、注重家教、注重家风"的希望，指出"我们要重视家庭文明建设，努力使千千万万个家庭成为国家发展、民族进步、社会和谐的重要基点，成为人们梦想起航的地方"①。家训文化能够满足新时代兴家庭、振家教、美家风的需要，其研究的价值寓于家庭、家教、家风三位一体的社会功能之中。

1. 兴家庭：筑牢中华优秀传统文化播扬之基石

恩格斯在《家庭、私有制和国家的起源》中指明："一定历史时代和一定地区内的人们生活于其下的社会制度，受着两种生产的制约：一方面受劳动的发展阶段的制约，另一方面受家庭的发展阶段的制约。"② 因此，处在不同发展阶段的家庭具有不同的形态和职能，而且，家庭能够对社会发展起到制约作用。在中国传统社会中，家庭作为"国之本"在社会中处于中心地位，强有力地联系并制约着国家与家庭成员，在养育家庭成员的同时还承担大部分社会管理与教化职责，大家长因具体行使管理与教化权而具有较高权威，家庭内部等级划分较为鲜明。在现代社会，伴随着家庭模式和家庭功能的转变，家庭及其成员的社会化程度显著提高，尤其在步入新时代后，自由、平等的社会价值取向逐渐渗透到家庭关系中，个人—家庭—社会—国家各个层面价值目标的融合度不断提升，呈现出一种"家国共同体"的趋势。

但是，家庭仍然是构成社会的基本单位，是现实伦理关系的重要依托。而且，家庭的兴旺是社会繁荣的表征，家庭关系的和谐是文明进步的标志，"国家富强，民族复兴，人民幸福，不是抽象的，最终要体现在千千万万个家庭都幸福美满上，体现在亿万人民生活不断改善上"③。今天，家训文化仍然能够在现实中对现代人的日常生活产生潜移默化的影响，这是因为人们仍然看重且无法割舍血浓于水的亲情，仍然将家人的幸福和家庭的美好未来作为自己为之奋斗的目标，家庭也仍然是绝大多数人的情感寄托。同时，历经数千载"家国同构"

---

① 习近平：《在会见第一届全国文明家庭代表时的讲话》，《人民日报》，2016 年 12 月 16 日。
②《马克思恩格斯文集》(第 4 卷)，北京：人民出版社，2009 年版，第 161 页。
③ 习近平：《在会见第一届全国文明家庭代表时的讲话》，《人民日报》，2016 年 12 月 16 日。

的传统社会，我们继承下来的文化传统中有相当部分内容都与家庭相关。为此，要树立对中华优秀传统文化礼敬自豪的态度、推动其创造性转化和创新性发展，均需建立在对家庭的珍视和关注上。教育旨在推动社会进步和人的全面发展，因而坚定对"家"的信念，实际上是为思想政治教育明确了伦理基础和对象，在教育活动中起着基础性作用，而以家训文化为载体尤其需要如此。"训"因"家"而生，"训"以"家"为本，众多兴旺和谐的小家庭是家训文化能够传承发扬的根基，也是其不断探索和发展所指向的价值目标。

2. 振家教：以新时代价值共识引领家庭美德

家教是对家庭抚育成员、养成道德、传承文化等功能的实际执行，其核心是对家庭成员价值观的培育。在中国传统社会中，价值观体系大体就是伦理道德体系。因此，家训始终围绕道德教育展开，其中包含大量关于修身立德及其重要性的阐释与论述，如诸葛亮云："夫君子之行，静以修身，俭以养德。"（《诫子书》）颜之推要求子弟："清白做人，自立自重，忠君爱国，宽柔慈厚。"（《颜氏家训·序致》）朱熹则警示后人，"有德者，年虽下于我，我必尊之。不肖者，年虽高于我，我必远之"（《朱子家训》），诸如此类。而且，传统价值观体系以家庭伦理为核心。传统家训提倡的齐家之道，其主要内涵即家庭道德，包括孝敬父母、夫妻和睦、尊长敬贤等，其中很多内容成为今天家庭美德建设的丰厚滋养，同时对社会主义核心价值观更好地引领和融入家庭美德建设带来有益启示。

培育和践行社会主义核心价值观既是构建新时代社会主义核心价值体系的关键，也是新时代思想政治教育的本质体现和重要任务。这一任务的实现包含两个方面的意义：一方面，"核心价值观，其实就是一种德，既是个人的德，也是一种大德，就是国家的德、社会的德"。① 社会主义核心价值观本身体现着对

① 习近平：《青年要自觉践行社会主义核心价值观——在北京大学师生座谈会上的讲话》，《人民日报》，2014 年 5 月 5 日。

德的崇尚，其培育和践行很大程度上是以各类具体的道德规范为落脚点的。而在道德规范体系中，个人品德、职业道德、社会公德均能够从家庭美德中获得原动力。这是因为家庭是社会调控的基础环节，也是美德形成的第一个场所，且生活化和常态化的教育特点使得家庭教育能够对其成员的道德品格产生深远持久的影响，使美德之于人有"自然天成"之效。另一方面，新时代进行家庭美德建设，首要的是为其成员确立根本的、与时代发展相适应的价值观，进而结合千百年来家训文化发展的宝贵经验和社会发展要求形成具体规范。因此，家庭美德是培育和践行社会主义核心价值观的重要基点和必不可少的环节，而弘扬中华传统家庭美德、倡导现代家庭文明观念应当以社会主义核心价值观为引领。换句话说，新时代的齐家之道仍然能够为人们修身、治国、平天下提供价值导引和道德支撑，而这一过程实际上也是社会主义核心价值观的培育和践行过程。

3. 美家风：涵育具有家国情怀的时代新人

持续的良好家教逐渐形成稳定醇厚的家风。"家风是一个家庭的精神内核，也是一个社会的价值缩影"。[①]传统社会中，"忠孝节义""礼义廉耻""仁义礼智信"等价值观念，经由家训渗透至万千家庭（家族）要求的修身、齐家、为官和交友之道中，并在具体实施中形成了德善立家、耕读传家、勤俭旺家、和谐兴家等特色家风。"一家仁，一国兴仁；一家让，一国兴让"（《礼记·大学》），好家风的形成不仅是一个家庭（家族）在教导子弟和兴家立业方面的成就，更是对国家治理的贡献。被史家誉为"清初直臣之冠"的魏象枢有言："一家之教化，即朝廷之教化也。教化既行，在家则光前裕后，在国则正本澄源。十年之后，清官良吏、君子善人皆从此中出，将见人才日盛，世世共襄太平矣。"（《寒松堂集·奏疏》）优良家风濡染培育出众多品格优良的传家子弟、民族脊梁，他们由爱家而爱国，弘扬祖德、整饬民风，家与国均由此获得稳定长久的发展。

---

① 习近平：《在 2015 年春节团拜会上的讲话》，《人民日报》，2015 年 2 月 18 日。

中华优良家风塑造和展现着人们的家国情怀——中华民族这一世代传承的文化标识则是家训文化中蕴藏的"合理内核"。随着时代的发展，传统家国情怀中的忠君、愚孝等思想糟粕已被基本剔除，取而代之的是人们对现实生活中自身所处各类社会关系的把握和对共同体的认同，历久弥新的是对家国的深切依恋、关怀、忠诚与奉献，以及对美好生活的热爱与追求。家国情怀既是高尚的情感，也是值得称道的品质。家训文化研究的"终极关怀"是涵育时代新人，而具备传承中华传统美德、弘扬民族精神和时代精神的愿望和能力，则是对时代新人的要求，同时也是新时代公民道德建设的重要任务。家国情怀能够为传统美德与现代精神的融合提供强大的心理支撑和实践要素，引导人们在中国特色社会主义建设的宽广道路上，展开构建和谐家庭、奉献社会以及实现自身价值的新征程。丰富精神内涵，实现自身价值，进而通过一个个胸怀家国的时代新人塑造和展现新时代的精神风貌。家国情怀是时代新人必不可少的核心素养，也是推动形成"爱国爱家、相亲相爱、向上向善、共建共享的社会主义家庭文明新风尚"[1]的精神元气，新时代的家训研究、家教振兴及家风塑造很大程度上都将围绕涵育时代新人的家国情怀而深入展开。

（二）新时代家训文化研究的主旨

时代提出了关注家庭、家教、家风的需要，这一需要的满足体现在民族与国家的精神追求与价值目标的实现中。习近平总书记在党的十九大报告中号召"更好构筑中国精神、中国价值、中国力量"[2]，为新时代的文化建设指明了方向；十九届四中全会进一步将这一理念作为繁荣发展社会主义先进文化的制度的重要目标[3]，《新时代公民道德建设实施纲要》又将这一目标作为提升公民素质、培

---

① 《新时代公民道德建设实施纲要》，《人民日报》，2019 年 10 月 28 日。
② 《中国共产党第十九次全国代表大会文件汇编》，北京：人民出版社，2017 年版，第 19 页。
③ 《中共中央关于坚持和完善中国特色社会主义制度 推进国家治理体系和治理能力现代化若干重大问题的决定》，《人民日报》，2019 年 11 月 6 日。

养时代新人的着眼点。思想政治教育是推动新时代公民道德建设乃至精神文明建设的重要阵地。因此，在思想政治教育视阈中研究家训文化，进而以家训文化为载体开展思想政治教育活动，主旨就在于"更好构筑中国精神、中国价值、中国力量"。

1. 立足史实，滋养和丰富中国精神

美国当代社会学家希尔斯在其著作《论传统》中，阐述了历史意识的重要性："人们关于过去的形象是一个水库，它积蓄着可能成为人们依恋的对象。历史意识发现了它的历史对象，并突出了一个人所确信的其祖先的所作、所属和所信所确定的界限。关于过去的形象所形成的界限常常能够制约这个人的行为。"[①] 历史意识是一种认知能力与情感的综合体，对精神活动有重要意义。它不仅决定人们对过去的看法，同时也限制人们当下的行为。在全球化浪潮向纵深发展、思想文化交流交锋交融的大背景中，要保持强大的精神力量，必须具备历史意识，即要以尊重和立足史实为思想前提和必备要素，不忘本来才能更好地吸收外来、面向未来。

中华文明是世界上唯一绵延数千载未曾中断的文明，悠久历史承载着无数思想瑰宝，滋养和挺立着中国精神。民族精神以爱国主义为核心，时代精神以改革创新为核心，二者共同构成中国精神。家训文化研究应通过引导人们围绕对"家"的感知而形成历史意识，进而对弘扬爱国主义和推动改革创新发挥重要作用。一方面，以家训为载体阐发和弘扬中国精神，很大程度上可以被看作是以"家"的视角讲述中国故事。因为是从人们能够时刻感知和关注的角度进行讲述，所以能够自然而然地使人们提升对家庭教育、家庭美德、家风建设及其重要性的认识；人们通过对自身实际与历史上优良家教、家风的比较，将自己对"家"的感知置于一个具有时间深度的历史境域，有利于进一步激发和升华

---

① [美]爱德华·希尔斯：《论传统》，傅铿、吕乐译，上海：上海人民出版社，2014年版，第56-57页。

对承载这种文化的民族、国家的深沉持久的热爱，这种感情明显优于因缺乏文化底蕴而难以坚定持久的冲动之爱，也优于以争取民族利益为出发点的民族主义。而且，家训大多"正欲其浅而易知，简而易能，故语多朴直"（庞尚鹏：《庞氏家训》），文本的可读性使其较其他历史典籍更易于普及，并易于使人们产生共鸣。一句句家训生动勾勒出无数严慈相济的父母兄长形象，展现着家庭的鲜活气象，浓浓亲情和对子孙后代的殷切希冀跃然纸上，传递出延绵不绝的中华民族精神风貌。另一方面，家训文化传统是一种不断被赋予新鲜内容的新型"传统"，能够为改革创新提供资源与动力。从传统社会中成文成典的家训、乡规，到近代革命战争年代如诉如泣的家书，再到现代形式多样的家训和类家训，如市民公约、村规民约、学生守则、行业规范等，家训形式的变化透露出社会结构与社会关系变迁的讯息；通过进一步挖掘和有意识的引导，传统将不断焕发新的生命力，并在社会治理中能够跟随时代变化而发挥效用。

2. 紧跟时代，阐发与挺立中国价值

编纂家训的出发点虽为"整齐门内，提撕子孙"（颜之推：《颜氏家训·序致》），但是，由于传统社会中儒家思想长期占据主流地位，家训的发展传播实际上成为儒家文化社会化的重要方式，经由家训的广泛传播与普及，传统社会的主流核心价值观念得以家庭化、大众化。传统家训中大量关于家庭美德的阐释与论述，实际上是对儒家核心价值观念的具体展开。现代社会虽然已不是"家国同构"的社会，但是，社会的正常运行与治理很大程度上仍然需要依靠家庭的健康稳定，现代家训与类家训仍然能够为社会主流价值观的传播与践行提供助力。

构筑新时代的中国价值，就要积极培育和践行社会主义核心价值观。而"加强中华优秀传统文化教育，是培育和践行社会主义核心价值观，落实立德树人根本任务的重要基础"[①]。传承发展中华优秀传统文化，首先在于"深入阐发文化

---

① 《完善中华优秀传统文化教育指导纲要》，《中国教育报》，2014 年 4 月 2 日。

精髓"①，这既是对中华优秀传统文化进行创造性转化和创新性发展的题中应有之义，也是马克思主义意识形态借助传统文化融入百姓日常生活的重要方式②，这一环节能否顺利开展决定着我们能否立足现代、走向未来。对于文化精髓的阐发主要面临两方面的挑战：一是要把握好"变"与"不变"的辩证关系。随着时代发展和社会变迁，许多人们习以为常、深以为然的习俗和规范都需要进一步进行阐释，传统美德亦然。例如，在现代社会中，孝老爱亲仍然被视为美德，但其涵义已不同于传统社会——封建的愚忠愚孝成分被剔除，对长辈、家人的敬爱宽容之情被继承，同时还内在地包含着平等和谐的家庭关系、社会关系之意。可见，传统会随着时代发展不断更新，其内容和价值意蕴需要与时俱进地发明。二是要应对文化差异带来的阻力。"中华文明的发展路径是家国同构，以家庭为本位，以伦理为中心是这种文明的价值基元，它与西方文明家国二分的发展路径及其与此相关的以个人为本位和以宗教为旨归的价值基元有着本质的不同。"③具有独特发展历程和形态的中华文化不易于被西方所标榜的文明认可和接纳，尤其是承载这一文明的国家与承载西方文明的国家还存在意识形态方面的根本差别。此外，还有西方文明在近现代数百年历史中形成的心理优势问题。鉴于此，虽然社会主义核心价值观已成为中国社会的价值共识，但围绕这一价值共识，更深层面的"何为中国价值"这一主题的阐发任务仍然显得重大而迫切。以家训家风为切入点阐发中国价值，要坚定地树立对优秀传统文化礼敬自

---

① 《中共中央办公厅、国务院办公厅关于实施中华优秀传统文化传承发展工程的意见》，《人民日报》，2017年12月6日。

② 有学者提出，应进一步对马克思主义意识形态的日常生活化进行理论和实践层面的研究，以丰富其感性化维度，以及马克思主义意识形态应该找到和传统文化的结合方式，借助传统文化融入百姓的日常生活（详见刘伟斌：《当代视觉文化意识形态治理路径研究》，《四川理工学院学报（哲学科学版）》，2018年第5期）。家训文化一方面被人们的日常生活所需要，另一方面自身还需要在马克思主义理论指导下进行深入阐发，这种"被需要"和"需要"之间存在的张力可视为马克思主义意识形态和传统文化的结合的良好机遇。

③ 王泽应：《中华家风的核心是塑造、培育与树立正确的价值观》，《上海师范大学学报（哲学社会科学版）》，2015年第4期。

豪的态度，凸显出"家""德"理念的价值和地位；要在大力传承和弘扬中华优秀传统文化过程中建设中国特色社会主义先进文化，使得中华文化真正成为社会主义先进文化的源头活水，让"民族的"真正成为"世界的"。

3. 放眼于社会全面进步与人的全面发展，汇聚与壮大中国力量

马克思曾指出："思想要得到实现，就要有使用实践力量的人。"[①] 优良家训家风能够通过培养优秀人才发挥作用。中国历史上众多的志士仁人，因良好的家训家风形成了勤劳节俭、谨学向善的优良品德与向往崇高、追求理想的浩然之气，使其能够在睦亲齐家、建功立业的同时又始终坚持操守、坚贞不屈；他们的嘉言懿行反过来又对乡规民约产生深远影响，带动精英文化与大众文化的互动融合，超越并塑造当时的社会风气乃至时代风貌，"范家"之言最终升华至"范世"之用。因此，传统文化的优良"基因"蕴藏于一个个鲜活的个体中，世代相传的家训家风不仅是成功破解这些"基因"的"密码"之一，更是培育大批具有优良"基因"和塑造新"传统"的时代新人、汇聚与壮大中国力量的重要载体。

党的十九大报告强调，要"以党的坚强领导和顽强奋斗，激励全体中华儿女不断奋进，凝聚起同心共筑中国梦的磅礴力量"[②]。中华民族伟大复兴梦想的实现，离不开每一个中国人追求美好生活的理想和实践。风导于上，俗成于下，社会主流意识形态的社会化和大众化，关键在于化社会、国家之"大德"为个人之"小德"，即内化为每一个社会成员的"处世哲学"，并外化为"习惯成自然"的日常行为。放眼于社会不断进步与人的全面发展，家训文化应致力于中华文脉的传承创新，致力于在社会主义核心价值观与社会成员个体的有效互动中形成"道德场"，并通过"引导人们向往和追求讲道德、尊道德、守道德的生

---

① 《马克思恩格斯文集》（第 1 卷），北京：人民出版社，2009 年版，第 320 页。
② 《中国共产党第十九次全国代表大会文件汇编》，北京：人民出版社，2017 年版，第 14 页。

活，让 13 亿人的每一分子都成为传播中华美德、中华文化的主体"①，使得中国精神保持生机活力，使得中国价值具备现实的主体性依托。唯其如此，实现伟大梦想的中国力量才能最终得以汇聚和壮大。在这一过程中，青少年、党政干部和家训文化研究者均责无旁贷。青年是社会中最活跃、最敏感、最热情的一部分，由于正处在世界观、人生观和价值观形成的关键时期，家训家风、社会风气的濡染对这一群体的作用最为显著和深远，甚至能够直接影响其今后人生价值的选择与实现；同时，青年一代也是新时代家训传承和家风建设的主力与先锋。传统社会中，"老百姓正是从官员的道德言论中感悟社会所倡导的道德要求，从其行为规范中判断善恶是非。可见，官德成了社会道德的主体，官德水平的高低，直接关系到民风的好坏与社会的德治程度。"② 而今天，党员领导干部的行事作风和家风依然对社风民风有着强烈的示范效应。哲学社会科学的"发展水平反映了一个民族的思维能力、精神品格、文明素质，体现了一个国家的综合国力和国际竞争力"③。家训文化研究者与其他哲学社会科学工作者一道，肩负着挖掘、阐释中国精神、中国价值的重任，他们自身的政治立场、价值观念、学术素养和精神面貌，在家训文化珍贵遗产的传承和发展中、在新时代伦理道德体系的构建中均发挥着重要作用。

（三）新时代家训文化研究的理路

新时代的思想政治教育，要围绕培育践行社会主义核心价值观推动精神文明建设发展，要面向时代要求提升公民道德建设水平，并通过主动观照现实中的社会现象增强教育实效。结合思想政治教育自身特点与主要任务，需在家训文化研究中拓展其广度与深度，进一步探索规范与规律，不断丰富家训文化研

---

① 习近平：《建设社会主义文化强国 着力提高国家文化软实力》，《人民日报》，2014 年 1 月 1 日。

② 周铁项：《家训文化中的德治思想及其现代审视历史哲学》，《史学月刊》，2002 年第 7 期。

③ 习近平：《在哲学社会科学工作座谈会上的讲话》，《人民日报》，2016 年 5 月 19 日。

究的理论体系与实践内容。

1. 围绕现代家国价值目标，拓展家训文化研究的深度与广度

首先，明确家训文化研究总体思路，将对"重视家庭、重视家教、重视家风"的倡导融入社会、国家的价值要求和发展目标中。前已述及，对"何为中国价值"这一主题的深层次阐发是一项重大而紧迫的任务。以家训文化为切入点阐发中国价值，实际上是以马克思主义理论为指导，在实事求是基础上进行的文化创新。一方面要通过引导人们关注家庭、家教、家风，审视和反思当今社会中的家庭关系、家庭教育以及社会风气，用具有时代特色的表达方式阐释中华传统美德和人文精神，从而形成良好家风、党风、政风、民风等，为中国价值提供深厚的精神沃土；另一方面要使人们通过"家"这一关系化的视角重新确立人们对自身和所处社会关系的认识，对抗社会化大生产带来的"原子化"的认知和相处模式，通过提升对社会、民族和国家的认同感与责任感，具备创新精神和实践能力，进一步树立文化自信，从容应对文化差异和意识形态差别所带来的各种思想冲击。

其次，致力于使家训文化从"学术资源"转换为"知识资源"①，即不能将家训文化资源仅仅局限于象牙塔中或是学者的案头上，而需要肯定其在当今社会中仍然是一些教育理念和道德规范的重要来源，是完善人格以及推动社会进步的合理因素。《颜氏家训》《温公家范》《朱子家训》《曾国藩家书》等家训经典包含着系统的治家、修身、为学、交游、为官等思想，其中的名言警句在现实中被很多人奉为经典和行动指南，如"静以修身，俭以养德"（诸葛亮：《诫子

---

① 复旦大学历史系章清教授在探讨20世纪中国文化传统的失落及其成因过程中指出，对于传统资源有迥然有别的两种立场，一种是将传统视为"知识资源"即构成社会合法性的论证资源，一种是视传统为"学术资源"即文物材料，并不看重传统在当下的全面有效状态，也不再将其作为构成政治制度和社会伦理合法性论证的基石（参见章清：《传统：由"知识资源"到"学术资源"——简析20世纪中国文化传统的失落及其成因》，《中国社会科学》，2000年第4期）。

书》）、"谚曰：'积财千万，不如薄伎在身。' 伎之易习而可贵者，无过读书也"
（颜之推：《颜氏家训·勉学》）、"一粥一饭，当思来处不易；半丝半缕，恒念物
力维艰"（朱柏庐：《朱子治家格言》）等，言语浅近却深蕴事理，完全能够成为
时代新人的知识来源之一。

最后，精心打造和培育家训文化研究队伍。历经几千年积淀传承，各类家
训数量繁杂，其中还包含一些封建糟粕，需要进行深入梳理辨别，其现代价值
转换更是思想政治教育的重大课题。要完成这项辨别良莠、融通古今的任务，
需要一定数量的专门研究人员，以点带面形成研究气候，还需要从伦理学、历
史文献学、文化社会学、教育学、心理学、民族学等学科中汲取养分，形成多
学科共同关注、相互合作的局面，不断拓展家训文化研究深度与广度。

2. 积极融入新时代公民道德建设，探索家训文化研究规范与规律

《新时代公民道德建设实施纲要》明确指出，深化道德教育引导需以良好家
教家风涵育道德品行，要"倡导忠诚、责任、亲情、学习、公益的理念，让家
庭成员相互影响、共同提高，在为家庭谋幸福、为他人送温暖、为社会作贡献
过程中提高精神境界、培育文明风尚"[1]。因此，在坚持以为人民服务为宗旨、以
集体主义为原则的基础上，在大力提倡社会公德、职业道德的同时，切不可忽
视家庭生活领域的道德规范。家训文化重德教的特征已无需赘言，而且，传统
家训的道德教化在方式、原则、内容、评价上都具有独特之处：在教化方式上，
传统家训的道德教化强调自省这一道德修养方法；在教化原则上，传统家训强调
严格教化、爱教结合；在教化内容上，传统家训除了家庭道德、个人品德外也涉
及生态伦理等内容；在教化评价上，传统家训注重奖惩并举。[2] 这些都是我们在
开展新时代公民道德建设过程中应当继承、借鉴并大力弘扬的。

如何根据时代和社会发展要求，将传统家训精华转化为现代的美德要素

___

[1]《新时代公民道德建设实施纲要》，《人民日报》，2019 年 10 月 28 日。

[2] 高远：《社会转型期现代家庭伦理建设中传统家训的道德传承》，《江苏社会科学》，2018 年
第 5 期。

与道德规范，这是当前家训文化研究中需要重点关注的课题。一方面，在搜集、整理家训资源的基础上，可以将阐述传统家训的核心概念作为切入点。譬如，国内学者肖群忠通过分析司马光家训文本，以父慈子孝的伦理义务为着眼点，提倡"坚持亲子间的平等互益，使传统慈孝伦理的等差精神与现代平等精神相结合"①。还有学者通过词频分布分析得出结论，即认为关于治家思想，传统经典家训中"知""心""亲""义""理""礼""善""孝""爱""贤"等出现较多②。我们可通过厘清这些关键词的演进历程，切实考察其在现代社会中的实际影响力，并结合现实生活需求进行正面解读与大力弘扬，将其融入到男女平等、尊老爱幼、夫妻和睦、勤俭持家、邻里团结的现代家庭美德当中去，借此引导现代优良家训家风的形成。另一方面，还要注重理论和实证相结合。"客观考察和分析我国家庭教育和家风的现状，有助于我们采用更加科学有效的对策传承和培育优秀家风，提高利用传统家风中所包含的有利于时代进步的价值追求和文化基因的实效性。"③可针对某些现象、问题设计和发放调查问卷，也可以以一家一户或一村一姓为对象进行田野调查，同时还可将问卷调查和田野调查结合。可以说，实证研究的方法将对家训文化研究规范与规律的探索大有裨益。

3. 主动观照社会现实，丰富家训文化研究的理论体系与实践内容

古语云："是非疑，则度之以远事，验之以近物。"（《荀子·大略》）家训文化研究既要立足历史，又要观照现实。现代社会中，家庭形态更加多元化，加之社会总体上发展不平衡、不充分的状况，使得家庭成员之间的关系日趋复杂多样；社会分工的系统化和专业化以及全球化趋势，使得个体生存、发展和交往成本纷纷走高，人们需要承担更多的社会角色和社会责任，因而对家庭投入的时间和精力受到大幅度挤压；自由平等观念已成为社会公认的价值追求，但新兴观念的倡导和普及也在一定程度上使得传统具有的维持和谐稳定的因素受到挑

---

①　肖群忠、姚楠：《传统慈孝传承与家庭和谐》，《甘肃社会科学》，2018 年第 5 期。

②　郑秀花：《中国传统经典家训词频统计与分析》，《图书情报知识》，2017 年第 5 期。

③　张琳、陈延斌：《当前我国家风家教现状的实证调查与思考》，《中州学刊》，2016年第8期。

战……在急速变化的社会中，家庭和社会面临的诸多问题是思想政治教育和家训文化研究无法绕开的现实前提。通过深入地分析和解决问题，才能发现兴家庭、振家教、美家风的最佳途径。

在主动观照社会现实的基础上，加大家训文化研究和家风建设力度需找准着力点。首先要将其与党风政风建设结合起来。党政领导干部应带头成为优良家训家风的学习者、建设者和倡导者，以身作则带动民风、国风等的净化。其次，充分利用各类公共教育资源，通过开展家训家风相关内容的教育、研究和转化工作，在青少年学生群体中树立起重视家庭、家教、家风的理念，厚植家国情怀。最后，加强宣传引导，营造社会氛围。一是通过各级"文明家庭"创建活动，鼓励全社会参与褒奖"文明家庭"，发挥典型示范作用，让人们学有榜样、做有标杆；二是运用各类媒体，通过各种形式，依托实体部门与网络阵地全面开展传统家庭美德宣传，常态化宣传中华传统美德和当代家庭文明建设理念；三是注重家风与村风、民风培育、校训校风传承、企业文化建设相连接，由小家到大家，弘扬正能量，培育新风尚；四是通过组织、参与国内外各类文化交流活动丰富家训文化研究的方式方法、拓展家训文化研究的影响力。具体开展研究时，我们要关注民间家训文化的发展动态，如近些年追溯宗亲、修订家谱等宗亲文化兴起的现象；还应重视与发挥道德对法治的滋养作用，积极推动中华优秀传统文化的传承发展、家庭美德相关立法，推动德治与法治的相互促进，从而为国家治理体系和治理能力现代化提供重要支撑。

八、马克思主义家庭观视阈下的领导干部家风建设*

随着社会的发展，独立健全的人格和相对自由的社会主义市场经济环境，成为实现个人全面发展的前提条件和必要保障。建设一个具有现代家庭伦理精神的社会，是中国共产党在新时期、新阶段面临的一项重要任务。马克思主义家庭观的基本观点包括——家庭是个历史范畴，本质上是一种特殊的社会关系；家庭成员之间讲求男女平等；家庭的未来形态是真正的一夫一妻制等内容。马克思主义家庭观为新时代的中国特色社会主义家庭建设指明了方向，不仅对于培塑领导干部优良家风、解决当下家庭伦理建设中的情感和道德双重危机具有指导意义，而且对于和谐社会背景下创建社会主义和谐家庭也同样具有重要价值。

众所周知，家风既是家庭文化建设的核心，又是国家和社会风气的基石和缩影。家风与政风、党风、国风等均有密切关联，它们彼此间相互影响、相互促进。1978 年 6 月，邓小平同志在全军政治工作会议上的讲话中强调，"领导干部，特别是高级领导干部，以身作则非常重要。群众对干部总是要听其言、观其行的"[①]。因此，领导干部家风建设对于整个社会风气的形成，能够起到至关重要的示范和引导作用。

（一）马克思主义家庭观体现了自然关系和社会关系的动态统一

"德国古典哲学家黑格尔认为，伦理体系的第一个形态就是家庭。家庭是每

---

* 与李春燕合作完成。

① 《邓小平文选》（第 2 卷），北京：人民出版社，1993 年版，第 124 页。

个人出生伊始就开始面对的伦理共同体，它包含有精神的直接性，是以血缘为纽带形成的一个伦理实体"。① 人们在特定的历史背景和生产、生活实践中，形成与之相应的社会关系和社会结构。在家庭产生与发展过程中，家庭伦理对于维系家庭成员关系、维持社会稳定发挥着不可估量的作用。马克思、恩格斯在创立马克思主义学说之初，就对家庭的起源和本质等内容，进行了深入的理性思考。在马克思、恩格斯的多部著作、文章和大量书信中，都涉及对家庭问题的论述。作为马克思主义全部学说的重要内容之一，马克思主义家庭观的形成经历了一个不断完善的过程。1846 年，马克思、恩格斯在《德意志意识形态》中指出，"每日都在重新生产自己生命的人们开始生产一些人，即繁殖。这就是夫妻之间的关系，父母和子女之间的关系，也就是家庭"②。这是他们首次对家庭的本质内涵进行了积极而有意义的探索。

1877 年，摩尔根的《古代社会》一书出版，该书对当时在资产阶级内部广为流传的父权制和私有制观念发起了挑战，明确提出人类婚姻家庭的演变过程，即经历杂婚制——群婚制——个体婚制几个阶段。于是，德国社会民主党人考茨基等人便从维护私有制和父权制的角度出发，对摩尔根的这一思想大加挞伐，试图以此来论证人类最初的家庭形式是以男性为中心的父权制家庭。马克思则认为，古代的家庭组织是以血缘关系为纽带，并以全体生产者和生产资料相结合为具体表现形式的。由此出发，他对《古代社会》一书的研究成果进行了深入探讨，并著成《摩尔根＜古代社会＞一书摘要》。该著作客观地阐明了家庭在古代社会中的突出地位，强调家庭是推动历史发展进步的关键因素之一，这既与古代社会生产实践相一致，又再现了古代社会自然的历史发展进程。1884 年，恩格斯结合部分手中已掌握资料，以《摩尔根＜古代社会＞一书摘要》为参考，撰写并出版了《家庭、私有制和国家的起源》一书，有力论证了母系制、群婚制的存在具有历史必然性，揭示了血缘关系——一夫一妻制的演进过程是人类

---

① 马晨：《自由精神与黑格尔的伦理教育》，《中国社会科学报》，2018 年 9 月 25 日。
②《马克思恩格斯选集》（第 1 卷），北京：人民出版社，1995 年版，第 80 页。

社会家庭文明发展的基本规律之一。

恩格斯的《家庭、私有制和国家的起源》一书是研究马克思主义家庭观的重要依据。自从该书问世以来，国外学者便逐渐形成一股研究马克思主义家庭观的热潮。他们主要从社会学、人类学、伦理学等几个学科角度对马克思主义家庭观进行了较为深入的研究。与其他国家有所不同，我国对马克思主义家庭观的研究大都关注于其应用价值层面，以期由此实现和谐家庭和和谐社会的构建。为此，需要我们将马克思主义家庭观与中国具体实际相结合，研究转型时期我国家庭的伦理道德状况。事实上，马克思恩格斯对以"家庭的概念"来研究家庭的方法持否定态度，他们认为需将家庭置于社会发展的历史进程中加以剖析，不能单纯地将其看作是一种孤立的社会现象。换言之，即马克思恩格斯认为可以把家庭关系视为社会关系的一种，家庭的本质是一种社会关系。家庭是人类自身生产的社会组织形式，这种生产涵盖两个方面——既包括用以维系人类生存的物质生产资料的生产，也包括对子女的生产。亦即家庭关系包括自然关系和社会关系，自然关系即人类自身的生产——种的繁衍；社会关系即生产资料的生产——人类赖以生存的保障。以上述两种关系为基础衍生而来的其他亲属关系，其本质同样是一种社会关系。

家庭是人类历史发展到一定阶段的产物，它经历了由较低级阶段形式逐渐进入高级阶段形式的发展过程，是一个能动而非静止的要素。家庭的变化，推动着亲属制度、社会制度的根本变革。生活在某一历史时代或某一区域的人们，在其特定的社会制度下，不断地受到劳动发展阶段和家庭发展阶段的双重限制。把家庭作为推动社会进步发展的主要力量之一，这一观点无疑是对唯物史观的进一步丰富和发展。物质生产的发展水平、社会经济关系的变化，归根结底会对家庭形态的变迁产生制约和影响。家庭以婚姻为基础，婚姻则需要以爱情为前提——只有以爱情为先决条件的婚姻才是合乎道德的。爱情是一种高级的心理现象、是高尚的道德情感。爱情的内涵是道德性，是两性间形成的平等、真挚、互爱的道德感情关系。两性平等是实现家庭和谐的基础，"女性回到公共事业中去"①，与男性同样劳动，她们不再只是家庭的附庸，不依靠丈夫的经济支持……只有这样，才有实现夫妻平等的可能性。"这一代的男子一生中将永远不会用金钱或者其他社会权力手段去买得妇女的献身；而妇女除了真正的爱情之外，也永远不会再出于其他某种考虑委身于男子，或者由于担心经济后果而拒绝委身于她所爱的男子"。②可见，婚姻的平等、家庭的幸福乃至社会的和谐，均依赖于男女经济地位的平等。

　　总之，马克思主义家庭观是由自然关系和社会关系这两种关系组成的。家庭的自然关系首先指的是夫妻关系，这是家庭中最基本、最原始的关系。在家庭中自然关系占据首要位置，它是人类得以存在和繁衍的前提。家庭的社会关系泛指父母与子女之间的关系，社会关系在一定层面上展现了家庭成员之间内在的必然联系。自然关系中包含社会关系的内容，社会关系中也带有自然关系的成分。由此可见，马克思主义家庭观体现了自然关系和社会关系的动态统一。

（二）领导干部的家庭文化建设事关国运民生

　　中国共产党自成立之日起，便将马克思主义家庭观作为批判封建婚姻家庭制度的有力思想武器。新中国成立后，生产资料私有制逐步被社会主义公有制所取代，妇女在经济上取得独立地位，政治上享有与男性同等的权利。《婚姻法》《妇女权益保护法》等法律法规的相继颁布，进一步肯定和保障了女性的合法权益。重男轻女、家长包办婚姻等封建思想逐步被剔除，倡导男女平等、恋爱自由、家庭和谐的新型家庭制度、家庭观念得以确立。中国共产党一直是马克思主义家庭观的忠实实践者，以马克思主义家庭观为指导，党领导人民实现了马克思关于未来家庭的设想。在中国特色社会主义新型家庭的构建中，中国共产党极其重视党员领导干部包括家风在内的家庭文化建设，并将其看作是关乎国运民生的大事。

---

　　① 《马克思恩格斯全集》（第 42 卷），北京：人民出版社，1979 年版，第 72 页。

　　② 《马克思恩格斯全集》（第 42 卷），北京：人民出版社，1979 年版，第 81 页。

1. 领导干部优良家风对家庭成员具有训诫和教化作用

当前，领导干部家风建设之所以受到人们的重视，是因为可以实现以家风促领导作风，以领导作风促党风，以党风促民风，最终使得整个社会形成良好风气的愿景。领导干部家风严正，不仅对领导干部本身形成一种"正约束"，对其配偶、子女的思想道德养成也同样具有不可忽视的积极作用。2016 年 1 月，习近平总书记在十八届中央纪委六次全会上指出："每一位领导干部都要把家风建设摆在重要位置，廉洁修身、廉洁齐家、在管好自己的同时，严格要求配偶、子女和身边的工作人员。"[①]领导干部在长期的家庭生活中应教导配偶、子女形成正确的权力观、亲情观、公私观，为社会道德建设和精神文明建设树立榜样。

进一步而言，领导干部重视家风建设、传承优良家风，应正视角色冲突及其调解问题。领导干部作为集多种角色于一身的社会人，角色冲突可能会给其带来烦恼、困扰及压力。因此，正确处理角色冲突、充分认识角色冲突存在的客观性和必然性是领导干部的必修课。领导干部在努力扮演好自身角色的同时，还应积极矫正家庭个体成员与角色不符的特殊心理期待。因此，从严治党要以领导干部从严治家为开端，家风建设不能简单地满足于就事论事的口头批评，停留在浅表的思想意识层面。领导干部涵养优良家风，要善于结合由于社会变迁所带来的家庭活动新特点，精准定位家庭内部成员的内外关系，积极缓解公利与私利之间的矛盾，以与时俱进的理念制订出富有时代特征的领导干部家风新内容。既要重点体现出党纪国法的刚性要求，又要满足人伦纲常的情感需求，从而使领导干部家风建设能够沿着科学、合理、合法的轨道运行。领导干部的共产党员政治面貌，职位、职务特点，决定着包括亲属关系在内的领导干部本人及其家庭成员均应牢记为民初心、恪守人民情怀……唯其如此，才能使领导干部家庭成为传播党的执政理念、优化党的政治形象、巩固党的执政地位的重要场所。

---

① 《习近平在第十八届中央纪律检查委员会第六次全体会议上的讲话》，《人民日报》，2016 年 5 月 3 日。

2. 领导干部优良家风对党风廉政建设具有保障和促进作用

领导干部家风，是对领导干部个人作风的折射和延伸。重视家风建设是中国共产党人优良作风建设的重要内容之一。中国共产党是中华优秀传统文化最忠实的继承者和弘扬者，其始终将领导干部家风建设作为党建的重要组成部分而倍加重视。家庭是社会的基本单元，家庭治理内嵌于国家治理之中，领导干部虽为代理人民行使公共权力的"关键少数"，但其也是遵循自然法则的普通人。当领导干部具化为社会某一家庭中的一分子时，其便与广大人民群众一样，拥有着普通人在家庭日常生活中所必需的多向度的需求。与普通家庭相比，领导干部家风具有明显的政治属性。政治是以公共权力为核心展开的各种社会活动和社会关系的总和，领导干部家庭与公共权力之间看似有着一种无法与之彻底割裂的特殊关联。究其原因，权力作为一种符号资源，在心理上和行动上均对领导干部有着举足轻重的影响，它不会随着领导干部家庭角色的转变而自动消失，这就形成了领导干部家庭作为一种特殊的社会力量而存在的客观事实。这两种角色一旦出现不兼容性，就会造成领导干部家庭和社会角色的冲突，甚至使之产生行为过失。党的十九大报告指出，"全面推进党的政治建设，把制度建设贯穿其中，深入推进反腐败斗争，不断提高党的建设质量，把党建设成始终走在时代前列、人民衷心拥护、勇于自我革命、经得起各种风浪考验，朝气蓬勃的马克思主义执政党。"[1] 把党的政治建设放在首位，旗帜鲜明地讲政治是中国共产党作为马克思主义政党的根本要求，而具有浓厚政治气息的党的领导干部家庭自然也不例外。

"一家仁，一国兴仁；一家让，一国兴让；一人贪戾，一国作乱。"（《大学》）家风是一种无形的精神力量，它既能在思想道德上对家庭成员予以约束，又能促进家庭成员在文明、和谐、向上的氛围中不断进步。与普通家庭相比，领导干部家风建设的起点要更高、标准要更严，且不能忽视其政治性。"民惟邦本，

---

① 习近平：《决胜全面建成小康社会夺取新时代中国特色社会主义伟大胜利——在中国共产党第十九次全国代表大会上的报告》，北京：人民出版社，2017年版，第62页。

本固邦宁。"(《尚书·五子之歌》)人民群众评价领导干部，不只是对领导干部本人闻其言、观其行，领导干部家风建设往往也被纳入领导干部评价体系之中。领导干部家风建设的关键，就是要求领导干部必须坚持"以人民为中心"的思想，践行"权为民用"的基本准则。"政者，正也。子帅以正，孰敢不正。"(《论语·颜渊》)领导干部个人的党性、党风状况对其家风的形成有着决定性的影响，而优良的家风一旦形成，又将给予领导干部个人的角色认知、角色行为、角色道德以正向的引导、约束和保障。领导干部只有具有坚定的党性，才能从容应对来自家庭内外的压力，在"感情""亲情""人情"面前抵御住经济利益等方面的诱惑。毛泽东同志有着名的为政"三原则"——恋亲不为亲徇私，念旧不为旧谋利，济亲不为亲撑腰。当下，已步入建设中国特色社会主义政治文明的新时代，我们更应将领导干部家风建设作为党风廉政建设的重要组成部分而常抓不懈。

3. 领导干部优良家风对社会风气具有示范和引导作用

党的十八大以来，习近平总书记在不同场合曾多次强调要"注重家庭、注重家教、注重家风"[①]。特别是在主持召开中央全面深化改革领导小组第十次会议时，他深刻阐述了"领导干部的家风，不是个人小事、家庭私事，而是领导干部作风的重要表现"[②]的道理，指出领导干部家风与社会风气的优劣有着密不可分的关系。孟子曰："天下之本在国，国之本在家，家之本在身。"(《孟子·离娄上》)这句话道出了一个真理——家是最小国，国是千万家。中国人所秉持的"家国一体"情怀源远流长，家国同构思想不仅是一个家庭的灵魂，在政风、党风、民风的建设中也同样发挥着独特的作用。一般而言，有家就有家风，但领导干部的家风植根于中国传统文化土壤，体现着中国共产党人的孜孜追求，与普通群众的家风相比，有着更为高远、深刻和丰富的时代内涵。作为拥有9000

---

① 《习近平在 2015 年春节团拜会上的讲话》，《人民日报》，2015 年 2 月 18 日。

② 习近平：《科学统筹突出重点对准焦距 让人民对改革有更多的获得感》，《人民日报》，2015 年 2 月 28 日。

多万党员的大党，要想凝聚众志成城的力量，一方面需要坚持马克思主义的指导地位和具有共同的坚定的理想信念；另一方面，需要形成清正廉明、积极向善的良好社会风气。一般情况下，领导干部家风在领导干部作风中得以体现，而领导干部的作风又代表着党风，事关党的形象。因此，领导干部的家风建设至关重要。

中国共产党历来有重视作风建设的优良传统，自建党以来，党的优良作风得到广大人民群众的一致认可。而家风作为领导干部作风的重要表现形式，必然会成为人民群众期待的一个重要方面。"正家而天下定矣！"（《易经·家人》）"一室不可治，何以天下家国为？"（刘蓉:《习惯说》）进入新时代，开展领导干部家风建设工作，具有重要性和紧迫性。领导干部家风是夯实政风和党风的基石。领导干部手握公权、身居要职，为私即为害、为公即为善。因此，只有具有优良的领导干部家风，才能守住为官从政者本色，进而方可向社会源源不断地注入道德理性的正能量，营造出一种领导干部家风正则民心顺、党风清，清则福祉达、社稷兴的可喜局面。因此，领导干部家风建设事关良好社会秩序的形成，事关共产主义理想信念的塑造，事关社会主义核心价值观的培育和践行……总之，面对新时期、新形势，领导干部应当率先示范，将家风建设摆在重要位置，为形成良好的政风、党风和社会风气作出积极贡献。

（三）马克思主义家庭观与领导干部优良家风建设的融合发展

马克思恩格斯将家庭置于一定的社会关系中进行考察，深刻揭示了家庭的起源及其发展规律，认为家庭的出现是人类社会存在和发展的客观需求。不仅如此，他们还从人类社会发展的历史角度出发，得出婚姻制度受生产力和生产关系影响的结论，并在批判原始社会和私有制社会婚姻制度的基础上，描绘了未来社会婚姻制度的美好蓝图。如前所述，马克思主义家庭观产生于早期资本主义私有制阶段。尽管中国当前的社会现状与马克思主义家庭观提出的社会背景有较大差异，但其中所蕴含的基本观点和主要方法，仍为新时代社会主义家风建设提供了理论基础和根本遵循，因而对当代领导干部家风建设具有重要的启示意义。

1. 坚持马克思主义家庭观 重塑新时代家庭伦理关系

在中国社会，党在领导人民进行中国特色社会主义建设的伟大实践中，将理论与实践相结合，创造性地提出了社会主义和谐家庭论，继承和发展了马克思主义家庭观中的家庭与社会关系学说及细胞地位学说。毫无疑问，家庭的和谐与健康发展离不开包括传承优良家风在内的家庭文化建设。习近平总书记指出，"从近年来查处的腐败案件看，家风败坏往往是领导干部走向严重违纪违法的重要原因"①。因此，培育优良家风，是党风廉政建设的内在要求，同时也是以德治党、以德治国的前提基础。党的领导干部身处为人民服务、为党争光、为国效力的重要岗位，因而其家风问题是党风建设中的一个重大课题。"目前，我国正处在完成'十三五'规划目标任务、全面建成小康社会的决胜阶段，能否解决好这个课题、化解风险，关系到事业的成败"。②

马克思主义家庭观对当前我国领导干部的家风建设具有价值导向作用。其在实质上是要实现包括女性在内的人的真正平等、自由解放和全面发展，并根据社会发展的特点和基本规律，以公有制最终必将取代私有制为前提，构想出社会主义和共产主义社会中以公有制为基础的一夫一妻制的理想家庭模式。马克思指出，"社会的进步可以用女性（丑的也包括在内）的社会地位来精确地衡量"③，因而能否实现约占人类半数的妇女的解放，做到真正意义上的男女平等，是衡量人的解放程度的重要标准。恩格斯也认为，只有在社会生产力高度发展、物质和文化水平极大提高、政治和经济因素不再成为缔结婚姻关系的前提条件之后，也就是说，须先消灭掉资本主义社会生产方式、成功迈进社会主义社会，

---

① 《习近平在第十八届中央纪律检查委员会第六次全体会议上的讲话》，《人民日报》，2016年5月3日。

② 魏潾：《党员领导干部家风建设是党风建设的延伸》，《理论探讨》，2016年第4期。

③ 《马克思恩格斯选集》（第4卷），北京：人民出版社，1995年版，第586页。

才有可能获得婚姻的真正平等与自由。基于此，我党继承和发展了马克思主义家庭观，对其关于一夫一妻制的男女平等是社会发展的必然产物的观点给予高度肯定，并在生产资料社会主义公有制的前提下实现了"女性重新回到公共事业中去"的目标，使得女性在政治和经济上享有与男性同等的地位和权利。在当代社会，妇女开始有了自己的事业，并逐步参与社会事务。尽管男性仍然占据有利地位、拥有更多的资源和机会，但是在家庭内部，妇女在孩子的眼中似乎和成年男性具有相同的社会尊严。两性之间的从属关系逐渐淡化，在一夫一妻制的家庭中男女的地位趋于平等，这即为领导干部优良家风的建设创造了条件。

2. 正确调试角色冲突 强化家庭成员"道德自律"

马克思恩格斯曾对自由竞争的资本主义社会给人们的观念带来的巨大影响作出深刻描述："生产的不断变革，一切社会状况不停地动荡，永远的不安定和变动，这就是资产阶级时代不同于过去一切时代的地方。一切固定僵化的关系以及与之相适应的素被尊崇的观念和见解都被消除了，一切新形成的关系等不到固定下来就陈旧了。"① 当今世界，科技发展日新月异，经济全球化潮流不可阻挡。这些新变化对于人们的婚恋观念、家庭伦理关系等均会产生不同程度的影响。有鉴于此，我们就应当将马克思主义家庭观与新时代我国家庭的具体实际结合起来。

在马克思恩格斯看来，道德的基础是人类精神的高度自律，离开自律，道德也便无从谈起。因此，在推进马克思主义家庭观中国化的过程中，我们需要不断强化家庭成员特别是领导干部家庭成员的"道德自律"。而所谓"道德自律"，即是指道德主体在社会实践中为实现自身的自由幸福而自觉地内化并遵循社会道德规范所形成的内在约束，其主要包括自我观察、自我评价和自我强化三个环节。道德自律的前提和基本要求是道德规范的内化，亦即唯有道德主体在主观意识层面承认并接受道德规范，才会切实遵循道德规范的有关条目，并

---

① 《共产党宣言》，北京：人民出版社，2014年版，第30-31页。

在社会道德实践中进行有目的性的选择，并予以践行。《中国共产党章程》规定："中国共产党党员永远是劳动人民的普通一员。除了法律和政策规定范围内的个人利益和工作职权以外，所有共产党员都不得谋求任何私立和特权。"① 对于党员领导干部而言，要求家庭成员加强"道德自律"，就是要使之积极调试角色冲突，将道德规范内化为自身修养，正确处理人的意志自由与道德自律行为之间的关系。马克思主义家庭观的根本价值取向和最终目标是为了实现所有人的解放，而所有人的解放则意味着解放一切人。不可否认，人的解放与人的自由密切相关。尽管自由是人的本质属性和终极价值诉求，但却是有条件的和相对的，是需要置于社会规范的制约之下的。因此，领导干部必须明确自身角色定位，做到以德修身、以德立威、以德服众，自觉摒弃、抵制特权思想和特权现象，坚守党纪国法和人伦亲情之间的界限，严格把控个人自由度，并将对家人的情、对亲友的义始终限定在家庭活动范围之内。

3. 落实落细治家之法 涵养清正廉洁优良家风

马克思恩格斯认为，人类作为群居动物，不可能脱离群体而独立存在。从狭义来讲，家庭就是人类聚居在一起的相对较小的社会生活共同体。领导干部虽为人民群众中的"关键少数"，但其仍然脱离不了现实的社会化的人的本质。换言之，领导干部也是以社会需要和自身需要为出发点，从事实践活动、处在一定社会关系和家庭关系之中、具有主观能动性的人。亲子关系是由婚姻关系派生出来的最为直系的血亲关系，在情感上和心理上拥有其他关系所无可比拟的天然黏合性。故此，亲子关系便可能成为领导干部家风建设的一处问题多发点，因而优化家庭内部生态也即成为防范亲子关系侵蚀权力的重要环节。在马克思恩格斯看来，"孩子的发展能力取决于父母的发展"②，于父母而言，孩子既是被抚养的对象，也应该是被教育的对象。可以说，传承教育是家庭伦理的内

---

① 《十八大以来重要文献选编》（上），北京：中央文献出版社，2014 年版，第 136-137 页。
② 宋惠昌：《马克思恩格斯的伦理学》，北京：红旗出版社，1986 年版，第 183 页。

在驱动力。马克思父母的家庭道德教育不仅对马克思本人道德品性的养成产生了影响，而且也间接地影响到马克思对其子女的早期启蒙教育。在家庭关系的处理中，马克思努力营造轻松欢快的家庭氛围、注重教育方法的运用，同子女间建立了极为和谐融洽的亲子关系。

在当代中国社会，与其他普通父母无异，领导干部对子女同样负有无可推卸的教育责任。"父母之爱子，则为之计深远"（刘向：《触龙说赵太后》,《战国策·赵策》),"爱之不以道，适所以害之也"（司马光：《资治通鉴·晋纪十八》）。新中国成立后，老一辈无产阶级革命家严格要求自己的配偶、子女等，他们用自己的高风亮节和实际行动为全党和全社会树立起领导干部优良家风的典范。党员领导干部要将这种红色家风作为家庭教育的主要内容传承给下一代，让子女深切感悟到领导干部手中的权力来源于党和人民，只能用于为党分忧、为国办事、为民谋利。除亲子关系而外，亲属关系也是一种社会化的特定亲缘关系，同样属于马克思主义家庭观研究的重要内容。私则民心离散，公则人心归服。领导干部应做到公权的合理合法使用，在与亲属相处过程中要树立正确的亲情观，自觉抵制庸俗化、功利化的人际关系，力戒享乐思想和特权思想，做到公私分明，不留半点模糊的空间与灰色地带，不为私心所累，不为利益所惑，不为亲情所困。落实落细治家之法，不断涵养清正廉洁的优良家风。

总之，以马克思主义家庭观为指导，倡导领导干部建立感情融洽、相互支持的夫妻关系，既养且教、爱而不溺的亲子关系，以及健康洁净、文明高雅的亲属关系，并不断强化其"道德自律"，是实现领导干部廉洁从政、勤政为民的有效途径。人所共知，"创建和谐家庭"是构建社会主义和谐社会的首要条件。马克思主义家庭观指明了构建和谐家庭的目标和方向，体现出追求家庭和谐的价值诉求，其基本问题与基本观点，对当代家庭伦理教育体系、特别是道德教育体系的建设具有理论奠基意义。并且，马克思主义家庭观对我国当代领导干部家风建设、和谐家庭以及和谐社会的构建同样意义非凡——以马克思主义家庭观为指导，明确新时代领导干部家风的内涵，对于推动形成廉政党风和社会主义家庭文明新风尚，亦具有很强的现实意义。

家庭伦理文化篇

一、中国传统家庭伦理的主导精神

中国传统道德的主导精神应该是相对稳定和深入人心的，并在中国人以往的道德生活中发挥过重要作用。相对于一些具体的道德规范来说，它应该具有一般性和共相性的特征。有鉴于此，我们认为，在不触犯国家利益的前提下，家族利益至上的整体主义乃是传统家庭伦理的主导精神，其具体表现或引申即是贵和（注重血缘亲情与家庭和谐）和重礼（别贵贱、明人伦）。

（一）家族利益至上的整体主义

追求家族利益至上的整体主义，是在家庭、宗族结构的基础之上形成的，并以强调宗法等级秩序的家族本位为其产生的直接来源。家族利益至上的整体主义有着强烈的排他性，它在加强各家族小团体凝聚力的同时却一味排斥个体或他族的利益。并且，这种家族利益至上的整体主义又使得各个家族为了谋求切身利益，相互争斗和倾轧，因而难以形成反抗封建朝廷压迫的合力。"这是统治者所乐于看到的事实，有利于统治秩序的稳定。因而统治者提倡小团体主义，倡导宗法精神"。①

纵览中国传统伦理道德的发展史，我们发现，重视整体始终是贯穿其间的一条主线。而与此相应，重视家族利益也便成为传统家庭伦理的主导精神和价值取向。概括而言，形成上述重整体的家庭本位观主要有如下两方面原因：第一，

---

① 冯尔康主编：《中国社会结构的演变》，郑州：河南人民出版社，1994 年版，第 240 页。

重视家族整体利益是由中国古代特殊的社会结构所决定的。在中国古代家国一体的社会结构中，家族的整体利益直接关系到每个家族成员的切身利益，个人的社会地位取决于家庭、家族的社会地位（特别是在门阀制度盛行的时代），因此，家庭成员都是自觉地维护家族整体利益的，似乎并不需要外在的强制。这就在无形中促进了家族主义的形成，增强了家族成员同舟共济、荣辱与共的家族意识。因此，人们自然要把家族整体利益放在最重要的位置上。第二，重视家族整体利益是与古代家庭在人们物质生活和精神生活中的作用分不开的。在传统社会小农经济的生存条件下，家庭生产的自给自足性质不仅使人们有安全感，而且产生了对家庭的严重依赖性，个人独立生存的愿望和能力都很弱。一旦离开家庭，人们不仅难以解决衣食之所需（因在传统社会子女不得有私财，少数人虽然可能会有"私房钱"，但却是私下的、不合法的），甚或有生命之虞，而且还会因失去情感和精神的寄托而变得无所适从。在强调血浓于水的传统家庭中，血缘情感成为人们评判是非的主要价值标准。对于家庭和亲情的这种精神性需求，恐怕比衣食之忧更会令古人感到不可或缺。因此，唯有重视家族整体利益，才能更好地满足古人对于家庭物质上和心理上的需求。

在传统家庭中，人们的家庭观念具有稳定性和至上性乃是前述"家庭本位"的基本特征。传统中国人的家庭观念历经数千年的风风雨雨，深深地植根于封建社会历史的土壤中。"尽管统治者一再强调国家的利益高于一切，但人们是在家庭的意义上接受和理解这一点的。换句话说，普通百姓并不直接参与国家事务，他们站在家庭的立场上对国家承担义务，最终还是为了谋求国家对家庭利益的保护，家庭利益是他们的奋斗目标和评判事物的标准"。[①] 这种家族利益至上的整体主义在古人的生活中有许多具体的表现，譬如大家庭要统一组织农耕生产活动（春种、夏除、秋收、冬藏），只有人人出力，团结协作，依靠集体的力量才能获得好的收成。接下来的消费活动更是要"统一行动"，典型的做法就是吃"大锅饭"，而家庭的所有财产则由家长全权支配。所以如此，乃是因为在

---

① 张怀承：《中国的家庭与伦理》，北京：中国人民大学出版社，1993 年版，第 57 页。

传统社会"衣食基本靠手、交通基本靠走、通讯基本靠吼"的贫苦岁月里，必须要"众人划桨开大船"，方能维持人们最低限度的生存需要和生活保障。再有，就是反映在婚姻方面，中国古代的婚姻旨在"合二姓之好"（《礼记·昏义》），因而结婚完全超出了个体的意义而成为两个族群间的大事。本来应以男女情爱为基础的婚姻，却蜕变成依从父母之命的包办婚姻。如《红楼梦》中贾、王、史、薛四大家族之间婚姻关系的缔结，就是出于"一荣俱荣、一损俱损"的政治和经济利益的需要。因此，在这一意义上可以说，贾宝玉和林黛玉之间的爱情悲剧是必然的。最后，尚须提及的就是家族间的械斗。在传统家族制度的统治之下，族长们打着维护家族利益的旗号，动辄与他族交恶械斗，甚至世代为仇（家族制度越为盛行，家族械斗现象就越为严重）。而族众为了本族的整体利益，在本族与他族发生冲突时通常要通过械斗的方式加以解决。因此，在家族利益至上观念的引导下，加之受到族长们的胁迫和祖先声威的影响，宗族的对外行动非常一致。特别是在械斗的时候，他们都抱着同宗同族的观念，同仇敌忾，纵有伤亡亦在所不惜。殊不知，实则是为了保护或扩大本族族长们的私利，而"族众把所谓的家族利益看得高于一切，观察和处理问题时，不问是非曲直，只看到是否有利于自己的家族，所以最容易受到挑动"①。

但是，当家族利益和国家利益发生冲突之时，历代统治者均强调国家利益的至上性。这在传统社会当中，忠孝矛盾就是一个显例——要尽忠就不能在父母身边尽孝，而要在父母身边尽孝就不能为朝廷尽忠，这便是古人所说的"自古忠孝不能两全"。忠与孝的矛盾实则是家和国、私和公之间的矛盾，它不仅在理论上成为长期困扰古人的难题，而且在道德实践中也犹如"鱼和熊掌不可得兼"，往往令许多忠臣、孝子们难以把握。不过，忠孝矛盾通常的解决方式还是人们舍弃在父母身边尽孝而毅然为朝廷尽忠，这或许是许多人无奈的选择，然而却符合国家利益至上的原则。因此，它历来受到封建统治者的鼓励和褒奖，也得到儒家伦理的大力提倡，这就是将二者合而为一的变通途径——移孝作忠，

---

① 徐扬杰.:《中国家族制度史》，北京：人民出版社，1992年版，第424页。

并以此实现忠与孝的统一，较好地兼顾了这两种道德要求。

总体而言，随着社会的发展与家庭自身的演变，传统的家庭本位观将会逐渐从人们的头脑中淡出，但只要家庭还在，哪怕是"一息尚存"，它就难以消失殆尽。而若从文化角度追根溯源，我们认为，传统家庭伦理的整体主义是一种群体本位的伦理精神，它关注的不是个人，而是人的群体性。千百年来，这一整体主义始终是围绕着人伦整体和家族利益而展开的。客观地讲，传统家庭伦理一向注重整体利益，并试图将家庭的利益与国家、民族的利益协调、统一起来，这与当今社会所倡导的整体主义原则在价值取向上是基本一致的，其合理因素也是不言自明的。不可否认的是，家本位的文化在特殊的历史条件下，对于维护社会安定和生产的发展的确发挥了一定的积极作用。

实际上，关于整体与个体之间的关系问题对于中国人来说并不陌生。因为我国传统哲学中自古就有整体性的思想（从整体与个体的角度比较而言，中国偏向于整体性，而西方则偏向于个体性），这至少是具有部分合理性的。但是，如果这种思想走向极端，就会严重地抑制个体的发展。而儒家伦理的主要弊端即是忽视了个人的存在，以致压抑了人的创造性和自主精神。这正如麦惠庭所指出的："传统伦理的弊端:蔑视个性"[1]，其评价可谓一针见血。传统的伦理原则历来是家庭本位，它贬抑个体利益，强调个体绝对服从家庭的整体利益。为此，五四时期的反孔骁将吴虞亦曾指出，"以家族的基础为国家的基础，人民无独立之自由，终不能脱离宗法社会，进而出于家族圈以外"[2]。他认为，家族是宗法社会的基础，它使得我国广大民众囿于其中而难以脱身，从根本上阻碍了社会的整体进步，其严重危害不啻洪水猛兽。并且，传统中国人一向讲究的人情和人情关系也会指向家族的整体利益，因而具有小团体主义的倾向，表现出社会责任感的匮乏（如梁启超即曾批判国民的劣根性之一就是只注重"私德"，而不知有"公德"）。这就更加明显地暴露出因过分强调家庭至上所导致的传统家庭观

---

① 麦惠庭:《中国家庭改造问题》，上海:上海书店，1990 年版，第 341 页。

② 吴虞:《说孝》，《五四时期妇女问题文选》，北京:三联书店，1981 年版，第 156 页。

念的弊病——狭隘性。由此可见，在家族利益至上的整体主义身上，积极因素与消极因素并存，我们必须要对其进行一番辩证、客观的分析。

（二）贵和：血缘亲情与家庭和谐

一般而言，个人生活的幸福与否，很大程度上取决于其是否拥有一个和睦、温馨的家庭氛围；同样，社会若要正常地运行，也要求家庭这一细胞应该是稳定与和谐的。因此可以说，家庭和睦乃是社会稳定的基础，所谓"欲治其国者，先齐其家"（《礼记·大学》），即充分反映了"家齐"对于"国治"的重要意义。毫无疑问，一个社会群体若要存在和发展，除需要具有良好的秩序而外，社会成员彼此间必须要协调与和谐。对社会整体而言，秩序与和谐是相辅相成的：一方面，维持社会秩序是为了保障和增进社会成员间的协调与和谐；另一方面，社会成员间的协调与和谐反过来又会促进社会秩序的安定。"和"是中国文化或中国伦理文化努力追求的价值目标，它体现在家庭方面，就是要求家庭成员之间关系的协调与和谐，这样才能带来家庭的稳定和生活的幸福。因此，毋庸置疑，和谐与秩序密不可分。在中国传统社会，儒家始终将维持良好的社会秩序作为其立言和道德实践的旨归，因此它必然要大力提倡"贵和"。孔子的弟子有子说："礼之用，和为贵"（《论语·学而》）；孟子亦云："天时不如地利，地利不如人和"（《孟子·公孙丑下》）；《中庸》又指出："和也者，天下之达道也"，其目的，无非是为了首先实现人际关系的协调与和谐，进而实现整个社会的和谐。

"和谐"一词含有协调、协作、融合之意；而所谓"贵和"，从狭义角度而言，则是指讲求人际关系的和谐、统一，注重协调个人与社会的关系。这既是中国传统伦理道德的基本精神，当然也是传统家庭伦理的主导精神之一（在传统的家庭生活中，为了保持和谐，古人提倡子对父母、妻对夫的谏诤。但是，他们也强调要注意谏诤的方式，即所谓"几谏"，这也是为了保持家庭和谐）。实际上，"和"字本身作为中国古代哲学的一个基本范畴，很早即已受到中国先哲的高度重视。由于在哲学思维上追求和谐，所以，相应地在伦理道德方面也形成了中国人注重秩序、讲求人际和谐的伦理精神。从哲学意义上而言，和谐反映的是主体对事物特定存在状态的价值认同及其价值追求。互不相干的事物无所谓和谐，只有当事物之间密切联系，并相互影响、相互作用之时，和谐才能够成为可能。中国古代思想家尤其是儒家，要求人们注重人际关系的和谐，并以"和"作为其遵循的原则和评判一切的最高价值尺度。所以如此，主要是因为和谐的事物符合主体的利益最大化需要。关于"和"的多重内涵，概括而言，主要包括三方面：第一，人与自然应保持和谐（即天人和谐），这首先是一个生态伦理问题，人类只有尊重和爱护自然，并与自然界和谐共处，才能创建现今所谓的"环境友好型社会"；而天人和谐所展现的则是儒家所追求的"天人合一"的崇高境界，这时的"天"就是一种带有伦理色彩的"道德之天"。当然，古人所谓的"天人合一"毕竟是一种原始地对自在的天人关系的体悟，它与后工业社会建基于科技理性之上的人与自然的协调统一不能相提并论。第二，人与人之间（即人际和谐，古人称之为"人和"）、个人与社会之间（即群己和谐，扩展开来也包括家国和谐）要保持和谐，唯其如此，社会群体才有可能与外界的客观自然"合一"，才能谈得上与自然界和谐共处。因此，相比之下，中国古人（主要是儒家）似乎更注重"人和"，在此意义上的"和谐"是人与人之间和衷共济、相互扶助的一种协调状态，由人际关系的和谐而达到社会秩序的稳定、安宁，是其所追求的目标。甚至在一定意义上可以说，人类社会的发展趋势和理想诉求就是为了实现社会成员的全面和谐，从而构建一个协调、有序的和谐社会。第三，人自身的和谐（即身心和谐），这主要是指人的心理健康以及物质欲望与道德理性的和谐，等等。

在中国传统社会，贵和的思想具体体现在诸多方面：就家庭关系而言，它告诫人们"家和人旺"，主张治家贵和；就人际关系而言，它要求人们和睦相处、力求关系融洽；就国家治理而言，它渴盼同心同德、"政通人和"，等等。可见，中国人总是把"和气致祥"看作是最有价值、最可宝贵的因素，因为在中国人看来，幸福、祥和之气乃是人世间最美好的理想生活氛围。这一点似与西方有所不同，陈独秀早年在比较东西方民族各自特点的时候即已指出："西洋民族以战争为本位，东洋民族以安息为本位"，"西洋民族以法治为本位，以实利为本位；东洋民族以感情为本位，以虚文为本位"。①而他在此所提及的东洋民族所具有的以安息为本位、注重感情和"虚文"的特点，正是中国人"贵和"精神的表征。如前所述，中国人讲求"亲仁善邻"（《左传·隐公六年》）、与人为善，"内睦家昌、外睦相济"等等，而"家和"无疑是其中的一个重要方面。一般而言，"家和"乃是"人和"的基础，故俗语有所谓"家和万事兴"（指良好的家庭伦理道德环境和氛围）之说。传统家庭追求合爨共财、数世同堂的大家庭，因此必然以追求和谐为治家之要，换言之，对和谐的追求乃是传统家庭伦理不断完备的动力之源。在古人看来，只有"家和"，才能家道昌盛；也只有家庭内部成员做到和睦相处、"讲信修睦"（《礼记·礼运》），才能实现"人和"，并最终促进和保持社会的和谐与稳定。因此，和谐乃是中国传统家庭能够存在和生生不息的价值核心所在，只有家庭和谐才被古人看作是家庭生活中至真、至善和至美的。此外，还须强调的就是在传统家庭生活中，家庭的和谐与血缘亲情密切相关。家族的血缘亲情具有极强的凝聚力，它能将血脉相连的人们联结而成一个群体。因而，家庭中的亲情乃是维系和稳固家庭的感情纽带。一般而言，越是贫困落后的地区，血缘关系越重；越是注重血缘关系的社会，人们越重视亲情，而亲情对家庭的凝聚力也就越大。正如台湾著名学者韦政通先生所指出的那样，"和，是由一种特殊的社会格局造成的，假如我们的祖先不是长期生活在家族中心和没有陌生人的小世界里，这种伦理特色是无从产生的"②。

贵和蕴含了中国传统伦理的基本精神，即其所体现的整体主义和追求协调、和睦的价值取向。由天地和合的博大情怀自然生发出追求和谐的社会文化心理，这一文化心理业已融入每一个中国人的血脉中。它不仅要人际和睦、家庭和睦，更要协和万邦（特别是要与邻邦友好）、天下一家……就传统家庭伦理的基本原则和具体规范来说，在某种意义上，其最终目的都是为了求得"人和"。民国

---

① 陈独秀：《东西民族根本思想之差异》，《新青年》，第 1 卷，第 4 号。
② 韦政通：《伦理思想的突破》，成都：四川人民出版社，1988 年版，第 10 页。

时期的麦惠庭认为，我国的大家庭制度，虽有诸如人口众多，矛盾、冲突时有发生等弊病，但亦有其优点，最为明显的就是富有互助与合作的精神："社会的维持，全靠互助和合作；家庭也是一样，家庭中的互助是很要紧的……在我国家庭，因为许多家庭关系的人都同在一块，所以很容易得到许多互相帮助的机会……至于合作也是一样，份子较多的家庭，合作的机会当然比份子较少的家庭为多"[①]。在传统家庭中，每一个家庭成员都有责任和义务促进和维持家族的内部和睦，以使得本家族犹如古树盘根般兴旺发达。为了做到"人和""家和"，家庭成员必须在家庭中做到父慈子孝、兄友弟恭、夫义妇顺等，"明人伦"也被许多家法族规列为治家之本。所以如此，是因为只有明确了父子、兄弟、夫妇等在家庭中的角色及与之相应的权利与义务，才能自觉安于各自所处的等级地位，有效地减少家庭纠纷，达到促进家庭和睦的目的。

众所周知，中国古代社会乃是不平等的等级制社会，这就决定了其本身是难以"和谐"的。它所强调的是以人们的安伦尽分为前提的"和谐"，实质上是一种无序中的有序、纷乱中的和谐。儒家首先维护的是等级制的不平等，然后再试图实现人际关系的相对和谐。所以，它所向往和追求的"和"，始终是以"礼"为基础和准则的。儒家的和谐论实则是在不平等的人际关系中求和，"贵和"也是勉强在不"和"中求"和"，因而这种"和"是难以真正实现的。但是，不可否认的是，贵"人和"的精神，对于协调人际关系、促进和维持社会的稳定，的确具有积极的作用。在中国历史上，由贵和精神引申出来的团结互助、共生共荣的精神，不仅促进了汉民族自身的团结和凝聚，也推动了中华民族几千年来的民族大融合。而以今天的视角观之，"和谐"既是优秀文化传统与时代精神的契合与统一，也是我国构建"和谐社会"、全面落实科学发展观的根本要求。我国如欲努力建成民主、富强、文明的社会，就要进一步凸显现代化进程中的和谐内涵与发展要求，真正做到人与人、人与社会、人与自然的和谐统一。唯其如此，才能切实推进全面建设小康社会的历史进程和社会主义现代化建设

---

① 麦惠庭：《中国家庭改造问题》，上海：上海书店，1990 年版，第 55 页。

的伟大实践。

（三）重礼：别贵贱与明人伦

在世界文明史上，中国素以"礼义之邦"而著称，礼在中国传统道德中亦占有十分重要的地位。中国古代弘扬整体主义的伦理精神必然要引申出重秩序的观念，而"礼只是个序"（陈淳：《北溪字义·礼乐》），因此，重礼无疑也是整体主义演绎出来的传统道德精神之一。而其具体体现在传统家庭伦理中，就是要求家庭成员别贵贱、明人伦，并安于自身所处的等级地位，不许躐等。

一定的秩序是社会群体赖以存在的前提和根本保证，无序或失序则会使社会陷于瘫痪甚至难以为继。众所周知，中国古代社会是典型的等级制社会，因此，它所维护的必然是封建等级秩序，"礼"在其中则承担了协调和规范等级秩序的重任。而在中国古代，礼又有广义和狭义之分。最广义的礼泛指典章制度、一切社会规范以及相应的仪式节文；狭义的礼主要是指礼仪、礼貌等。然而无论广义抑或狭义之礼，其根本精神都是"分""别""序"。儒家理想的社会秩序就是一种遵循封建等级制度、严守尊卑等级地位的伦理秩序。在统治者看来，礼的功用就是明人伦、别贵贱，进而使等级关系程式化、有序化，因而可以说，等级之礼乃是制约卑贱者僭越、犯上的"紧箍咒"。当然在中国封建时代，礼也会被统治者装扮成调整人与人之间各种社会关系的最基本的规范和准则，因而使得礼的等级要求遍及社会生活的方方面面。尤其是在传统家庭的日常之礼中，从人们的衣食住行、婚丧嫁娶、生老病死，直到待人接物都有一套严格的等级标准和秩序规则，轻易不得逾越。甚至每个人的言行举止都必须按照等级身份依礼而行，《论语·颜渊》中的非礼"四勿"（非礼勿视，非礼勿听，非礼勿言，非礼勿动）即是古人评判"君子"（实质上是全体社会成员所普遍遵循的理想人格形象）的唯一标准。

提及传统家庭中的礼仪规范，朱熹等人所谓的"家礼"无疑是其中最重要的内涵之一。作为传统家庭之"礼"，其基本精神是——尊卑有等、长幼有序、男女有别、父子有亲、夫妇有义等。具体来说，族长、家长与族众、家属，男子与妇女之间，都有严密的家庭内部之礼。譬如，长幼尊卑之间所遵循的日常之礼即包括：若长者坐，子女、幼者须侍立一旁；即使吃饭，座次也要按既定的次序安排和落座；长者说话，子女、幼者不可插言。从语言、态度等方面对长者、尊者要表现出应有的尊敬；走路也应是长者先、幼者后（即使是兄弟）；子女晚辈早晚向父母请安时，要行晨昏定省之礼。并且，古代家礼还强调男女有别：年轻女子不出闺门、足不出户，《礼记·曲礼》中即有"男女不杂坐""叔嫂不通问"的规定；甚至在清代，满族有个规矩，家里来了客人，妇女不能上桌一同进餐。古代家礼要求亲友邻里间的交往也要尽礼，强调彼此间的礼尚往来，因而人们在日常交往中均依礼办事，唯恐失礼、违礼，等等。此外，依家礼，尚有慎终追远的丧葬之礼、祭祖之礼（诸如宗祠中依时祭祖）……诸如此类，不可谓不繁。

在此，本文试图通过概述传统礼俗的日常状态及其文化底蕴，来窥见中国传统家庭伦理的"重礼"特征。而系统丰富的传统礼俗实际上都是围绕衣食住行等日常活动而形成的。并且，与此密切相关的是靠礼俗维系的等级制，在中国传统日常生活中占据重要的地位——无论是生前居住的四世同堂的四合院，还是死后井井有条的昭穆葬制和孝者严格的"五服"，处处都体现出以等级为核心的礼仪制度。这些制度不仅成为日常生活的基本图式，也深刻地影响着非日常活动的社会运行。而中国古代社会的衣食住行等日常活动，其最主要的特点就是与政治制度、宗法制度相结合，成为以维护尊卑等级制度为核心的"礼"的外在表征与具体体现。总之，等级观念一直在中国古代社会居于主导地位，并渗透于社会生活和日常生活的每一个角落，从而对传统中国人的生活世界产生重大影响。

由上述可见，"礼"作为中国古代一种制度化的生活规范历来备受推崇，具有鲜明的等级色彩，即所谓"定亲疏，决嫌疑，别同异，明是非"（《礼记·曲礼上》）。譬如，前已述及，独具特色的中国饮食文化的确在世界文化史上占有重要的一席之地。然而，在饮食成礼的传统社会，中国的饮食文化或许还有西方人所料想不到的特殊功能，即旨在维护封建等级礼制。具体到日常饮食活动中，传统中国人即要通过一系列的别昭穆、分长幼的礼仪活动，来践履"长幼有序"、"尊卑有等"的封建等级礼制精神，从而有效地避免了僭礼之患。不仅饮食之礼如此，其余的服饰之礼以及居住之礼，也均具有由封建等级礼制演绎成家庭生活礼仪规范的倾向或可能性。上述礼仪体现在传统家庭生活中，即为日常饮食之礼、日常服饰之礼以及日常居住之礼，这实则是旨在别贵贱、明人伦的传统家礼所涉及和规范的内容。

总体而言，"重礼"本身所具有的不平等因素显而易见，这在追求自由、平等的现代社会无疑是应当予以批判的。但是，在我国历史上，它对于稳定社会秩序，以及在保证社会正常运转的过程中所起到的作用，也是不应忽视的。并且，从微观角度而言，它对于协调人际关系、促进家庭伦理道德建设，进而提高整个社会的文明程度，客观上也起到了一定的积极作用。因此，出于确立有序、和谐的社会价值目标的需要，儒家所极力主张的"重礼"精神显然不乏值得称道的闪光点。譬如，狭义之"礼"所要求的恭敬、谦让、文明礼貌等规范，即便对于当代的道德建设也不无借鉴意义。尽管其中的礼仪规范的内涵业已随着时代的变迁发生了某些历史性的偏离，但其所具有的恒常价值和带有普遍意义的人之为人的伦理规范，仍将成为当代中国人道德生活中所必须遵循的行为准则，正所谓"道德仁义，非礼不成"（《礼记·曲礼上》）。

二、中国传统家庭伦理的基本原则

在家国同构的中国传统社会，千千万万个体家庭的生活样态，在一定程度上已然成为整体社会生活状况的"全息"图景，因此，社会的些许变迁一般都会通过家庭及其伦理观念的递演而得以体现；同样，从家庭道德观念的嬗变中亦可或多或少地透露出传统社会变迁的消息。不言而喻，家庭伦理是中国传统伦理的主要内容和理论基础，它明显地打上了以三纲五常为价值核心的伦理文化的烙印。从理论形态上看，以儒家家庭伦理为主体的中国传统家庭伦理是一个成熟、完备的道德观念体系，它对家庭伦理的诸多方面都有详尽的规定，并从思想上维持着中国传统社会这一"超稳定结构"的长期稳定。我们看到，一方面，中国传统家庭伦理在本质上乃是宗法社会条件下服务于统治集团的工具，因此，其中不可避免地存在着一些封建性的思想糟粕，这自然是应当予以摈弃的；另一方面，在中国的现代化进程中，又必须建构具有我们民族特色的现代的新型家庭伦理规范，因此，还须秉承传统家庭美德，汲取和利用传统家庭伦理思想中的宝贵资源。譬如，尽管传统家庭伦理以纲常伦理（注重等级性）为主要内容，但其中也蕴含着对家庭亲情的重视（温情的一面）等许多积极的因素，对此，我们应辩证地加以分析。

（一）中国传统家庭伦理的研究价值

众所周知，在 20 世纪的八九十年代，国内学界经过几番讨论而初步确定的批判继承的基本原则，所解决的乃是对待传统伦理道德的态度问题。但是，仅仅有这种科学的态度是远远不够的，因为人们惯常使用的某些口号式的语言并不能从实质上解决问题。如欲正确对待传统文化，必须要首先了解它所包含的丰富内容，才能以此为前提去客观地评价它。进而，还要找到传统与现代的契合点，使之在当今中国社会的道德建设中发挥作用，这需要我们寻求传统的伦理资源，并使之成为自身现代转换的重要依据。换言之，中国传统家庭伦理思想中的合理成分可以通过认真的梳理发掘出来，因此，必须首先对中国传统家庭伦理进行一番历史阐释，以了解我们所面对的传统究竟是什么。只有以这种如数"家珍"的精神（尽管家珍有限、良莠并存，但认真对待传统文化的精神总还是要有的），我们才能指明传统家庭伦理的局限性与超越性（或精华或糟粕或瑕瑜互见、或难以辨别），弄清何者为构建当代中国家庭伦理的阻力因素，何者又是可资借鉴的传统思想资源。唯其如此，才能增强扬弃传统、去粗取精的可操作性，才能将当代中国的伦理道德建设最终落到实处。

环顾周遭，我们发现，在全球化时代的市场经济浪潮一浪高过一浪的今天，世界范围内家庭危机的大环境以及中国当代家庭存在的诸多问题，越发使得中国传统家庭伦理研究的重要意义或价值凸显出来。首先，其理论意义在于——从历史主义和现实主义的双重视阈对中国传统家庭伦理及其现代转换问题进行一番价值分析和理论阐释，这对于进一步丰富和深化中国当代家庭伦理问题的研究，无疑具有重要的理论价值。具体来说：第一，中国传统家庭伦理思想乃是当代家庭伦理建设的重要思想资源，因此，如欲真正实现传统家庭伦理的现代转换，必须要在客观分析的基础上，首先对中国传统家庭伦理进行一番历史阐释。第二，中国传统家庭伦理是深入了解整个社会道德生活状况乃至文明程度的起点和基础，它能使我们能够更加透彻地了解中国传统社会的伦理本质，即以孝为核心展现和印证家庭伦理与社会伦理的一体性，从而较为准确地把握传统伦理文化的价值所在。第三，研究和了解中国传统家庭伦理，乃是揭开重亲情、"以和为贵"的中国传统大家庭长期存续之奥秘的一块敲门砖，在一定范围内经过一番萃取和提炼，完全可以使之成为当代构建和谐社会的理论基础和伦理参照。

其次，中国传统家庭伦理的历史阐释及其现代转换的实践价值体现在：第一，在当代中国的社会主义精神文明建设过程中，它对于我们清晰地把握传统家庭伦理的基本内涵，继承和弘扬中华民族的家庭美德具有一定的参考价值。人所共知，我国古人历来重视家庭伦理关系及其伦理道德建设，当代中国人没有理由丢掉这一传统。因为家庭伦理建设的实际状况，不仅与每个人的家庭生活息息相关，而且直接关系到社会主义精神文明建设的进程。因此，对传统家庭伦理资源的挖掘与转化，必须要为社会主义的精神文明建设提供些许可资参照、借鉴的传统依据。第二，通过进行传统家庭伦理的现代转换，使得传统伦理中的优秀思想成为当代家庭伦理建设中的重要组成部分，以期构建当代中国的家庭伦理规范体系，这对于补偏救弊、解决重婚纳妾、家庭暴力、亲情淡薄和溺爱子女等诸多现实的家庭问题具有重要的实践意义。第三，通过对传统家庭伦理负面价值因素的历史阐释与客观评判，使之成为当代家庭伦理建设的一面引以为戒的"借镜"，这与整理和挖掘传统家庭伦理的积极成分具有同等重要的意义。

（二）中国传统家庭伦理的基本原则

在中国传统社会，儒家伦理道德的基本原则乃是封建统治者所大力提倡的"三纲"，而三纲落实在家庭伦理中又具体体现为其中的"二纲"，即父为子纲和夫为妻纲。在传统家庭中，封建统治者试图通过强化伦理秩序和礼仪规范，借以宣扬等级服从的道德律令，主张父为子纲、夫为妻纲，从而抹杀了家庭关系中仅存的平等因素。冯友兰先生指出："人发展人性必须遵循道德律，道德律是文化与文明的根本。"① 而三纲五常作为传统中国人必须遵守的社会道德准则，即是这样一种与传统文化相策应、并在漫长的中国封建社会几乎无法撼动的道德律。它虽在名义上代表着社会整体利益，但实质上维护的却是少数封建统治阶

---

① 冯友兰：《中国哲学简史》，北京：北京大学出版社，1996 年版，第 170 页。

级的根本利益。

首先需要明确的是，三纲的伦理原则从提出到确立，经历了一个不断强化的历史过程。随着三纲的演化，它在民间的实际影响力也在逐渐加强。与此相应，中国古代家庭伦理的发展表现为一种历史阶段性（当然也有连续性），具体而言，可以划分为三个阶段：第一个阶段就是三纲产生之前，社会规范还是较为宽松的，道德要求往往带有双向性。第二个阶段就是三纲刚刚提出来之后，君、父、夫三权虽已开始神圣化，但根据诸多史料记载，当时三纲的权威并未在全社会马上确立起来，这期间还有一个漫长的发展过程。第三个阶段就是随着三纲上升为"天理"，以及宋以来教化更受重视且更为普及，它的权威在民间社会最终得以落实，即由经典式的训教转化为社会舆论和人们的内心信念。此时，父权具有了绝对化的趋势，于是出现了愚孝；并且，夫权亦得到空前的加强，夫为妻纲使得"从一而终"等愚贞、愚节更加突出了。面对父与夫权力的膨胀，子和妻的地位更加卑下。直到中国近现代，这一趋势才逐渐得到根本性的遏制和扭转。由上述分期大体可以看出，中国古代的家庭伦理并非一成不变或少有变化，而是与三纲的产生、演化密切相关、同步发展的。

古人所讲的"纲常"，广义而言，意指道德，或一般道德律；狭义而言，乃是三纲五常的简称。三纲作为中国传统道德的基本原则，说到底不过是历史进入中央集权专制以后，封建等级制度不断强化的产物。因此，中国传统道德从一开始便具有明显的等级性，是为维护封建专制制度服务的。所谓"三纲"，即是指"君为臣纲，父为子纲，夫为妻纲"，包含着君臣、父子、夫妇三对关系，其中又有两对关系属于家庭内部的人伦关系。三纲中的"纲"，正如张岱年先生所指出的："纲是网上的大绳，常语云：'提纲挈领'，提起网上的大绳，就可以带动整个的网"[①]。质而言之，"纲"具有主导和控制的作用，引申为事物的总要和法度等等。君为臣纲、父为子纲和夫为妻纲意即前者居于主宰、支配和统率的地位，而后者则居于被主宰、被支配与被统率的地位，因而只能听命于前者。

---

① 张岱年：《中国伦理思想研究》，上海：上海人民出版社，1989 年版，第 150 页。

总之，三纲乃是中国封建时代三项根本性的伦理道德准则，是其他德目的总纲或指导性纲领，并对其他德目具有统率作用。

三纲作为中国古代的人伦关系准则或传统家庭伦理的基本原则，是一种具有专制色彩的近似绝对化的伦理规定。它最早见于汉代，确切地说，三纲之名，首见于董仲舒的《春秋繁露·基义》。董仲舒不仅提出三纲的概念，指明了三纲的意义与规定，他还与阴阳、天道相联系，将阴阳学说作为社会秩序的形而上学根据，借以论证其存在的合理性和永恒性，宣称"君臣、父子、夫妇之义，皆取诸阴阳之道。君为阳，臣为阴；父为阳，子为阴；夫为阳，妻为阴；阴道无所独行，其始也不得专起，其终也不得分功"（《春秋繁露·基义》）。在此，董仲舒将君臣、父子、夫妇之间的关系看作是阳与阴的关系，并极力论证其各自的主从地位，认为"妻者，夫之合。子者，父之合。臣者，君之合……王道之三纲，可求于天"（同上），即都是上天意志的表现。我们看到，董仲舒在先秦儒家提出的五伦中，特别抽出三种最主要的人伦关系，即君臣、父子、夫妇，意在强调其主从关系，这就是他提出三纲的基本出发点。值得一提的是，三纲虽正式产生于汉以后，但实际上在此之前即已显露其思想端倪，甚至可上溯至《仪礼》，如《仪礼·丧服》曰："君，至尊也"；"父，至尊也"；"夫，至尊也"。这可以看作是三纲的最初形态，正如康有为所指出的："《仪礼》特立三纲之义"（《万木草堂口说·孔子改制一》）。因此，并非如某些学者所言："三纲源于韩非"，至少这种说法是不确切的。再如，《吕氏春秋·行论》又有"父虽无道，子敢不事父乎？君虽不惠，臣敢不事君乎"的说法，由此可见，三纲之义由来久矣。后来，《韩非子》的《忠孝》篇才说到这样一句话："臣之所闻曰：臣事君、子事父、妻事夫，三者顺则天下治，三者逆则天下乱。此天下之常道也，明王贤臣而弗易也"。亦是片面强调臣对君、子对父、妻对夫的单向的服从关系，至此，三纲的雏形业已基本形成，并由此奠定了其向汉儒之三纲发展演变的理论基础。

传统家庭伦理思想认为，人伦关系属整体性伦理范畴，是关系性的伦理"对子"，作为人伦义务来说，理应是双向的。因此，他们对各种人际关系的双方均提出了道德要求，着力强调其相互间的伦理责任。而与此相左，三纲不是考虑双方在人伦关系中应尽的义务与责任，而是单方面对臣、子、妻提出了道德要求，强调的只是臣之忠、子之孝、妇之顺。在三纲面前，人的独立性基本上被扼杀，原本是双向的伦理义务变成了命令与服从，这便是封建专制制度笼罩下的儒家伦理。特别是经宋代理学家们的大力提倡，三纲的权威牢固地确立了。汉儒虽然提出三纲五常，并将其作为协调人际关系的基本准则，但对于纲常存在的合理性所作的理论论证，则显得有些粗糙和肤浅。因此，宋代理学家程颢、程颐即对所谓的"天理"进行了形而上的考证，并赋予其以新的内涵与意义，他们认为天理即三纲五常。不难看出，二程将三纲五常作为天理的内涵，实质是把纲常天理化了，这样，方能使之成为人们深信不疑和必须遵循的必然之理、当然之则。此后，传统社会流行的观念便逐渐演变成为："君虽不仁，臣不可以不忠；父虽不慈，子不可以不孝；夫虽不贤，妻不可以不顺"（曾国藩：《曾文正公全集·家训》卷下，《谕纪泽》）。显然，三纲使得这种单向要求的顺从关系绝对化了，并凭借权威将臣、子、妻一方置于更加卑微的境地，实乃不合理的主从的道德关系。

　　尚须提及的是，五常虽与三纲并列，但正如冯友兰先生所言："五常是个人的德性，三纲是社会的伦理"①。此所谓"常"有不变之意，五常即儒家所讲的五种不变的德性——仁义礼智信，属于个人修养的道德规范，它们相对于三纲无疑处于一种从属和补充的地位。然而，这五种规范却是对社会每个成员的共同要求，人人都应该遵守，并具有某种超越时代的恒常性价值因素。在三纲之外，还有所谓"五伦"——君臣、父子、夫妇、兄弟、朋友五种人伦关系。孟子曾对五伦有一番精辟的阐释，即那段著名的"使契为司徒，教以人伦：父子有亲，君臣有义，夫妇有别，长幼有叙，朋友有信"（《孟子·滕文公上》）。五伦与三纲密切相关，其中的三伦即与三纲所涉及的人伦关系重合；并且，与家庭有关的则是其中的三伦，即父子、夫妇、长幼，其余的二伦——君臣、朋友虽非家庭关系范畴，但基本上还是家庭关系的延伸——国君无异于家长，故有"君父"

---

① 冯友兰：《中国哲学简史》，北京：北京大学出版社，1996年版，第170页。

之称；朋友间则称兄道弟，甚至四海之内皆兄弟。从时间上来看，五伦先于三纲而产生，因而是后者产生的基础。三纲虽然是对五伦的进一步概括，但在三纲出现之后五伦依然与之并存，并继续显现其自身的存在价值。诚然，二者之间的作用范围与差异也是较为明显的，"五伦与三纲相比，不仅前者包含八种人际关系而范围较宽，后者只含三种人际关系而范围较窄，而且前者是相对的平等关系，后者是绝对的片面关系"①。这样，三纲和广义上的五伦就涵盖了中国传统社会几乎所有的人际关系，其所涉及的范围也由个体家庭扩展至封建国家。

如前所述，在汉以前，君、父、夫与臣、子、妻相互间还具有共同承担道德义务的成分。但至汉代，三纲却舍去了其中的合理因素，对臣、子、妻单方面提出了要求。君为臣纲、父为子纲、夫为妻纲的道德要求分别对应的是忠、孝、顺，当然三纲与忠、孝、顺之间也都存在着内在的关联。在董仲舒炮制的三纲五常的基础上，《礼纬·含文嘉》与《白虎通义》又提出了"六纪"之说，很明显，"三纲六纪"乃是由三纲五常发挥而来的。"六纪者，谓诸父、兄弟、族人、诸舅、师长、朋友也"，其对于六种人伦关系的要求分别是："诸父有善，诸舅有义，族人有序，昆弟有亲，师长有尊，朋友有旧"（班固：《白虎通义·三纲六纪》）。《白虎通义》进一步指出："人皆怀五常之性，有亲爱之心，是以纲纪为化，若罗网之有纪纲而万目张也"。关于三纲六纪的由来，《白虎通义》又有如是说："三纲法天地人，六纪法六合，君臣法天，取象日月屈伸归功天也。父子法地，取象五行转相生也。夫妇法人，取象人合阴阳有施化端也"。这里需要明确的是，"六纪"同样是从属于"三纲"的，"六纪者，为三纲之纪也。师长，君臣之纪也，以其皆成己也；诸父兄弟，父子之纪也，以其有亲恩连也；诸舅朋友，夫妇之纪也，以其皆有同志为己助也"（《白虎通义·三纲六纪》）。由此可见，在中国传统社会，三纲所涉之外的兄弟、族人、师生、朋友等人际关系，并没有被思想家们所"遗忘"。六纪同五伦一样，之所以能够与三纲并存，主要在于其起到了补益三纲、以使之更为全面的作用。或者说，五伦、六纪是对三

---

① 岳庆平：《中国的家与国》，长春：吉林文史出版社，1990年版，第105页。

纲的进一步说明和诠释。正如有学者所指出的，人类社会之有三纲六纪，就如同网罗之有纲纪一样，人类社会的一切事务，一切人伦关系，只要有了三纲六纪的准则，便有了依据，社会秩序之安定，人际关系之和谐，也都由此得到了保证。① 总之，三纲乃是维护国家政治秩序和家庭伦理秩序的根本，而六纪则是基于这一根本的伦理准则，五伦与五常又作为维持人际关系和谐的基本规范而存在。

以三纲五常为核心的中国传统伦理道德规范，一方面强调封建专制制度的合理性与永恒性，极力论证其特权阶层的卓尔不群、"高贵"脱俗；另一方面又力图使广大下层民众甘于被压迫和被统治的地位，并保持人际的"和谐"与社会的稳定。在儒家伦理看来，只有不同等级的人各安其位，遵从纲常礼教而无僭越之举，社会秩序才能趋于安定，人际关系也才能因此而变得"和谐"。"在注重等级和权威并以家庭为本位的传统中国，讲究相对关系的五伦只能是一种限于理想层面的道德规范，在实际生活中不可能行得通。从这个意义上说，由五伦的相对关系发展为三纲的绝对关系，由五伦的相对之爱、差等之爱发展为三纲的绝对之爱、片面之爱，具有某种逻辑上的必然性。② 五伦发展为三纲是为了满足协调、强化等级制下的服从关系、进而实现社会稳定的需要。按照贺麟先生的观点，三纲之所以产生，是因为双向的人伦关系是不稳定的，变乱随时可能发生。而三纲正是为了补救相对关系的不安定，要求关系的一方绝对遵守其位分，实行片面之爱，履行片面义务，以免人伦关系陷入循环报复的不稳定关系中。③

古代先哲指出："入孝出弟，人之小行也。上顺下笃，人之中行也。从道不从君，从义不从父，人之大行也"（《荀子·子道》）；"君虽尊，以白为黑，臣不能听。父虽亲，以黑为白，子不能从"（《吕氏春秋·应同》）。从表面上看，荀子等人所提出的原则同臣、子必须服从君、父的要求似有矛盾，但实质上并非

---

① 卞修跃：《天理·人伦·世道》，南宁：广西教育出版社，1995 年版，第 191 页。

② 岳庆平：《中国的家与国》，长春：吉林文史出版社，1990 年版，第 106 页。

③ 贺麟：《五伦观念的新检讨》，《文化与人生》，北京：商务印书馆，1988 年版，第 4 页。

如此。这是因为，荀子等人所讲的道义，所反映和维护的正是君、父的根本利益；他们要人们服从道义，正是要求人们维护君、父亦即封建制度的根本利益。而所不从者，并非君权、父权，只是君、父个人不符合道义的行为与要求。①可见，上述"从道不从君，从义不从父"的谏诤原则是对三纲的绝对道德要求的补充、限制和一定程度的纠偏，这对于缓和君臣、父子、夫妇之间的矛盾以及平衡社会和家庭关系具有一定的积极意义。

在传统家庭中，父为子纲、夫为妻纲之所以受到人们的高度重视，是因为它所维护的乃是不平等的家庭伦理秩序。此二纲所派生出的基本道德即是孝与节，它们的基本要求均为"顺"——孝顺与柔顺，这在传统中国无疑是被视为天经地义的父子、夫妻间的关系模式。总体而言，在我国处于封建社会上升期出现的基本道德原则——三纲（主要指父为子纲、夫为妻纲），其弊端固然显而易见，近代以来亦备受挞伐，但是它对于维持家庭等级秩序及封建大家庭的稳定，也曾发挥了较为重要的作用。在此，我们必须要将"二纲"置于其发展历程的社会背景中予以考察和评价，而不能完全忽视其产生的社会作用与存在的合理性。

（三）中国传统家庭伦理亟须现代转换

我国家庭的婚姻道德状况总的来说是健康向上的，但近些年来，在某些方面也出现了不容乐观的新问题，因此，亟须调整和构建当代中国的家庭伦理规范体系，以期寻求良方、疗救时弊。而欲完成这一艰巨的历史任务，又必须从文化根基上入手，彻底破除影响当代中国构建家庭伦理的内在文化阻滞力，于是，便涉及中国传统家庭伦理的变革与重建，亦即现代转换问题。进而言之，如欲真正实现传统家庭伦理的现代转换，必须要在批判继承的基础上，深入探究传统家庭伦理的基本原则和主导精神及其观照下的具体伦理内涵，并以此作

---

① 张锡勤：《中国传统道德举要》，哈尔滨：黑龙江教育出版社，1996年版，第122页。

为我们进行现代转换的重要依据。

毋庸置疑，传统家庭伦理思想的诸多内容经过一番诠释和改造，完全可以转化为现代家庭道德建设的思想资源。有学者指出，家庭伦理是具体而现实的存在，家庭伦理的具体性与现实性体现为伦理的价值生态；并且，只有在富于生命力的价值生态中，伦理才能找到它的转换点与建构基础。[①] 因此，我们认为，传统伦理与日常的家庭生活之间存在着非常密切的关系，甚至可以说二者是相伴而生、相得益彰的。我们不难发现，传统家庭伦理大量地表现为在日常生活中潜移默化地发挥作用的世俗伦理（甚至存在于担水砍柴之间），它更加贴近于百姓的日常生活，并以一种儒家所倡导的"入世"的积极生活态度来处理各种复杂的人伦关系。具体而言，一方面，传统伦理通过家庭生活而得以展现，因此，传统的家庭或家庭生活乃是传统伦理存在的文化根基；另一方面，传统伦理又因家庭生活而显得更加具体和现实，因此，传统的家庭生活实际上又成为传统伦理得以付诸实践的物质载体。须知，文化作为伦理的逻辑起点，当它一旦形成，便会成为不以人的意志为转移的客观"存在"；尤其是作为文化积淀的传统，无论对于生活个体，抑或整个国家与民族，都是一种不容忽视、无法绕过去的"预设前提"，这也正是每一次轰轰烈烈的"文化革命"都必须反传统、甚至难免矫枉过正的内在原因。

---

① 樊浩：《中国伦理精神的现代建构》，南京：江苏人民出版社，1997年版，第4-5页。

三、中国传统家庭伦理的礼法秩序

所谓"家庭礼法"，既包括家庭礼仪（家礼），也包括家法族规，既有劝导性的礼仪规范，也有惩戒性的责罚规训，既有和风细雨，也有雷霆万钧……而其所包含的"家法族规"既有伦理说教的内容，又有约束族众的法规性质。它与狭义上的家训在含义上是有区别的，从伦理学的角度来看，二者之间是"必然"与"应然"的关系。一般而言，家训侧重于对家人子弟为人处世的训导，并着重于指导性（教而不罚）；而家法族规则属于广义家训的范畴，侧重于对家人子弟言行的规诫，着重于惩治（亦教亦罚），并具有强制性，这正体现了众多家法族规所反复强调的"以罚辅教"的宗旨或基本出发点。

（一）家庭礼法与伦理秩序的维持

中国古代社会究竟是以小家庭为主，还是以大家庭为主，学界至今其说不一。但是这并不妨碍本文的讨论，因为即使是小家庭，也脱离不了与其家族（大家庭）的干系，也要遵循各自所属家族所订立的家礼或家法族规，只不过在执行的力度和产生的效果等方面会不及大家庭。故而，中国古代的家庭礼法也同样适用于诸多小家庭。但是，考虑到大家庭在中国古代社会具有一定的典型性（指具有中国特色），因此，本文不妨将关于古代家庭礼法的讨论限定在大家庭的范围内。而事实上，古代家庭礼法主要就是针对大家庭的复杂性、为了维持其伦理秩序而制订的。

家庭礼法作为传统日常生活的伦理准则，在中国古代家庭生活中发挥着重要作用。众所周知，自先秦以降，包括礼教在内的儒家伦理思想经过历代统治者的宣扬、教化，逐渐脱下神秘的外衣而潜移默化于民间，不但起到维护宗法等级制度的作用，而且也规范了中国人的一般家庭伦理观念，影响和维持着传统社会的日常生活秩序。实际上，我国古人早就意识到，人之为"人"，不仅在于理性和语言，还在于以某种非自然的法则来规范自身的行为。在传统中国人的家庭伦理观念中，这种非自然性的法则就是"礼"，其本身具有一定的差别性，亦即不同身份的人有不同的"礼"，因此遵从礼义就是做人之道、为人之本。传统家庭礼仪规范即是儒家伦理的核心内容之一，似乎人们的一切行为规范都要以此为基准而展开。如果人们都按照礼仪规范来行事，则日常人际交往便会有秩序地正常进行，也会因此而形成和谐人际关系的良好氛围，这就是儒家提倡"礼让"所期望达到的理想生活状态。换言之，儒家所倡导的谦恭礼让的处世之道，是其伦理精神和道德原则的最终落脚点。

有学者指出，"家法族规是各个家族组织祖上流传而为后代修订的主要用以调整本家族内部关系的行为规范"[①]，或者说是中国古代家族组织借以调整家族内部的伦理关系、维持家族秩序的规范的总和。这种法规性质的戒条在形式上带有成文法的特点：它们重在训诫、告诫和惩戒，即在正面的说服教育之外，对敢于违犯者予以相应的惩罚，并以条文的形式确定下来，这实际上才是真正意义上的家法族规。家之有规犹国之有典，或曰"国有国法，家有家规"，家规与国法具有一致性。家法族规一般都要采取一定的处罚形式，这是它所以成立的要件，也是发挥其作用的基本手段和得力措施。对于家法族规在家庭生活中的作用，正如著名的《颜氏家训》所言："怒笞废于家，则竖子之过立见；刑罚不中，则民无所措手足，治家之宽猛亦犹国也"。因此，对子孙适度的处罚是必需的，其处罚形式一般有训诫、除籍、送官等等。除此之外，有些家法族规还有其他一些形式的处罚，如杖责、鞭笞等等，惩罚相对较重。从类型上来看，家法族规又有成文和不成文之分，二者都是对家族成员的最直接约束。

---

① 刘广安：《论明清的家法族规》，《中国法学》，1998 年第 1 期。

家法族规在中国古代社会长期存在，但究竟发端于何时，现已无从考证。并且，就其表现形态和社会作用而言，各个历史时期也不尽一致。实际上，家法族规的主要来源是家训和国法：首先，家训是家法族规的"母胎"，也是其发展和演变的自然延伸，或者说家法族规本身即属于家训中的"规训与惩罚"部分；其次，为了与国家、朝廷保持一致，同时也是为了给自身的存在寻找理论依据，家法族规通常要参照和借鉴国法的某些条文，订立诸如不孝、窃盗等与国法相同的罪名。以上两个来源均充分地体现了汉以后占统治地位的儒家思想观念。当然，其他的来源还有传统、风俗、习惯等等，因家法族规的实施在一定时期要依靠世俗的力量作为保障，所以风俗、习惯等也会或多或少地渗入其中，但是这些来源并不占主导地位。

（二）传统家法族规管辖的伦理范围

毋庸置疑，中国传统的家法族规始终贯穿着儒家伦理思想的基本原则——三纲五常，这是一条一以贯之的主线或指导性纲领。在这一总纲的观照之下，大多数家族对于家庭伦理问题一般都要加以干预，而且可能会面面俱到，这就使得家法族规所规范和管辖的伦理范围十分宽泛，既包括个人行为规范、人与人之间的关系，也包括家庭日常生活事务以及婚姻、"族谊"等其他一些相关的伦理事务。尽管相当部分的家法族规都会有若干与他族不同的规定，但多数家法族规与一般性的家庭伦理规范均有共通之处。因此，本文所做的工作就是要"异中求同"，即将家法族规中具有共性特征的家庭伦理规范做一番归纳和分析，概括地说，其主要内容大致有以下几个方面：

其一，孝友。"孝友为家庭之祥瑞"（曾国藩：《曾文正公全集》，《书信·咸丰九年二月二十九日复易良翰》）。众多家法族规均一致强调对父母的"孝"和对兄长的"悌"，因为在他们看来，"孝"是中华民族的传统美德，而"悌"或"友悌"则体现了兄弟间的友爱及相互扶持的良好亲缘关系，无疑也是传统家庭道德的重要内容。在长期聚族而居的过程中，古人一再强调，子弟务以孝友为先。"事父母宜孝，事兄弟宜敬。逢吉凶务量力尽礼，遇患难须竭力维持，毋得坐视，淡漠旁观。倘或贫富不同，贤愚不等，而富者可一力承充，以敦兄弟情谊。"（《桐城齐氏宗谱》）①

众多家法族规均不约而同地指出：孝是为人之本，"孝者，百行之原，人伦之首也"（《代州道后冯氏志传世谱》），因此，"事亲之道，力无不竭，心无不尽之谓也"（同上）。家法族规所强调的孝顺，既包括子孙孝顺父母、祖父母等人，也包括媳妇孝顺公婆等等。遍览传统的家法族规，我们发现，其中讲得最多的即是敬祖孝亲。该类条目之所以占有很大的比例，显然与传统伦理道德中最受强调的"孝道"有关。对于孝子贤孙，众多的家法族规一般都会予以不同程度的褒奖；而对于不肖子孙，则大多予以最严厉的惩罚。譬如，有的家法族规要求，"父母死，丧礼既成，即宜速葬。俾死者得安，生者亦无牵挂，然人每惑于风水之说，或置室内，或厝荒郊。妄以祖父之尸骸，贪谋己身之富贵，实为愚不可及，亦不孝之大者"（《紫阳朱氏重修宗谱》）。特别是在明清时期的家法族规中，对"不孝"的规定较之封建王法更加细密，其制裁手段也变得严厉起来。但在家法族规中，后来也发生一点变化，即封建社会早期比较重"孝"，后期则逐渐注重"忠"，这是一个值得注意的家法族规的发展动向。与父慈子孝相对应，很多家法族规亦强调兄友弟恭，要求兄弟间要崇尚友爱，和睦相处。对于不友不悌的子孙，很多家法族规都会给予十分严厉的惩处，想必这与古人崇尚同祖共宗、强调血缘亲情的传统观念有关。

其二，修身。众多的家法族规都要求族人遵奉勤俭持家、择善慎交等。在传统日常生活中最重要的品德就是勤劳、朴实，俗语所谓"勤俭莫穷人"，因而有的家法族规大力提倡"宁朴勿华、宁俭勿奢"的持家之道。如《蒋氏家训》即对本族子弟做出如下规定："不得从事奢侈，暴殄天物。厨灶之下，不得

---

① 由于明清时期、特别是清代为我国家法族规发展的鼎盛时期，故本文所引用的家法族规多为清代以后出现的（特别标明的除外），故未一一注明其成文的具体时间。另有两点说明：一是以下有的虽名为"家训"，实为家规；二是家法族规大多是包含在各种家训、族谱之中的，故无须拘泥于引用文献的名称。

狼藉米粒，下身里衣，不得用绫纱"；"不可好胜，作炫耀事，靡费财力"。勤俭节约作为中华传统美德的重要组成部分，反映了人们在农业社会中的消费观念与消费方式，也是由以小农经济为代表的匮乏经济时代的特点所决定的。而历代家法族规的大力提倡和弘扬，无疑是勤俭节约美德为后世炎黄子孙所继承并长期保持的主要原因之一。并且，许多家法族规均严令子孙杜绝各种恶习。它们认为，很多年轻子弟由于择友不当，在吃喝嫖赌的过程中逐渐走向堕落。因此，不少家法族规一般都有"慎交游"条目，严禁子弟与地痞、流氓等发生纠葛，以免"近朱者赤，近墨者黑"。一些家法族规还要求子弟明德性，它们指出，"制心以礼，制事以义，取财以廉，行己以耻。四者并重，而廉洁尤所当先。必守一定之是非，不为利所夺；严一介之取与，不以贪而乖。庶几廉隅饬，而风节立"（《柳溪金鼎王氏支谱》）。也有家法族规从正反两方面告诫子弟，"为人务仁厚，而勿刻薄，务光明而勿阴险，务广大而勿偏仄，务坦直而勿邪曲。常以此洗沃其心，而不令为物欲所牵引，则行可正矣"（《云阳裴氏宗谱》）。《蒋氏家训》则要求子弟不得言人闺阃，不许阅读淫秽书籍，不许贪恋女色、嫖娼狎妓等等。

其三，婚姻。男大当婚，女大当嫁，乃自然之理。在中国古代的宗法社会条件下，婚姻无疑是注重事宗庙、继后世的传统家庭的大事。为此，很多家法族规都规定，嫁女娶妇要"门当户对"，如清代的倪元坦在《家规》中即明确规定："择婿娶媳，在门楣相称，不可高攀，亦不宜俯就"。这一言论在家法族规中很具有代表性，体现了诸多家长对待子女婚姻问题的基本看法。但也有少数家长在论及子女婚嫁时不求门当户对，譬如，北齐颜之推即引用颜含戒子侄的话说："汝家书生门户，世无富贵；自今仕宦不可过二千石，婚姻勿贪世家"（《颜氏家训·止足》），这在当时无疑是颇为开明的思想观念。并且，在子女的婚姻问题上，许多家法族规亦将婚配对象的道德品质放在首位，实质上反映了古人对于对方家教的重视。明代的姚舜牧在《药言》中即指出："凡议婚姻，当择其婿与妇之性行及家法何如，不可徒慕一时之富贵。"因为在传统婚嫁过程中，女方的家长通常要向男方索要"彩礼"，并以此作为向男方家庭提供劳动力的经济或物质补偿，可是却往往忽视了婚配对象的道德品质。对此，《蒋氏家训》指出，

"正室宜论德不论才色，白头到老，家之祥也""嫁娶不可慕眼前势利，择婿须观其品行，娶妇须观其父母德器。一诺之后，不得因贫贱患难，遂生悔心"。司马光亦云："凡议婚当先察婿与妇之性行及家法，勿苟慕富贵；婿苟贤矣，今虽贫贱，安知异日不富贵乎？苟为不肖，今虽富贵，安知异日不贫贱乎？"（《涑水家仪》）然而，众多家族也大都将寡妇改嫁视为一种背叛族群的行为，在他们看来，改嫁即意味着与本族脱离了亲缘关系。因此，各家族一般都予以禁止，绝不宽容。但也有少数开明的家长在订立家规时，不仅不禁止，而且还鼓励寡妇再嫁。这在当时无疑要冲破世俗社会的重重阻力，并需要有一定的勇气。此外，尚须提及的是，在中国的远古时代，人们已注意到近亲婚配的危害，因而强调要异姓联姻，这当然是合理的、有积极意义的。但后来的许多家法族规却矫枉过正，毫无道理地一概禁止同姓婚姻，未免显得有些可笑，这可以看作是远古时期同姓不婚的婚姻禁忌在家法族规中的遗留。

其四，职业。职业是人们的谋生手段或谋生之道，明人许相卿在《贻谋》中曾指出："人有常业，则富不暇为非，贫不至失节"。因此，他们都要求子弟不仅要"有业"，而且还要从事正当职业。很多家法族规在确定职业优劣时，都十分明确地提倡"耕读传家"。而与此相对，娼妓、戏子、衙役、兵士，在当时则被人们普遍视为有辱门楣、败坏家声的贱业。[①] 历代家法族规认为，择业不可不慎，然耕读传家又是最好的生存之路，是人世间的"正道"，以至有人说"除耕读两事，无一可为者"（张履祥：《训子语》）。而通过读书科举仕进，更是最佳选择。一旦金榜题名，不仅本人可享尽荣华富贵，还能光宗耀祖。因此，他们均崇尚"万般皆下品，唯有读书高"的生活信条，积极鼓励本族子弟一心向学，苦读圣贤书。古代中国一直流行着崇本抑末的农本思想，而家法族规无疑又为这种保守思想的世代相传起到了推波助澜的作用。

我国封建社会后期的家法族规是较为典型和相对完善的，它一般都要对违

---

① 参见费成康主编：《中国的家法族规》，上海：上海社会科学院出版社，1998年版，第53页。

犯家法族规的族人给予相应的惩罚，并且，这种惩治往往是借祖宗的名义来进行的。明清时期家法族规大量涌现的情形，即从一个侧面反映了封建统治者对家族控制的加强，以至于各个家族为了自身的生存而不得不加大了对族人管束的力度，并在家族范围内处理一些无损于封建国家利益的轻微的犯罪行为。而与此相应，这一时期的家法族规也更加趋于配合和辅助朝廷的教化，从而在很大程度上演变成为封建专制统治的工具（家族是封建国家政权的基础，它在约束族人遵守国法、为朝廷向族人施行教化、保证族人向国家纳税服役等方面都作了有益于国家政权的工作。因此，总的来说，中国历代政权大都维护家族制度，并默许家族组织对族人的某些控制权①）。

明清时期的家法族规对族人约束和惩罚的规定更为具体和严格（族规对通奸、私奔等"不贞"女性的惩处是极为残酷的，如沉塘、活埋或火刑之类）。根据有关学者的研究，清代家法族规对族人的处罚方法，自轻及重共有十一种之多，分别是训斥、罚跪、记过、锁禁、罚银、革胙、鞭板、鸣官、不许入祠、出族及处死。②实际上，如果向前追溯，我们便会发现，运用惩罚手段加强对家人子弟的规诫，是宋代以来家训发展的一个基本动向，不少家训都对违犯者作了惩治性的规定。特别值得一提的是，蒋伊的《蒋氏家训》在这方面即有所发展，其主要表现是：对那些品行恶劣的子弟，如果后来其能够真正改过迁善，便仍然会待之如初，且予以一定的奖励。"有败类不率教者，父兄戒谕之，谕之而不从，则公集家庙责之，责之而犹不改，甘为不肖，则告庙摈之，终身不齿。有能悔心改过，及子孙能盖愆者，亟奖导之，仍笃亲亲之谊。"（《蒋氏家训》）这种规定，比起对违犯家规的子弟处以严厉惩罚来说，显然更有利于子弟改过自新，重新做人。用现在的话来说，就是与以往相比更加注重对不良少年或失足青年的管教和挽救。

如前所述，一方面，封建朝廷制定的所谓"王法"是家法族规的重要来源

---

① 参见张锡勤：《中国传统道德举要》，哈尔滨：黑龙江教育出版社，1996年版，第103页。

② 朱勇：《清代宗族法研究》，长沙：湖南教育出版社，1987年版，第98-99页。

之一；另一方面，家法族规也是贯彻和执行礼制和法律的有效工具。家法族规使得家庭管理具有了现实的可操作性，并以近于法律条文的形式规范了家人乃至族人在婚姻、财产继承、祭祀等方面的言行。不仅如此，它还对人们的日常行为也进行了严格的规范，具有一定的惩戒性，如教令"子孙黎明闻钟即起，然而各就其业"（郑文融：《郑氏规范》），否则可能就要家法伺候，这对于子孙的威慑作用可想而知。

在中国传统的宗法社会里，历代统治者均非常重视家庭在封建国家中的基础性地位，他们不仅在礼制中明确制订家庭伦理规范，而且在法律条文中也专门规定了符合三纲要求的家庭伦理秩序，并依靠家法族规的约束和惩戒功能来维系家庭内部的伦理关系。不可否认，家法族规在传统家庭管理、家庭教育的过程中，的确发挥了非常重要的作用。尽管事情发展的结果或实施的效果可能会与家法族规制订者们的预期目标不尽一致，但这并不妨碍和违背当初制订家法族规的客观必要性及其主观上的"善良愿望"。

家法族规是中国古代家族制度的主要内容之一，它对于家族和社会来说都是一个极具影响力的传统文化因子（无论积极抑或消极），也是事关家族存亡乃至国运兴衰的大事。家族成员的作奸犯科通常被家族看作是门户的莫大耻辱，因而大多数的家法族规均力促族人谨守王法。如果一个家族成员触犯了封建国法，那么他也就同时触犯了家法族规，要受到来自家与国的双重制裁。一般都要被家族除谱，并为整个家族所不齿。一般而言，家法族规在那个时代比封建法律管得还要宽、还要严，诸如游荡、酗酒、赌博等王法较少惩罚或根本不过问的行为，家法族规大都会予以禁止。总体而言，历代家法族规在本质上是维护族权的有效工具，也是维护封建专制统治的一种辅助手段。它植根于家族社会的日常生活中，更易于为族众所理解和接受。因此，在调整古代民间的社会关系中，家法族规实际上比所谓的"王法"更为深入和有效。客观地讲，对于家法族规的评价，既不能认为其一无是处，也不能过高估计它的价值，而应坚持历史的、辩证分析的原则。可以断言，家法族规作为中国传统文化的一部分，其中虽然包含着相当数量的消极成分，诸如等级性、严酷性以及工具性等等。

但也不能否认的是，中华民族的优秀思想传统仍然占有较大的比重，并在历史上产生了积极的影响。

（三）家庭伦理冲突与家庭的解体

依据社会学中的社会冲突理论的分析框架，家庭冲突的主要根源有三：一是家庭内部不平等的权威关系，二是家庭成员因背景差异而导致的对立情绪，三是家庭成员对家庭现状合理性的认识分歧。[①] 当然，还有许多其他方面的复杂因素。家庭冲突有其正面功能，譬如适度的家庭冲突可以释放出紧张能量，调整和改善家庭关系，从而避免更大的家庭冲突的发生，这对于维系家庭关系能够起到一定的积极作用。但是，那些指向家庭权威关系内核的家庭冲突则往往会导致家庭的解体。

如前所述，古代家庭礼法的主要作用之一，即在于对家庭伦理的冲突进行调节与控制，旨在维持相对稳定、和谐的家庭伦理秩序。并且，"法出于礼"、礼法合一，中国古代的家庭礼法不仅含有一般的道德规范，同时也是古代司法的渊源和依据。

在传统大家庭数世乃至上百年的存续期间，往往交织着各种复杂的家庭伦理冲突，这其中既有父子间的冲突、夫妻间的冲突，也有兄弟间的冲突，以及叔伯间、妯娌间和婆媳间等多方面的冲突。在父系家长制家庭中，父子间的冲突一般不会引起大的波澜，无论如何都会以父一方的一边倒态势而告终，通常也不会导致家庭的解体，何况，若父母在世子女别籍异财更为历代法律所不容。有鉴于此，本文所谓的"伦理冲突"便主要以夫妻间的婚姻冲突、兄弟间以"析居"为标志的伦理冲突为模型或范本，概述传统家庭的伦理冲突与家庭解体的大致过程。可以断言，夫妻间的婚姻冲突虽通常以婚姻的破裂，即"离婚"为表现形式，但在中国古代社会这实质上并不意味着家庭的解体（在人口众多的大家庭就更是如此），而兄弟析居则标志着旧有家庭的解体和新家庭的诞生。

---

① 参见赵孟营:《新家庭社会学》，武汉:华中理工大学出版社，2000 年版，第 134-135 页。

四、传统家庭伦理的近代转型及其动因

一般而言，伦理道德在不同的社会历史时期反映着不同的社会生活状况及与其相应的社会关系。并且，每当处于社会转型之时，原有的伦理道德体系必然会发生新的变化，从而形成新价值观念和道德原则。

（一）中国传统家庭伦理近代转型具有重要意义

众所周知，中国近代以来，正统儒家伦理连同封建专制制度均置身于"数千年未有之变局"中，从此一蹶不振。而与此相伴随，曾被人们视为理所当然的传统家庭伦理也呈现出式微之势。可以断言，儒家伦理的危机，首先是以封建礼教为价值核心的宗法伦理的危机，儒家伦理所推崇的以家庭本位、等级秩序等为基本内涵的宗法伦理，遭到了前所未有的冲击和难以挽回的重创。特别是 19 世纪末至 20 世纪初期，随着西方文化由器物到制度、再到文化潮水般地纷至沓来，以儒家伦理为核心的传统家庭伦理的危机日显，中国社会开始进入到近代史上风云激荡的文化暨社会转型时期。有学者指出，从儒家伦理的兴衰史可以发现：在社会变革时期，儒家伦理总是处于被批判的地位，而在社会稳定发展时期，则受到特别推崇和青睐。究其实质，儒家伦理受到政治上的批判或推崇主要是由于其本身的宗法政治伦理特性所决定的。①

我们认为，中国传统家庭伦理的近代转型乃是传统家庭伦理现代转化的重

---

① 李书有：《中国儒家伦理思想史》，南京：江苏古籍出版社，1992 年版，第 459 页。

要组成部分，也可以说是其序幕和前期准备阶段。实质上，中国传统伦理道德要获得新的活水源头，必须适应时代的发展和不断吸收世界先进文化，并在中西文化的交汇碰撞中实现创造性的转换，唯其如此，其优秀的传统才能得以发扬光大。当代学者张怀承指出："近代伦理道德与传统伦理道德属于两种不同类型的道德体系，它们之间的本质区别，从总体上可以概括为：传统伦理道德以天为本，强调道德的绝对性、超越性和整体价值；而近代伦理道德则以人为本，凸显了道德的相对性、现实性和个体价值。"[①] 由此可见，中国传统家庭伦理的近代转型在中国伦理道德发展史上具有重要意义，这同时也印证了道德的变迁是随着社会的发展而不断演变的一个过程。正如李大钊先生所言，道德既然"是社会的本能，那就适应生活的变动，随着社会的需要，因时因地而有变动"。并且，他还进一步指出："凡一时代，经济上若发生了变动，思想上也必发生变动。换句话说，就是经济的变动是思想变动的重要原因。现在只把中国现代思想变动的原因，由经济上解释。"这是从唯物史观的立场和观点出发，对道德变迁的必然性及其动因所作出的具有说服力的理论阐释。

（二）传统家庭伦理近代转型的诸多动因

总体而言，可以将传统与近代道德原则的特质做如下概括：传统伦理道德以"三纲五常"为核心，并竭力论证其存在的绝对性、必然性和合理性；而近代伦理道德则为了适应工业社会生活的需要，确立了以"自由、平等、博爱"为核心的主导道德原则，并将其奉为引导和指挥社会变革运动的战斗口号与旗帜。

传统家庭伦理的近代转型无疑是与近代中国的政治、思想文化等各类启蒙运动对传统家庭伦理的冲击相伴随的。换言之，传统家庭伦理的近代转型绝非偶然，而是有其诸多动因的———既有内在的经济原因，也有外在的思想文化冲击等方面的原因。但更为重要的原因，还在于近代中国社会所面临的"救亡

---

① 张怀承:《天人之变———中国传统伦理道德的近代转型》,长沙:湖南教育出版社,1998年版，第 271 页。

图存"的政治任务以及挽救民族文化危机的历史使命使然。由此，传统家庭伦理作为中国传统文化价值系统的重要组成部分，便在上述内外危机的交相刺激和逼迫下，面临着直接的冲击和挑战。最终，错综复杂的历史及文化背景，促使中国传统家庭伦理观念的变革由一种个体的观念演变为不可阻挡和蔚为壮观的社会思潮。

中国传统农业社会的生产和生活图式多依赖于自然节律，而近代以大机器生产为特征的工业社会则在很大程度上使人们摆脱了对自然的完全依赖，人的主体性和创造性在工具理性的驱策下得到了极大的发挥，于是由自然经济和血缘家庭孕育生发的传统家庭伦理便发生了新的变化。具体而言，这一过程还体现在如下经济动因的内在转变：近代社会随着资本主义运行机制在中国的引入和发展，以及工商业化程度的提高，自给自足的自然经济开始土崩瓦解。与此相应，人们的经济生活不再完全依赖于传统意义上的大家庭，这就使得封建家长逐渐失去了对家庭成员的经济控制权。加之受西方一贯流行的"小家庭制"的影响，近代社会传统的大家庭渐次析居，分裂为众多的小家庭，从而标志着家庭生活方式新时代的到来。综上可见，一方面，大工业化的生产方式打破了中国传统的家庭手工作坊式的生产方式一统天下的格局；另一方面，西方国家的生活习俗、信仰也伴随着新的生活方式传入中国。面对经济环境和生产、生活方式的变化，人们的传统观念犹如无根基的浮萍，失去了赖以存在的经济基础，这就迫使中国传统的家庭伦理不得不适应时势的变化而进行艰难、痛苦的转型。

外在思想文化动因主要是指以西方资产阶级的"自由、平等、博爱"思想为核心的思想观念的传入。毋庸置疑，近代伦理道德是中国伦理道德发展史上的一个重要阶段。质而言之，中国传统伦理道德的近代转型，标志着中国伦理道德的历史嬗变和理论形态的阶段性转换。它是在中国近代的社会转型和文化整合的大背景下，中西方伦理文化相互冲突和融合的产物，也是中国传统伦理价值体系对西方近代的伦理思想、价值观念等的挑战所做出的积极回应。而从另一角度来看，这也充分表明中国传统伦理文化自身所蕴藏的生命力在外来文化的碰撞中得到了一定程度的激活和迸发。

在 20 世纪初的中国思想界，随着西学东渐的脚步，西方的进化论、天赋人权思想、自由意志学说等经启蒙思想家的介绍和倡导，在知识精英层面得到了较为广泛的传播，这大大激发了先进的中国人尤其是资产阶级民主主义者的思想觉悟。他们将婚姻家庭的改造作为政治斗争的重要内容，提出了男女平等、婚姻自由等主张。同时，一些民主主义者也开始用西方的伦理道德观念作为参照系，反身省察中国的封建家庭制度，进而对中国传统的家庭伦理展开批判，提出了资产阶级新的婚姻家庭道德观。特别是辛亥革命前后，由于上述西方思想和制度的影响，资产阶级革命派中的激进分子最终提出了"家庭革命"的主张，这是对中国传统家庭伦理的巨大挑战和反叛，不啻是一场石破天惊的家庭"道德革命"。

此外，需要特别指出的是，传统家庭伦理的近代转型还有其政治原因。亦即与戊戌维新时期的变法运动相一致，中国近代的伦理思想同样具有鲜明的政治斗争性。加之当时的中国面临着严重的民族和文化的双重危机，"救亡图存"的政治任务使得一些进步的思想家满怀强烈的爱国热情，而其伦理思想也正是在这种爱国主义情怀的影响之下形成的[1]。但是，必须看到，由于中国近代的社会生活状况和风起云涌的政治斗争形势，使得这一时期的伦理思想尚欠成熟，且零散而不成体系。尽管当时的进步思想家们对儒家的纲常伦理进行了激烈的批判，甚至带有矫枉过正的倾向，但对其所包含的精华和糟粕并没有做认真地区分，自然也谈不到批判地继承，这显然是中国近代的伦理思想本身所具有的历史局限性。

（三）中国传统家庭伦理的近代转型任重而道远

中国近代的先进思想家们对于"道德革命"尤为重视，而在近代文化领域的诸多"道德革命"中，家庭的"道德革命"首当其冲，且尤为引人注目。从

---

[1] 李桂梅：《冲突与融合———中国传统家庭伦理的现代转向及现代价值》，长沙：中南大学出版社，2002 年版，第 272 页。

总体上来说，中国近代家庭的"道德革命"，主要是针对"二纲"（父为子纲、夫为妻纲）而展开的。

人所共知，儒家伦理的基本原则是"三纲五常"，它既是中国几千年来封建等级秩序和伦理道德观念的集中反映，也是中国传统伦理道德赖以存在的理论基石。比较而言，三纲（君为臣纲、父为子纲、夫为妻纲）显然具有更根本的意义，五常（仁、义、礼、智、信）则是第二性的，并服务于三纲，这是由封建等级制度所决定的。因此，五常与三纲虽然并列，但二者在儒家伦理中的地位及其所具有的特质存在着较大差异。其中，三纲是规定其他规范的最高准则，因此它集中体现了中国传统道德的本质特征；五常也是中国传统道德的基本规范，但与三纲不同的是，它还具有一定的超越性或曰恒常价值。因此，在中国近代的道德革命中，多数新学家对三纲和五常能够予以区别对待。尽管他们将批判封建道德的矛头所指笼统地称之为"三纲五常"，但实际上批判的只是三纲，而并未涉及五常。或者说，五常在近代很少受到人们正面的触动，批"纲"不批"常"是中国传统家庭伦理近代变革的显著特点。相反，在谈到道德继承时，一些人甚至是激烈反孔的启蒙运动的领袖人物，也对五常中的"仁"等一些德目多采取认同的态度。进而言之，即便是对于当时所着力批判的"纲"，中国近代的新学家们也并非是完全否定的。譬如，陈独秀在"五四"后期即对"忠孝节"的批判不无保留，一改同时代人的"激进"而主张对其进行伦理和德性的区分，这在今天看来无疑是一种客观的辩证分析的正确态度。

不可否认，儒家伦理曾有其存在的合理性及诸多价值因素，但从历时态角度来看，儒家伦理作为封建官方的正统思想，业已丧失了存在的社会基础和经济环境。尽管如此，我们也必须看到，中国经历了漫长的封建社会，儒家伦理学说经过所谓的"列圣相传"，系统完备、源远流长，加之封建统治者的长期提倡，使得儒家伦理的影响根深蒂固。面对如此强大的"革命"对象，中国资产阶级所肩负的家庭"道德革命"的任务无疑是艰巨的，长期性又通常与艰巨性相伴随，因而其自身存在的局限性也是不可避免的。如前所述，由于近代中国特殊的社会历史背景使然，中国传统家庭伦理的近代转型只是初步完成了理论上的框架构建，对封建婚姻家庭的剖析与批判未及深入展开便宣告结束，因此，中国近代中西合璧的家庭伦理观念不可能取代传统家庭伦理而深入到广大民众的日常观念中去。况且，对于作为思想之源的西方近代伦理也未来得及进行细致的清理和消化，一些伦理思想还存在着深刻的内在矛盾，如此等等。然而，瑕不掩瑜，历史的局限绝不能成为某些人背弃传统的理由。我们接下来的任务就是要对中国近代家庭的"道德革命"进程做一番较为系统的梳理和分析（另文专论），以期为当代中国伦理道德体系的建构提供一个不无借鉴的参照系统，这无疑是一项艰巨的却又是不可回避的重要课题。

五、中国近代家庭的"道德革命"

中国传统家庭伦理的"前"现代转换过程，在一定程度上可以看作是中国传统家庭伦理现代转换的前奏和序曲，二者在"问题域"方面是前后相续、一脉相承的。本文拟以中国近代的社会变迁为宏观背景，对中国近代的家庭"道德革命"问题进行系统的论述与评价，从而揭示出儒家思想的衰落与传统家庭伦理的近代命运之间的必然联系。

回顾风云激荡的中国近代历史，我们看到，这是一个前所未有的历史大转折、大变革的时代，也是传统社会向近代社会转型的时代。在这样的时代背景下，传统家庭伦理的近代转型绝非偶然，而是近代社会变革、社会转型和文化转型的必然结果，当然也是近代"道德革命"的重要内容之一。换言之，社会转型势必引发文化、观念转型和道德转型。在推翻旧制度、建立新制度的历史进程中，它势必要引发推翻旧道德、建设新道德的道德革命。

正如上述，中国社会在这一时期发生了历史性的巨变。特别是 19 世纪 70 年代，中国出现了资本主义经济，诞生了资产阶级，古老的中国社会露出了新的经济、政治因素的曙光。当新兴资产阶级的政治代表人物登上历史舞台后，他们自觉呼吁在中国进行资本主义变革，从此，古老的中国开始了艰难的近代化的历史进程。而社会变革一旦展开，则势必会由经济、政治层面扩大和深入到文化、观念层面。于是，在 19 世纪末 20 世纪初，中国出现了一场"文化革命"。在这场遍及各个文化部门、领域的"革命"中，发动最早、持续时间最长的则是道德革命。

数千年来，纲常礼教一向被中国的封建统治者们奉为"大经大法"，并在维护君主专制制度的过程中发挥了重要作用。但是，时至 19 世纪中叶以后，它却日益成为新兴资产阶级建立或向往资本主义的社会秩序和生活方式的内在文化阻滞力（广义上的"文化"）。然民主、共和的"世界潮流，浩浩荡荡"（孙中山语），不可阻挡。因此，也就预示着一场文化革命风暴的即将到来，这在近代中国无疑是历史发展的必然。

19 世纪末 20 世纪初，在中国近代文化领域的诸多"革命"中，家庭的"道德革命"（与当时所谓的"家庭革命"含义不同，但亦有重合之处）首当其冲，且尤为引人注目。陈独秀曾说："伦理的觉悟，为吾人最后觉悟之最后觉悟。"①并由此指出，"盖伦理问题不解决，则政治学术，皆枝叶问题，纵一时舍旧谋新，而根本思想，未尝变更，不旋踵而仍复旧观者，此自然必然之事也。"②足见"道德革命"和伦理重建在近代"文化革命"中的重要意义，以及当时先进的思想家们对于这场"道德革命"的重视程度。实质上，中国近代家庭的"道德革命"主要是针对"二纲"（父为子纲、夫为妻纲）而展开的。然而，又因为君权与父权、夫权是紧密相连的，甚至"君与父无异"③，所以在首先批判了"君为臣纲"之后，紧接着他们即对"父为子纲"和"夫为妻纲"展开了批判。但如果忽略这一时间上的先后顺序，笼统地讲，中国近代的新学家们实际上是将封建纲常礼教（主要是三纲）作为一个统一的整体来进行批判的，故当时的"道德革命"又被称为"三纲革命"或"纲常革命"。

中国近代的"道德革命"实际上在 19 世纪 80 年代即已拉开序幕（只不过尚处于思想准备阶段），但直到戊戌维新思潮涌起之时，对封建纲常礼教的批判方才掀起较大的社会波澜。如前所述，对封建纲常礼教的批判主要集中在三纲，实质上并未涉及五常，因此严格来讲，说近代先进的思想家们将批判的矛头直指"纲常礼教"并不准确，但由于习惯上的原因本文还是沿用这一说法。

---

① 陈独秀:《吾人最后之觉悟》,《新青年》, 第 1 卷, 第 6 号。

② 陈独秀:《宪法与孔教》,《新青年》, 第 2 卷, 第 3 号。

③ 吴虞:《家族制度为专制主义之根据论》,《新青年》, 第 2 卷, 第 6 号。

（一）对封建纲常礼教本质的剖析和揭露

中国近代的社会变革，其直接目标无疑是要推翻中国的封建专制制度。因此，从戊戌维新时期开始，中国的先进分子从西方那里接过自由、平等、博爱的旗帜（在中国近代，自由、平等、博爱既是变革者们的政治原则和理想，也是他们的道德原则和理想），公开宣传"主权在民"说。于是，呼吁人的解放、要求实现人权（开始称"民权"）便成为那个时代的主旋律和最强音。而实现人的解放，既是从政治上努力，又是从道德方面着手的。

众所周知，西方的资产阶级在反抗封建专制统治之时，首先提出了"天赋人权"的思想，旨在实现民主政治，并在此基础上追求真正的平等和自由。而在19世纪末的中国，同样出于反抗封建专制制度、否定"君权神授"观念的需要，同时也是为了实现人的解放，中国近代的一批进步思想家们亦对封建纲常礼教进行了猛烈的抨击和深刻的揭露。

一般认为，以三纲为核心的纲常礼教乃是传统伦理道德的基石，也代表着一种以尊卑等级为基础的伦理专制主义，这就决定了其主导思想必然要与西方自由、平等的民主精神背道而驰。大致说来，近代的新学家们对封建纲常礼教的批判和揭露主要经历了三个时期或历史阶段，即戊戌维新时期、辛亥革命时期和五四新文化运动时期（确切地说是指1915年9月至1919年五四运动前的这一时期）。

从现有资料来看，是维新派思想家最先对被传统社会视为神圣的三纲提出了质疑并进行了公开的否定。他们指出，封建纲常并非天经地义的最高准则，而是统治者为了维护封建专制制度人为制造的精神枷锁。只有挑战进而否定三纲的绝对权威，才能为中国风生水起的社会变革和道德观念的近代化进程扫清障碍。正因为如此，他们首先摘下了历代封建统治者加在封建纲常头上的神圣光环（此时还未敢将孔圣人这一"至圣先师"也推下圣坛）。

早在19世纪80年代，康有为即对封建的等级制度、伦理观念等产生怀疑，并认为君尊臣卑、男尊女卑等不符合天道公理，预言其日久必变。他还以西方近代的"天赋人权论"为武器，将批判的矛头直指维护封建专制制度的三纲，同时也揭示了封建等级制度的非正义性。由于三纲之中，有二纲涉及家庭伦理道德，因此，康有为在对封建君权进行了激烈批判之后，继而开始否定父权和夫权。他指出："若夫名分之限禁，体制之迫压，托于义理以为桎梏，比之囚于囹圄尚有甚焉。君臣也，夫妇也，乱世人道所号为大经也，此非无之所立，人之所为也。"（《大同书》甲部）由此他得出结论："盖原世法之立，创于强者，无有不自便而陵弱者也。"（同上）康有为猛烈抨击三纲，是为了实现人权平等，而追求人人平等，其结果必然是要否定上下尊卑的封建伦理纲常，二者可谓互为因果。他说："人人独立，人人平等，人人自主，人人不相侵犯，人人交相亲爱，此为人类之公理。"（《孟子微》卷一）后来，他又宣称："夫人类之生，皆本于天，同为兄弟，实为平等，岂可妄分流品，而有所轻重，有所摈斥哉！"（《大同书》丙部）他认定追求平等乃是人类社会的公理，从而反映了中国的新兴资产阶级试图用"自由、平等、博爱"的西方社会的道德原则来取代封建纲常的愿望和要求。

值得注意的是，何启、胡礼垣作为中国近代思想界一对难得的"黄金搭档"，由于其激进的启蒙思想和学贯中西的素养而"声名鹊起"（但也不能过高估计此二人的影响，由于他们长期生活在香港，著作也是在香港出版的，因此在内地很长时间并不为人们所知，这也正是我们要"注意"的原因）。他们较多地接触外国人和西方社会，因而深感其自由、平等观念的可贵。我们在其大量、繁杂的政治、经济思想中，依然能够找到二人在思想文化领域公开抨击三纲的内容。

在《〈劝学篇〉书后》的《〈明纲篇〉辩》中，何启、胡礼垣对代表封建等级制度的三纲之说进行了一番大胆的批驳，尖锐地揭露其实质。他们首先指出，"三纲之说非孔孟之言"，为了找到充分的论据，他们详细地分析了三纲的起源，认为所谓"三纲"者实出于《礼纬》一书，后来，经董仲舒释之，班固引之，马融集之，朱熹述之，才演变成现在的模样。并且，由于其背离了孔孟之言的本意，结果成了"不通之论"，亦即何、胡认为，以君、父、夫为臣、子、妻之纲，在理论上是站不住脚的。他们以武王、虞舜和文王为例证，对"君为臣纲、父为子纲、夫为妻纲"的三纲之说展开了批判。"商纣无道者也，而必不能令武王为无道，是君不得为臣纲也。瞽瞍顽嚚者也，而必不能令虞舜为顽嚚，是父不得为子纲也。文王以姒氏而兴，周幽以褒女而灭，是夫不得为妻纲也"。① 因此，君臣、父子、夫妇是不能有"强弱轻重"之分的。此外，人所共知，在中国传统社会，就伦常而言，有所谓"五伦"，即君臣、父子、夫妇、兄弟、朋友，如《孟子·滕文公上》所云："使契为司徒，教以人伦：父子有亲，君臣有义，夫妇有别，长幼有序，朋友有信"。对此，何、胡二人尖锐地指出，五伦之中却只有三纲，"然则长幼之纲何如耶？朋友之纲又何耶"？显然，他们认为，三纲不足以涵盖和说明所有人伦关系，由此亦可看出，"三纲者，不通之论也"（《〈劝学篇〉书后》）。何启、胡礼垣在剥去了三纲的神圣外衣之后，对其进行了更为猛烈的口诛笔伐，进一步认为三纲乃是当时社会上种种罪恶的渊薮。他们说："大道之颓，世风之坏，即由于此（指三纲，引者注）。何则？君臣不言义而言纲，则君可以无罪而杀其臣，而直言敢谏之风绝矣。父子不言亲而言纲，则父可以无罪而杀其子，而克谐允诺之风绝矣。夫妇不言爱而言纲，则夫可以无罪而杀其妇，而伉俪相庄之风绝矣。"（同上）并且，由于后世遵从三纲之说，任其发展下去，其结果就是，官可以任意杀民，兄可以动辄杀弟，长可以无端杀幼……以至"勇威怯、众暴寡、贵凌贱、富欺贫，莫不从三纲之说而推"。他们最后得出结论："化中国为蛮貊者，三纲之说也"。（同上）

在对三纲进行了层层深入的抨击之后，何启、胡礼垣又根据天赋人权学说，积极主张建立一种君臣、父子、夫妇之间平等的人伦关系——君臣关系以道理，父子关系以亲情，夫妇关系以情感，概而言之，即这一人伦关系的建立当以"情理"为准。他们指出："为人父者所为，有合于情理，其子固当顺而从之，即为人子者所为有合于情理者，其父亦当顺而从之。"（同上）由此推至师徒、夫妇、贵贱、强弱等，即无论上下尊卑，均应顺从情理，而不是服从三纲。这一思想

---

① 何启、胡礼垣：《〈劝学篇〉书后》，《新政真诠——何启、胡礼垣集》，沈阳：辽宁人民出版社，1994 年版，第 354 页。

在近代启蒙运动中，尤其在尚处于三纲阴霾笼罩之下的晚清社会，无疑是振聋发聩的，其对于推动中国近代的社会变革也起到了一定的积极作用。

此外，还有一位长期不为人们所重视的思想家，这就是被梁启超称为"梨州之后一天民"的宋恕，他也对三纲进行了猛烈的抨击。宋恕指出，经过历代统治者长期的宣传和教化，封建礼法已经成为人们心目中的神圣之物。并且，这一圣物虽然是统治者维护其自身利益的工具，但由于封建礼法的头上始终罩着神圣的光环，这就使得被压迫者只能俯首任其宰制。宋恕的先进思想对于戊戌维新时期的思想家们也多有影响。譬如，从谭嗣同的诗句"近喜宋恕开绝学，重编世本破朦孤"中，可以想见，他曾读过宋恕的《六字课斋卑议》，并深受其影响和启发。两年后，谭嗣同在其名著《仁学》中也提出了与宋恕分析相似、结论相同的看法。

在中国近代，经过封建统治者数千年的教化与陶铸，纲常礼教已"深锢于人心而牢不可破"。心系变法维新运动的谭嗣同以其生气勃勃的战斗姿态，对三纲展开了全面而空前猛烈的批判，其激烈程度大大超过了同时代的康有为等其他维新派思想家。谭嗣同认为，封建纲常乃是束缚人民的精神网罗，因此，为了解放人们的思想，他勇敢地发出了"冲决网罗"的呼声，并奏响了反封建的时代最强音。封建纲常礼教如同古希腊神话中所描述的"普罗克拉斯提斯之床"，乃是一种人为的强制性规范，对此，谭嗣同早已有所认识。他指出，纲常礼教不过是封建统治者为了控制人民而制造的"钳制之器"，这一不啻石破天惊的大胆论断，在中国近代具有重要的启蒙作用。以这种"人为制造说"（即君主制造）来说明封建纲常起源的理论，无疑从根本上否认了封建纲常的神圣性，对当时思想界所产生的震撼力和冲击力自不待言。不仅如此，以至有一种流行的观点认为，谭嗣同的激进思想乃是五四时期激烈反传统主义的理论先导，这一说法虽然不甚准确，但却足以说明其思想在中国近现代史上所产生的重要影响。

作为上述影响的延续和深化，至辛亥革命时期，许多资产阶级思想家纷纷对三纲展开了猛烈的批判。他们因此而得出结论，封建纲常礼教所维护的乃是封建的等级制度，旨在"定上下贵贱之分，言杀（等差，引者注）言等"①。它所维护的是幼对长、卑对尊的绝对服从，所规定的是片面的伦理义务，其根本精神是与天赋人权论对立的。因此，欲恢复人权，进而实现平等，唯有推翻封建的纲常礼教，这在多数思想家那里已经达成了共识。

五四新文化运动时期，为了清除前进道路上的思想障碍，一些激进民主主义者对纲常礼教这一封建专制制度的精神支柱发起了新一轮的攻击。陈独秀即指出："三纲之根本义，阶级制度是也。所谓名教，所谓礼教，皆以拥护此别尊卑、明贵贱制度者也。"②这一分析深刻地揭示了封建纲常礼教的本质和目的——作为儒家伦理的价值核心，旨在维护尊卑等级和少数权贵的根本利益。而且，在三纲的压制和"训导"下，这种不平等的道德必然使臣、子、妻、卑、幼等弱势一方成为君、父、夫、尊、长的附属品，使其丧失独立人格。在他看来，这是不符合社会发展的旧道德，应当予以摈弃。在此基础上，资产阶级革命派还进一步对封建纲常礼教在中国社会的特殊作用做了深入分析，并认为只有挣脱纲常礼教的束缚，进而推翻三纲和封建专制制度，才能实现"自由、平等、博爱"的价值理想目标。而从戊戌维新时期起，中国的先进分子所以猛烈抨击三纲，正是为了改变臣、子、妻、卑、幼的从属地位，争取其自身的独立人格，进而实现人际关系的平等、自由，并且，还要享有人之为人的权利以及人生之幸福与快乐。于是，在20世纪初，他们提出的响亮口号就是"变奴隶为国民"（梁启超语）。

（二）对"父为子纲"和"夫为妻纲"的批判

对广大中国民众而言，人际关系的严重不平等、个人所处的从属地位（奴隶地位）以及所受到的种种专制之害与压迫之苦，首先是从家庭切身感受的。因此，在批判君主专制、否定君权的同时，自然要批判家庭内部的父家长专制，

---

① 佚名：《权利篇》，《直说》，第2期。

② 陈独秀：《吾人最后之觉悟》，《新青年》，第1卷，第6号。

否定父权和男尊女卑观念。而在帝制推翻之后，为实现人的解放和追求自由与平等，更是要将批判的矛头集中指向家庭专制，指向父权和夫权。在这一过程中，一些人对旧式家庭深恶痛绝，并将其视为万恶之源。康有为在《大同书》的《去家界为天民》篇中有一段十分深刻的揭露，他认为，在中国传统家庭中，"视其门外，太和蒸蒸，叩其门内，怨气盈溢，盖凡有家焉无能免者"。以至于家庭之内嫡庶交争，"童媳弱妇死于悍姑，孤子幼女死于继母"，"名为兄弟娣姒而过于敌国，名为妇姑叔嫂而怨于路人"。在这种情况下，"家人之事，惨状遍地，怨气冲天"。即便是数口之家灶下的奴婢，如果"述其曲折，皆成国史，写其细致，可盈四库，史迁之笔不能达其冤愤，道子之画不能绘其形相，累圣哲经子语录格言而不能救，备天堂地狱变相惨乐而不能化。"（《大同书》己部）因此，康有为提出了废除家庭的主张。而至 20 世纪初期，一些无政府主义者则更坚决地提出这一主张。无政府主义者认为家庭乃是"万恶之源"，故而，他们将消灭家庭（"毁家"）作为其纲领，主张在消灭政府之后应进一步消灭家庭。无政府主义者认为，所以要"毁家"，乃是因为凡诸强权皆与家庭有着密切的关系。他们指出："原人之始，本无所谓家也，有群而已。自有家而后各私其妻，于是有夫权。自有家而后各私其子，于是有父权。私而不已则必争，争而不已则必乱，欲平争止乱，于是有君权。夫夫权、父权、君权皆强权也，皆不容于大同之世者也，然溯其始，则起于有家，故家者实万恶之源也。治水者必治其源，伐木者必拔其本，则去强权必自毁家始。"[①] 因此他们认为，如欲破除三纲、消灭强权，实现真正的自由、平等、博爱，就"必自毁家始"。可见，对旧式家庭的批判及提出废除家庭的主张，无疑是"家庭革命"进程中的重要组成部分。然而，必须指出的是，康有为和无政府主义者关于废除或消灭家庭的主张是超越历史阶段的空想，并不具有现实的可能性。

除了提出废除或消灭家庭的主张而外，在中国近代家庭的"道德革命"中，一些先进分子还将批判传统家庭伦理（以"父为子纲"和"夫为妻纲"为核心

---

① 鞠普：《毁家谭》，《新世纪》，第 49 期。

内涵）与反抗封建专制制度结合起来，这就找到了探究问题实质的突破口，后来的新学家们大都是沿着这一思路来批判封建伦理纲常的。

早在戊戌维新时期，维新派即已开始向"父为子纲"频频发难。康有为认为："即父子天性，鞠育劬劳，然人非人能为，人天所生也，托藉父母身体而为人，非父母所得专也，人人直隶于天，无人能间制之。"（《大同书》甲部）在他看来，"一人身有一人身之自立，无私属焉"，子女虽为父母所生，但人格却是独立的，并非父母的私有财产。谭嗣同也指出："至于父子之名，则真以为天之所合，卷舌而不敢议。不知天合者，泥于体魄之言也，不见灵魂也。子为天之子，父亦为天之子，父非人所得而袭取也，平等也。且天又以元统之，人亦非天所得而陵压也，平等也。"（《仁学》三十七）由此，他们均得出了父与子应该平等的结论，指出"父以名压子"是错误的，也是应当给予批判的，这在当时具有一定的启蒙意义。

五四新文化运动时期，激进民主主义者亦纷纷将攻击的矛头指向封建家庭的伦理关系，尤其是父子关系。他们对封建旧道德所进行的揭露和鞭挞，无论是理论深度，抑或是激烈程度，均实现了对戊戌、辛亥两个时期的超越。在这一时期，人们又对由父为子纲所引发的"孝道"进行了集中而猛烈的抨击。较早对封建孝道展开批判的是被胡适誉为"只手打孔家店的老英雄"[1]——吴虞。他指出，孝道同其他封建道德一样，旨在维护专制和不平等，因此，它是"专为君亲长上而设的"，是"利于尊贵长上而不利于卑贱"的。他还专门分析了封建统治者所以长期大力提倡孝道的原因，揭露了"孝"之于"忠"的意义所在。吴虞认为，在中国封建时代，"孝与忠与礼，都算是一气相连的"。忠是孝的发展，是建立在孝的基础之上的，"夫孝之义不立，则忠之说无所附。家庭之专制既解，君主之压力亦散"。[2]因此，孝道受到了封建统治者的特别重视，甚至达到无以复加的程度。正是由于家与国的同构、孝与忠的结合，遂使家族制度成

---

① 胡适：《〈吴虞文录〉序》，上海：上海亚东图书馆，1922年版，第7页。

② 吴虞：《家族制度为专制主义之根据论》，《新青年》，第2卷，第6号。

为封建专制的根据，这一分析无疑是切中要害的。

在封建时代，甚至到了所谓的民国时期，千千万万的中国妇女依然受着政权、神权、族权、夫权四大枷锁的束缚，过着牢笼般的生活，处境相当悲惨。这种情形已明白无误地表明了宗法社会条件下男女地位极端不平等的事实，而男尊女卑的必然逻辑结论就是"夫为妻纲"。

随着西学东渐和"自由、平等、博爱"口号的传入，男女平等思想作为资产阶级民主思想的重要组成部分，业已成为当时先进的中国人共同关心的问题，"夫为妻纲"则更早、更普遍地受到社会的严厉谴责。中国近代的进步思想家们以"天赋人权论"为武器，揭露了封建纲常礼教压迫妇女的种种罪恶行径。在他们当中，尤以维新派代表人物康有为、谭嗣同等人的言论最为激烈，他们对蓄婢纳妾、买卖婚姻和童养媳之类的腐朽、野蛮的婚姻制度与习俗深恶痛绝，因而大加挞伐、不遗余力，在当时确有为广大妇女张目和争取妇女解放的进步作用。

如前所述，西方天赋人权及女权理论的输入，是男女平等思想产生和形成的重要理论来源。近代中国的资产阶级知识分子抨击封建礼教、争取妇女解放，所依据的也正是这些理论。康有为认为，男女同为天生，女子与男子"其聪明睿哲同，其性情气质同，其德义嗜欲同，其身首手足同，其耳目口鼻同，其行坐执持同，其能视听语默同，其能饮食衣服同，其能游观作止同，其能执事穷理同，女子未有异于男子也，男子未有异于女子也"。在他看来，男女两性在才智、性情和德义等方面均无不同。因此，所谓的男尊女卑、夫为妻纲之类的封建道德，实为极端野蛮、不合情理的道德说教。而重男轻女这一野蛮的道德习俗，"言天理则不平，言人道则不仁，言国势则大损，言传种则大败"（同上）。总之，它对于社会、国家和人类进化都是十分有害的。从字里行间，我们不难看出康有为对于身处悲惨境遇中的广大妇女的深切同情，其悲天悯人的思想中闪耀着人性的光辉。为此，有学者认为，在19世纪末20世纪初，对妇女解放、男女平等问题主张最力、呼声最高,并作了系统的理论论证的思想家是康有为。[①]这一评价是中肯的,也是符合史实的。此后,在中国近代新学家们的宣传、鼓动之下,积极投身于妇女解放运动遂成为当时先进的中国人的共同追求。

在新学家当中,谭嗣同也对"夫为妻纲"作了尖锐的批判,并认为在封建礼教的统摄之下,男女极不平等,他说:"男则姬妾罗侍,纵淫无忌;女一淫即罪至死。驯至积重流为溺女之习,乃忍为蜂蚁豺虎之所不为"。为此,谭嗣同强调"男女同为天地之菁英,同有无量之盛德大业",理应"平等相均"。他又进一步指出:"去其粉黛服饰,血肉聚成,与我何异,又无色之可好焉。则将导之使相见,纵之使相习,油然相得,淡然相忘,犹朋友之相与往还,不觉有男女之异,复何有于淫?"因此,重男轻女乃是"至暴乱无礼之法也"(《仁学》十)。他指出,封建时代谨遵父母之命、听从媒妁之言的天下夫妇,本来是"非两相情愿,而强合渺不相闻之人,絷之终身,以为夫妇",而丈夫又以"夫为妻纲"的名义压制妻子,实在是极端残忍和不合理的。他不无激愤地说:"夫既自命为纲,则所以遇其妇者,将不以人类齿……自秦垂暴法,于会稽刻石,宋儒扬之,妄为'饿死事小,失节事大'之瞽说,直于室家施申韩,闺闼为岸狱;是何不幸而为妇人,乃为人申韩之,岸狱之!"(《仁学》三十七)谭嗣同借此对吃人的封建礼教进行了史无前例的谴责和控诉。他批判三纲而倡言平等、自由,旗帜鲜明地反对父母包办婚姻,认为君臣、父子之间都是朋友关系而理应平等。谭嗣同试图以资产阶级的民主、自由、平等原则来代替封建主义的家庭伦理观念,这就超越了同时代其他先进分子的认识水平,具有思想理论上的原创性和前瞻性。

1892年,宋恕在其《六字课斋卑议[初稿]》一书中,用大量的篇幅集中讨论了妇女问题,其时间之早为维新派人士所不及。他呼吁要给予女子以"出门晋接"、参加社会交往和"自行择配"的权利。如果婚姻不幸、家庭破裂,男可

---

① 张锡勤:《中国近代思想文化史稿》(下卷),哈尔滨:黑龙江教育出版社,2004年版,第382页。

三出，女可三去，正大光明，平等相待，"使被去者、自去者易于改适……适者、娶者毫不蒙诮"（《六斋卑议·伦始章》第三十二）。宋恕指出，由于受男尊女卑观念的影响，按照传统婚俗，一般为妇从夫家，因此，"男则以'私妻子，不顾父母之养'为大恶，女则以'内夫家，外父母家'为大善"。然而，中国的传统孝道却一再宣称，"夫孝者，男女所共之天经地义也"，既然如此，针对上述的"善""恶"标准，宋恕尖锐地反问道："何以男宜孝、女不宜孝乎？"（《六字课斋津谈·风俗类》）特别是对封建家长的性奴婢——妾的要求，则是断绝其与娘家的往来（"绝其母家"），实为强迫女性不孝（也难以孝）其父母。他又举一反例，宋明的道学家们反复告诫人们"不听妇人言"，并要提防具有"阴恶之性"的妇人，实则是"劝人不听其母、其祖母之言也"，是让人"以阴恶目其母、其祖母也"，"为此语者，孝安在乎"？（《六字课斋津谈·议论类》）通过列举诸如此类的反例，宋恕揭示了男尊女卑、妻从夫说与传统孝道的内在矛盾，这是其对男尊女卑观念更为有力的否定。

此外，作为对"夫为妻纲"批判的延续，近现代的先进思想家们还针对所谓的"贞操观"进行了批判。人所共知，在"男女授受不亲"的封建礼教的禁锢之下，传统女性毫无人身自由可言。她们时时刻刻要谨守"贞操"，做到守身如玉。以至明清时期，这种单方面要求女子恪守贞操的道德观达到了无以复加的地步。不仅要求妇女从一而终、夫死不得再嫁，而且发展到以死殉夫的程度。"烈女""烈妇"的出现乃是贞操观恶性发展的极致，这反映了男女在性伦理方面的严重不平等。为此，在中国近代，维新派首先展开了对贞操观的批判。如维新派的领袖康有为、谭嗣同等人即从不同角度历数"饿死事极小、失节事极大"（程颐语）、寡妇守节等贞操观的罪恶。20世纪的一二十年代，虽已跨入了"民国"的门槛，但广大妇女受到"三从四德"等封建枷锁的束缚，家庭和社会地位普遍低下，所谓的"贞操"观念依然大行其道，徘徊于人们的头脑之中。面对此种状况，许多知识分子向世人控诉妇女单方面守节的不平等性。当时的无政府主义者刘师复即以批判男女不平等为起点，对传统贞操观大张挞伐。此后的新文化运动的主将们更是敏锐地意识到，要想改变这一状况，必须要对贞操观这一男子特权的极端表现予以坚决地痛击。于是，他们将批判的投枪一齐射向了所谓的"贞操"和"节烈"。在其引导下，一时之间，反对传统贞操观的呼声浪潮迭起，甚至一浪高过一浪。当时，陈独秀即对儒家伦理的节烈观给妇女造成的严重危害进行了揭露和谴责。他指出："不自由之名节，至凄惨之生涯，年年岁岁，使许多年富有为之妇女，身体精神俱呈异态者，乃孔子礼教之赐也"①，力图砸毁封建卫道士们所津津乐道的"贞节牌坊"。特别是五四运动前后，一大批的激进民主主义者对封建礼教及与之相应的家庭制度进行了最后一击，对贞操观的批判则更为猛烈，主要以鲁迅、胡适等新文化运动的倡导者为代表。他们尖锐地分析和批判了传统的贞操观与节烈观，呼吁社会尊重人性，提倡男女平等，给予妇女以追求个人人生幸福的权利等等，从而在一定程度上动摇了传统家庭制度的根基。儒家伦理此时也已日薄西山了，走到了大厦将倾、无可挽回的地步。而在这一过程中，五四新文化运动对儒家伦理的批判无论在广度和深度上，都是以往任何时期的文化启蒙运动所无法比拟的。作为中国历史上一次彻底的反封建的文化革命运动，它宣告了 2000 多年来占统治地位的儒家宗法伦理的终结，因而具有极其深远的历史意义。

（三）中国近代家庭"道德革命"的总体评价

19 世纪末 20 世纪初的家庭"道德革命"是在中国近代总体性的文化革命和文化启蒙的背景下发生的，其实质上是在"启蒙与救亡的双重变奏"（李泽厚语）中展开的一场暴风骤雨般的文化批判与文化重建运动，标志着资产阶级新文化与封建主义旧文化之间激烈的正面交锋。在这一惊心动魄的大变革、大转折的时代嬗变过程中，近代家庭的"道德革命"经过历史漩涡的涤荡与洗礼，其整体轮廓与面貌逐渐变得明朗和清晰，对后世所产生的积极影响与自身存在的缺陷也愈益显现出来。基于此，我们才有可能对其进行一番相对全面、客观的审

---

① 陈独秀：《孔子之道与现代生活》，《新青年》，第 2 卷，第 4 号。

视与评价。

众所周知，纲常礼教乃是中国封建制度的基石和核心，而封建君主则如同古希腊神话中所描述的"奥林帕斯山上的宙斯"，对广大人民掌握着生杀予夺的大权。正因为如此，近代的新学家们主要是从反对封建君主专制和以三纲为代表的传统道德的需要出发拉开家庭"道德革命"的序幕的。新学家们在各个文化领域对传统道德（特别是家庭伦理）所进行的清理和批判，在当时发挥了巨大的启蒙作用。总之，中国近代家庭"道德革命"的积极影响是巨大的，又是方方面面的，概括而言，主要体现在：

第一，中国近代的家庭"道德革命"从根本上沉重地打击了封建的纲常礼教，使得千百年来庄严、神圣的传统道德观念丧失了昔日的权威。资产阶级的家庭"道德革命"虽然未能彻底推翻封建的纲常礼教，但却严重地亵渎了它的神圣和权威，从而使得纲常礼教和伦理学说遭到了重创。诸如三纲五常、三从四德、男尊女卑等一些"从来如此"、不容怀疑的传统观念发生了动摇，并被掀去了神秘的面纱。从此，儒家伦理在中国思想文化领域的统治时代一去不复返了。而随着西方"自由、平等、博爱"思想的引进与传播，它们则逐渐成为中国文化领域中的主导思想，并在反封建的政治斗争中发挥了重要作用。

第二，中国近代的家庭"道德革命"有力地推动了整个资产阶级民主革命的进程。家庭的"道德革命"是整个中国近代文化革命以及资产阶级启蒙运动的重要组成部分，它大大地推动了这场涉及各个领域的文化变革，并促使其向纵深方向发展。如前所述，中国近代的家庭"道德革命"首先使得封建专制制度赖以存在的精神支柱——纲常礼教发生了根本性的动摇，其意义是不可低估的。它自觉地将这场思想斗争同反封建的政治斗争紧密地联系在一起，不仅直接推动了资产阶级的民主革命乃至中国社会的全面变革，而且在一定程度上也推动了中国早期政治民主化的进程。

第三，中国近代的家庭"道德革命"作为一次文化启蒙和文化重建运动，不仅为当时的思想文化领域注入了新鲜的血液，而且，对于改变中国人的道德风尚、精神面貌、价值观念乃至行为模式，均起到了积极的作用，从而为随之而来的社会变革奠定了思想文化基础，并对人的思想解放和中国人自身的现代化进程起到了重要的推动作用。

第四，中国近代的家庭"道德革命"所取得的一系列成果，标志着我国的家庭道德建设步入到一个崭新的历史阶段。它对传统道德所作的一番大刀阔斧式的清理工作，为后来新中国的传统道德改造工程的顺利实施铺平了道路。并且，家庭"道德革命"不仅对于当时的中国社会产生了积极的影响，即便对于当今处于社会转型时期的中国正在进行的家庭道德建设，也同样具有重要的借鉴意义。

然而，不容忽视的是，中国近代激进的家庭"道德革命"主张，曾遭到封建旧势力和社会保守势力的顽强抵制和攻讦。而且，个别新学家对此也持不同意见。有一篇文章认为："虽然，谓凡有人类，皆当平等，此理之至当而无以易者也。谓平等则出发点必先齐一，此又理之至当而无以易者也……如出发点齐一说与夫中国旧日之伦理，则大有不能相容者在。盖中国旧日之伦理，所谓亲亲之伦理，血统之伦理也，以此为不拔之基础，而社会万端之事，乃由此以展布者……长幼于是乎分，尊卑于是乎定，争竞于是乎绝，礼文于是乎始。几我数千年来实享此亲亲伦理之福，谓其无功于我种人不可也。"[①] 在类似这样的反对声中，也能从一个侧面窥见到家庭的"道德革命"在当时所引起的社会反响及其政治意义。

五四新文化运动以批判儒家伦理为中心内容，其言辞之激烈无与伦比。不可否认，儒家伦理曾有其存在的合理性，并包含着诸多的价值因素，但从历时态角度来看，它作为封建官方的正统思想，业已丧失了存在的社会基础和经济环境。尽管如此，我们也必须看到，中国经历了漫长的封建社会，儒家伦理学说经过所谓的"列圣相传"，系统完备、源远流长，加之封建统治者的长期提倡，使得儒家伦理的影响根深蒂固。面对如此强大的革命对象，中国资产阶级所肩负的家庭"道德革命"的任务无疑是艰巨的，长期性又通常与艰巨性相伴随，

---

① 观云：《平等说与中国旧伦理之冲突》，《新民丛报》，第 70 期。

因而其自身存在的局限性也是不可避免的。

总体而言，中国近代的家庭"道德革命"（特别是新文化运动时期）存在着明显的偏差和缺陷，主要表现在：

其一，在近代的新学家们中间，有许多人对儒家伦理缺乏历史的、科学的分析，而是运用简化的否定逻辑，得出了一些片面、偏激的结论。从根源上来讲，这与其观察、处理问题的形而上学的思维方式是有很大关系的。特别是新文化运动时期，一些知识分子以一种情绪化的表达方式，进行"激情的呐喊"。他们由批判三纲转而彻底否定传统文化的价值，试图将其"一棍子"打死，这就成为后来五四时期激烈、彻底的反传统主义的前奏曲。实质上，反传统主义本身在理论上是粗陋的和充满矛盾的。在当时的许多知识分子的言行中，由于激进而不免带有一种极端化的历史虚无主义的倾向，从而使他们在一定程度上步入了误区。在他们那里，大都表现为对儒家伦理的片面否定，这可以看作是其理论缺陷。如陈独秀在《答佩剑青年》里所说的："记者非谓孔教一无可取，惟以其根本的伦理道德，适与欧化背道而驰，势难并行不悖。吾人倘以新输入之欧化为是，则不得不以旧有之孔教为非。倘以旧有之孔教为是，则不得不以新输入之欧化为非。新旧之间，绝无调和两存之余地。吾人只得任取其一。"[1] 再如，在 20 世纪初那场刻不容缓的思想革命中，反对封建旧道德成为当时社会最根本的问题。陈独秀指出："伦理思想，影响于政治，各国皆然，吾华尤甚……吾人果欲于政治上采用共和立宪制，复欲于伦理上保守纲常阶级制，以收新旧调和之效，自家冲撞，此绝对不可能之事。盖共和立宪制，以独立、平等、自由为原则，与纲常阶级制为绝对不可相容之物，存其一必废其一。"[2] 这显然是一种非此即彼的形而上学式的思维方式，他们认为儒学乃至整个传统文化与现代化水火不容，因此在文化重建中完全可以抛弃本民族的传统文化之根。这种历史虚无主义和形而上学的思想方法，就使得他们对儒家伦理必然采取简单否定

---

① 陈独秀：《答佩剑青年》，《新青年》，第 3 卷，第 1 号。

② 陈独秀：《吾人最后之觉悟》，《新青年》，第 1 卷，第 6 号。

的粗暴态度。

其二，近代的新学家多数人只看到了儒家伦理的时代局限性，而没有看到其中尚具有超越性和恒常性的价值成分。他们在批判儒家伦理的同时，也将其中所蕴含的传统文化精华（"孩子"）连同"洗澡水一起倒掉了"。他们不懂得儒家伦理本身是一个多层次的文化复合体，结果就势必得出儒家伦理完全不适合于新时代需要的错误结论，因而对其只讲批判不讲继承（充其量带有重批判轻继承的倾向）。譬如，近代的新学家在阐述和运用进化论的过程中，将"变"谈得过于简单，以至于忽略了变之中的历史延续性。这种理论上的偏差，也反映在其对传统文化的态度上。因此，他们对待儒家伦理的主要表现，就是只看到了文化的时代性而忽略其超越性，并在批判与继承的问题上产生了严重的偏颇。

总的来说，在中国近代文化革命的进程中，一些新学家对传统文化的态度或多或少地有些偏激。对于这种过激情绪，当时有人已经意识到了。但在他们看来，"矫枉过正"类同于所谓的"乱世用重典"，因此，"石条压驼背"的做法是批判时代所必不可免的，无可厚非。这种想法就使得他们不注意全面、审慎地对待历史文化遗产，甚至视偏激为理所当然。其结果便是——在这场文化革命中，虽然剔除了一些思想糟粕，但同时也抛弃了不少颇具价值的思想精髓。

其三，在近代中国，为了使思想斗争紧跟时代和形势的需要，家庭的"道德革命"也难免带有政治色彩，从全局来看是为政治斗争服务的，这势必从理论上削弱了这场文化启蒙运动的战斗力。正如李泽厚先生所言，"五四前后之激烈抨击孔子，重要原因之一，便是因为自袁世凯到张勋都用孔子作他们搞政治复辟活动的工具"①。于是信仰共和的人们，为了回击和颠覆这一系列的复辟活动，必然要群起而攻之，这便使得激烈的"反孔"运动成为那个时代斗争的焦点。因此，近代的家庭"道德革命"也必须要紧紧围绕这一中心环节而展开。既然旨在为火热的政治斗争服务，就使得思想家们根本无暇顾及思想体系的建构（处于燃眉之急的紧要关头，也常常使他们容不得多想），只好从古今中外遍寻"为

---

① 李泽厚：《中国现代思想史论》，北京：东方出版社，1987年版，第12页。

我所用"的思想武器，仓促上阵，其思想和理论也因而显得肤浅和不成熟。对一些问题经常"蜻蜓点水"式的一带而过，而难以开展深入、持久的研究，这就使得其本身所应有的启蒙性质不能彻底地发挥出来。

诚然，在文化革命和文化重建的过程中，"建设必先之以破坏"①。一些新学家也曾探讨过"破坏"与"建设"（即"破"与"立"）之间的关系，并对传统文化在"破"的方面用力颇深、效果显著，其所表现出来的魄力和勇气固然可圈可点。然而，在这场中国文化的重建运动中，他们在建设（即"立"）的方面却显得严重滞后，并带有重"破"轻"立"的倾向。整个说来，这场轰轰烈烈的文化革命，尽管不乏理论建树和文化成果，但多少令人感到有一些遗憾，因为由建设不足所导致的"虎头蛇尾"的文化改造终难深入和持久。譬如，由于近代中国特殊的社会历史背景使然，传统家庭伦理的近代转型只是初步完成了理论上的框架构建，对传统婚姻家庭的剖析与批判未及深入展开便宣告结束。因此，这一中西合璧的家庭伦理观念不可能取代传统家庭伦理而深入到广大民众的日常观念中去。况且，对于作为思想之源的西方近代伦理也未来得及进行细致的清理和消化，一些伦理思想还存在着深刻的内在矛盾，如此等等。

然而，瑕不掩瑜，今天，我们依然肩负着系统清理和重新诠释传统文化的紧迫任务，历史的局限绝不能成为某些人背弃传统的理由。毋庸置疑，在儒学的道德价值系统中，存在着许多超越时代的传统文化因子，其价值形态既可与现代社会并行不悖，又可以融入新的伦理道德体系当中。但是，传统伦理与日常的家庭生活之间又存在着非常密切的关联，甚至可以说二者是相伴而生、相得益彰的。传统伦理通过家庭生活而得以展现，传统的家庭或家庭生活乃是传统伦理存在的文化根基。因此，如欲改造传统伦理，决不能忽视家庭伦理的批判和重建，这可以看作是中国近代的家庭"道德革命"留给当代人的一条发人深省的启示。

---

① 陈独秀：《我之爱国主义》，《新青年》，第2卷，第2号。

六、现代性的伦理维度与传统伦理的价值重构

关于现代性问题的讨论由来已久，然而，直到今天，它也仍旧是学界一个讨论不完的热点话题。从共时性和历时性的角度观之，现代性固然有其全球化背景下的广阔视野和无所不包的"宏大叙事"（grand narrative），亦应有其立足于本民族艰难求索历程的历史审视和现实观照以及文化反思。相比较而言，笔者以为，后者似乎更能体现出现代性本身所蕴含的实践理性精神及其现实意义。

（一）现代性所指为何

本文无意拘泥于庞杂的见仁见智的有关"现代性"的诸多界定，但又不能回避对现代性开宗明义进行解读所持的立场和取向。一般来说，总体上的现代性既是一种有别于后现代性的时间概念，正如齐格蒙特·鲍曼（Zygmunt Bauman）所言："我们可以把现代性当作是一个时期，在这一时期，人们反思世界的秩序、人类生存地的秩序、人类自身的秩序，以及前面三方面的关联之秩序。"[①]或者换言之，现代性即意味着人们在某一特定时期内"对秩序的追求"。而在中国社会的特殊情境下，人们尤为关注的则是人与人之间的伦理秩序及其和谐与稳定。同时，现代性又可以被看作是一种"态度"，一种对以人的价值为本位的自由平等、公平正义和民主政治等的渴求态度。在米歇尔·福柯（Michel Foucault）看来，这种态度就"是指对于现时性的一种关系方式：一些人所作的

[①] Zygmunt Bauman, *Modernity and Ambivalence*, Cambridge: Polity, 1991.

自愿选择，一种思考和感觉的方式，一种行动、行为的方式。它既标志着属性也表现为一种使命。当然，它也有一点像希腊人叫作 ethos（气质）的东西"。①除上述而外，黑格尔、马克思、尼采、韦伯、海德格尔、阿多诺、马尔库塞、哈贝马斯、德里达和利奥塔等众多西方哲学家、社会学家也均从各自角度对现代性作出了的深刻的诠释和反思。他们对现代性所进行的直接或间接的讨论，若进行一般意义上的类型学划分，大致可以分为物质层面、精神层面和制度层面以及所谓"知识考古"层面的现代性等。据此而言，本文试图讨论的主题则是有关现代性精神层面间或制度层面的伦理维度以及传统伦理在当今中国社会的价值重构问题。因为，毕竟"在诸如韦伯等社会学大师看来，求索现代性伦理或许可以作为一次重要的尝试或努力，它能够为我们提供一个展示现代性发展轨迹的宏大叙事"②。

（二）中国早期的伦理现代性求索

纵观中国近现代历史，风云际会，百年沧桑，而肇端于"洋务运动"时期的器物层面的现代性求索首先是出于严酷的救亡图存的现实需要，并且，这一求索历程也是与当时中国社会所凸显的文化危机及其随后的文化转型密切相关的。实际上，"现代性的历史就是社会存在与其文化之间紧张的历史。现代存在迫使其文化站在自己的对立面。这种不和谐恰恰就是现代性所需要的和谐"。③在上述民族、文化的双重危机中，如梁启超在 1923 年发表的《五十年中国进化概论》一文中所述，近现代中国不得不先后学习西方的先进技术乃至政治制度和文化心理层面的优长之处（所谓器物—制度—文化）④，从而在两难抉择中开

---

① 米歇尔·福柯：《何为启蒙？》，《福柯集》，上海：上海远东出版社，1998 年版，第 534 页。

② Richard Münch,Lanham, *The Ethics of Modernity:Formation and Transformation in Britain, France,Germany and the United States*, Md.:Rowman & Littlefield, 2000, p.6.

③ Zygmunt Bauman, *Modernity and Ambivalence*, Cambridge: Polity, 1991. p.10.

④ 参见梁启超：《五十年中国进化概论》，《饮冰室合集·文集之 39》，北京：中华书局，1989 年版，第 43-45 页。

始步履蹒跚地踏上了以寻求现代性为旨归的早期现代化之路（在一定意义上，亦可将"现代化"看作是"现代性"这一目标的实现过程）。

这一时期作为中国传统文化典型代表的儒家伦理的危机，首先是以封建礼教为价值核心的宗法伦理的危机。儒家伦理所推崇的以家庭本位、等级秩序等为基本内涵的宗法伦理，受到了前所未有的巨大冲击。此后，以新文化运动为先导的中国现代持续的非儒反孔运动一浪高过一浪，以致最终使得尊崇"三纲五常"的儒家伦理被彻底颠覆，失去了昔日的神圣光环。这也正如弗朗索瓦·利奥塔（Francois Lyotard）所言："无论在何处，如果没有信仰的破碎，如果没有发现现实中现实的缺失——这种发现和另一种现实的介入密切相关——现代性就不可能出现。"[1] 由此可见，求索现代性伦理乃是近现代中国遭遇偶像倒塌后出现伦理"空场"的必然结果。

特别值得提及的是，在19世纪末20世纪初，中国出现了一场声势浩大的"文化革命"。在这场遍及各个文化部门、领域的"革命"中，发动最早、持续时间最长的则是"道德革命"。中国近现代的思想家们以西方所倡导的"自由、平等、博爱"为根本原则，对以"三纲"为基本准则的封建旧道德进行了全面、深刻的批判。从一定意义上说，它标志着中国近现代关于伦理现代性的探索达到了一个高潮。陈独秀曾说："伦理的觉悟，为吾人最后觉悟之最后觉悟。"[2] 并由此指出，"盖伦理问题不解决，则政治学术，皆枝叶问题，纵一时舍旧谋新，而根本思想，未尝变更，不旋踵而仍复旧观者，此自然必然之事也"[3]。足见"道德革命"和伦理重建在近现代"文化革命"中的重要意义，以及当时先进的思想家们对于这场"道德革命"的重视程度。

众所周知，纲常礼教乃是中国封建制度的基石和核心，而封建君主则如同古希腊神话中所描述的"奥林帕斯山上的宙斯"，对广大人民掌握着生杀予夺

---

① Frrancois Lyotard, *The Postmodern Explained*, Minneapolis:Minnesota University Press, 1993, p.9.

② 陈独秀：《吾人最后之觉悟》，《新青年》，第1卷，第6号。

③ 陈独秀：《宪法与孔教》，《新青年》，第2卷，第3号。

的大权。正因为如此，近现代的思想家们主要是从反对封建君主专制和以三纲为代表的传统道德的需要出发拉开家庭"道德革命"的序幕的。特别是五四新文化运动时期，激进民主主义者亦纷纷将攻击的矛头指向封建家庭的伦理关系。他们对封建旧道德所进行的揭露和鞭挞，无论是理论深度，抑或是激烈程度，均实现了对戊戌、辛亥两个时期的超越。在此过程中，他们对贞操观的批判则更为猛烈，主要以鲁迅、胡适等新文化运动的倡导者为代表。他们尖锐地分析和批判了传统的贞操观与节烈观，呼吁社会尊重人性，提倡男女平等，给予妇女以追求个人人生幸福的权利等等，在一定程度上动摇了传统家庭制度的根基。

总体而言，发生在中国近现代的这场"道德革命"可以折射出有识之士探寻中国伦理现代性的艰难历程。它不仅为当时的思想文化领域注入了新鲜的血液，而且，对于改变中国人的道德风尚、精神面貌、价值观念乃至行为模式，均起到了积极的作用，从而为随之而来的社会变革奠定了思想文化基础。诚然，这场"道德革命"本身也存在着明显的偏差和缺陷（特别是新文化运动时期），主要表现在：其一，有许多激进人士对儒家伦理缺乏历史的、科学的分析，而是运用简化的否定逻辑，得出了一些片面、偏激的结论。其二，他们中的多数人只看到了儒家伦理的时代局限性，而没有看到其中尚具有超越性和恒常性的价值成分。其三，在当时的历史情境下，为了使思想斗争紧跟时代和形势的需要，"道德革命"也难免带有政治色彩，这势必从理论上削弱了这场文化启蒙运动的战斗力。今天，我们依然肩负着系统清理和重新诠释传统文化的紧迫任务，历史的局限不能成为某些激进人士背弃传统的理由。毋庸置疑，在儒学的道德价值系统中，存在着许多超越时代的文化因子，其价值形态既可以与现代社会并行不悖，又可以融入新的伦理道德体系当中成为一种可资借鉴的思想资源。

（三）文化反思与传统伦理的价值重构

历史似乎具有许多惊人的相似之处，近现代所提出的关于伦理现代性的难题经过历史漩涡的涤荡与洗礼，在当代中国又被重新提起。抚今追昔，我们不难发现，当代中国同样经历着大变革、大转折的时代嬗变，诸多历史遗留问题仍然是今天迫切需要探讨和解决的问题。因而，传统伦理的现代性求索与价值重构作为一个常新的历史主题，便很自然地再度成为人们关注的焦点。

1. 现代性的困境与伦理的现代性危机

一般认为，现代性精神的实质是理性主义精神。马克斯·韦伯（Max Weber）曾指出，贯穿于西方近代文明始终的是一种理性化的"祛魅"（disen-chantment）过程，亦即人类以其理性精神征服并控制自然和社会环境的过程。西方近代社会所产生的前所未有的文化动力，也恰恰来自这种理性精神，它是人类在走向现代性历程中戡天役物、征服自然的动力之源。虽然高度的理性化可能构造出一个充满合理、效率和幸福的社会，以及会给人类带来市场经济、民主宪政等现代性的曙光，但与此同时，它也会给人类带来诸如唯科学主义等一些新的问题。因此，如同科学技术本身一样，理性化既是现代性的魅力所在，也是制约其迅疾发展的限度。因此，自20世纪中叶以来，人们对现代性及其后果进行了全方位的反思和批判，这已然成为哲学、社会学和文学等诸多学科领域共同探讨的论题。

西方的现代化过程一直存在着价值合理性与工具合理性之间深刻的二律背反，这就导致人类在求索现代性的辗转历程中总是要付出些许代价。毋庸讳言，中国社会当前业已出现一系列令人担忧的"现代性的后果"，诸如生态环境恶化及其所附带的食品安全问题、追求高速发展所导致的铁路交通重大事故等。同样，在伦理生活领域，"走在途中"的现代性伦理也屡遭困顿，道德失范、行为无序、价值观念的多元化冲突等所带来的负面效应接踵而至。伦理现代性的出路问题正在经受来自社会各个方面的质疑、拷问与求证。所有这些问题都表明，现代性伦理出现了令人无法否认的危机。

2. 反思伦理现代性：文化寻根与文化自觉

笔者认为，文化作为伦理的逻辑起点，当它一旦形成，便会成为不以人的意志为转移的客观"存在"；尤其是作为文化积淀的传统，无论对于生活个体，抑或整个国家与民族，都是一种不容忽视、无法绕过去的预设前提，这也正是每一次轰轰烈烈的"文化革命"都必须反传统、甚至难免矫枉过正的内在原因。因此，按照卡尔·雅斯贝尔斯（Karl Jaspers）的说法，我们就应在传统伦理的现代性求索及当代道德建设的过程中渗入"历史性意识"。尽管"生存"的历史性建构多发生在经验表象中，而并非"生存"的历史性本身，但它却是作为支撑人类现实生活的原点而起作用的，我们完全可以在无数表面性的生活事象的背后发现隐藏着的永恒存在。因为，对传统伦理秩序的遵循就其本身而言并无自在的价值，只有当它和历史性的"生存"相统一时才能获得意义，这或许就是所谓"文化寻根"的真谛。

有鉴于此，如欲正确对待传统伦理文化以及进行传统伦理的价值重构，必须要首先了解它所包含的丰富内容，才能以此为前提去客观地评价它。进而，还要找到传统与现代的契合点，使之在当今中国社会的道德建设中发挥作用，这就需要我们寻求传统的伦理资源。换言之，中国传统伦理思想中的合理成分可以通过认真的梳理得以发掘。唯其如此，我们才能辨明传统伦理的局限性与超越性（或精华或糟粕或瑕瑜互见），弄清何者为构建当代中国伦理现代性的阻力因素，何者又是可资借鉴的传统思想资源。

亨利·列菲伏尔（Henry Lefebvre）曾深刻地指出："我们把现代性理解为一个反思过程的开始，一个对批判和自我批判某种程度先进的尝试。"[1]而按照费孝通先生的理解，"反思实际上是文化自觉的尝试"[2]，或者反过来说自觉是一种深刻的文化反思。他用"各美其美，美人之美，美美与共，天下大同"16个字来概括"文化自觉"的历程。亦即从我们自身而言，首先应当对中国传统文化有清醒、客观的认识，要发现本民族自身之美，然后才是欣赏和包容他民族之美，再到相互欣赏、彼此借鉴，从而达到一致和融合，最终建立一种基于共识的秩

---

① Henry Lefebvre, *Introduction to Modernity*, London:Verso, 1995, p.12.

② 参见费孝通:《反思·对话·文化自觉——费孝通论文化与文化自觉》,北京:群言出版社,2007 年版, 第 178-190 页。

序与和谐。费孝通先生关于"文化自觉"的论述对于我们正确认识民族文化传统具有颇多启示——我们对待自己的传统伦理文化决不能妄自菲薄，甚至采取一种虚无主义的态度，而要在全球化的背景下和多元文化的世界里确立自己的位置，真正做到"文化自主"。只有以此为基础和前提，方能谈及伦理的现代性问题，而求索现代性的历程究其实质就是对本民族文化传统进行再反思的过程，其本身已内在地包含了吸纳外民族优长之处的自我批判与价值取舍。

3. 责任伦理：传统伦理价值重构的出发点

当前，一方面，中国社会的现代性构建尚需进一步培育和完善；同时，另一方面，现代性的道德后果也一再显现。我们认为，如欲化解现代性伦理所面临的危机，最为根本的问题是确立其自身的合法性。毫无疑问，现代性伦理的危机是现代性总体危机在道德领域中的投射之结果。现代性伦理危机的实质在于人类过于崇拜理性主义以及过度张扬个人主义。当下的现代性伦理若要确立自身的合法性，就要汲取传统伦理中的有益成分，并注入新的思想内涵，使之成为现代性伦理构建的传统依据。因此，我们认为，现代性伦理的构建与传统伦理的价值重构在当代中国社会能够得到有机的统一。而传统伦理价值重构的出发点则应是不断强化责任伦理观念，使之与信念伦理相辅相成。

若稍加追本溯源可知，"责任伦理"（ethic of responsibility）与"信念伦理"（ethic of conviction）是由韦伯所提出的一对范畴。与强调目的和动机的信念伦理不同，责任伦理强调的是行为后果所体现出的意义和价值，要求行动者一定要为自己的道德选择承担起相应的责任。按照鲍曼的解读，这种"责任"应该基于如下信念："伦理责任是最个体化的、财产不可让与的以及人的权利最能得到珍视的，它不能被剥夺、分割、占有、抵押或者出于安全考虑而被存放保管"①。相对来说，中国的传统伦理文化往往注重信念伦理，对责任伦理虽有所涉及但所论无多。当前，随着中国伦理现代性的不断推进，迫切需要将责任伦理

---

① Zygmunt Bauman, *Postmodern ethics*, Oxford:Blackwell, 1993, p.250.

纳入传统伦理的价值元素中，使之与信念伦理共同发挥作用。在此基础上，再对传统伦理进行其他层面的价值重构。并且，尚需提及的是，尤尔根·哈贝马斯（Jürgen Habermas）曾将现代性看作是"一项未完成的规划"，笔者以为，或许，现代性的求索原本就是一个没有终点的过程；加之伦理的现代性还带有一定的滞后性以及中国传统伦理本身所特有的沉重性。因此，传统伦理的价值重构以及中国伦理的现代性构建过程必然任重而道远。

总而言之，当下中国伦理的现代性构建，应确立一种基于"文化自觉"的具有现代性诉求、符合人的现代化生活状态的文化价值体系。因为，中国的伦理现代化进程必须有一个内在性与超越性相统一的价值体系加以导引，从而指引着人们朝着正确的方向迈进。并且，中国总体性的现代化进程也要求我们对伦理现代性的探索不断进行匡正和纠偏，以确保其走上一条符合当代中国实际的现代性构建之路。为此，就要将责任伦理与信念伦理有机统一起来，并兼顾价值理性与工具理性的协调一致，最终通过现代性构建来促进中国经济社会的和谐、稳步发展。与此同时，我们还要在伦理实践中积累经验和充分吸取教训——力避西方现代化过程中的负面效应在我国重演。

参考文献

（按作者姓氏音序排列）

一、古籍类

[1] 班固：《白虎通义》。

[2] 程颢、程颐：《二程集》。

[3] 程颢：《伊川易传》。

[4] 曹端：《家规辑略》。

[5] 董仲舒：《春秋繁露》。

[6] 窦仪等：《宋刑统》。

[7] 高亨注：《周易大传今注》。

[8] 高攀龙：《高子遗书》。

[9] 洪应明：《菜根谭》。

[10] 霍韬：《霍渭厓家训》。

[11] 江端友：《自然庵集·家训》。

[12] 蒋伊：《蒋氏家训》。

[13] 梁启雄：《荀子简译》。

[14] 陆贾著、王利器校注：《新语校注》。

[15] 李鸿章：《李鸿章全集·家书》。

[16] 李起琼：《合江李氏族规、族禁》。

[17] 林则徐：《林则徐家书》。

[18] 刘德新：《余庆堂十二戒》。

[19] 庞尚鹏：《庞氏家训》。

[20] 司马光著、王宗志注释：《温公家范》。

[21] 司马光：《涑水家仪》。

[22] 石成金：《天基遗言》。

[23] 石天基：《训蒙辑要》。

[24] 宋濂：《浦江郑氏义门规范》。

[25] 孙奇逢：《孝友堂家规》。

[26] 汤斌：《汤潜菴语录》。

[27] 王夫之：《姜斋诗剩稿·示侄孙生蕃》。

[28] 康熙：《庭训格言》。

[29] 许汝霖：《德星堂家订》。

[30] 许慎：《说文解字》。

[31] 徐媛：《训子》。

[32] 汪受宽译注：《孝经译注》。

[33] 颜之推著、易孟醇等注译：《颜氏家训》。

[34] 杨伯俊译注：《论语译注》。

[35] 杨伯俊译注：《孟子译注》。

[36] 杨继盛：《杨忠愍集》。

[37] 袁采：《袁氏世范》。

[38] 郑玄注、孔颖达等正义：《十三经注疏·礼记》。

[39] 郑板桥：《郑板桥集·潍县署中寄舍弟墨第一书》。

[40] 朱柏庐：《朱子家训》。

[41] 朱熹：《四书章句集注》。

[42] 曾国藩：《曾文正公全集·家书》。

[43] 张履祥：《张杨园训子语》。

[44] 张英：《聪训斋语》。

[45] 张之洞：《张文襄公全集·复子书》。

[46] 张载：《张载集》。

[47] 左宗棠：《左宗棠全集·家书》。

二、近人及今人论著类

[48] 班华. 现代德育论[M]. 合肥：安徽人民出版社，2001.

[49] 包筠雅著，杜正贞等译. 功过格：明清社会的道德秩序[M]. 杭州：浙江人民出版社，1992.

[50] 卞修跃. 天理·人伦·世道[M]. 南宁：广西教育出版社，1995.

[51] 柴文华. 再铸民族魂——中国伦理文化的诠释与重建[M]. 哈尔滨：黑龙江教育出版社，1997.

[52] 成晓军等. 帝王家训[M]. 武汉：湖北人民出版社，1994.

[53] 常建华. 明代宗族研究[M]. 上海：上海人民出版社，2005。

[54] 陈瑛等. 中国伦理思想史[M]. 贵阳：贵州人民出版社，1985.

[55] 陈章龙. 当代中国思想道德体系论[M]. 南京：南京师范大学出版社，2006.

[56] 陈功. 家庭革命[M]. 北京：中国社会科学出版社，2000.

[57] 陈鹏. 中国婚姻史稿[M]. 北京：中华书局，1990。

[58] 陈东原. 中国妇女生活史[M]. 北京：商务印书馆，1928.

[59] 陈独秀. 独秀文存[M]. 合肥：安徽人民出版社，1987.

[60] 陈顾远. 中国古代婚姻史[M]. 北京：商务印书馆，1925。

[61] 陈少峰. 中国伦理学史[M]. 北京：北京大学出版社，1996.

[62] 邓伟志，徐榕. 家庭社会学[M]. 北京：中国社会科学出版，2001.

[63] 邓伟志. 近代中国家庭的变革[M]. 上海：上海人民出版社，1994.

[64] 董家遵. 中国古代婚姻史研究[M]. 广州：广东人民出版社，1995.

[65] 樊浩. 伦理精神的价值生态[M]. 北京：中国社会科学出版社，2001.

[66] 樊浩. 中国伦理精神的现代建构[M]. 南京：江苏人民出版社，1997.

[67] 费孝通. 江村经济[M]. 北京：商务印书馆，2001.

[68] 费孝通. 乡土中国[M]. 北京：三联书店，1985.

[69] 费成康. 中国的家法族规[M]. 上海：上海社会科学院出版社，2003.

[70] 冯尔康，常建华. 清人社会生活[M]. 天津：天津人民出版社，1990.

[71] 冯尔康. 中国古代的宗族与祠堂[M]. 北京：商务印书馆，1996.

[72] 冯尔康主编. 中国社会结构的演变[M]. 郑州：河南人民出版社，1994.

[73] 冯友兰.中国哲学简史[M].北京：北京大学出版社，1996.

[74] 高达观.中国家族社会之演变[M].台北：正中书局，1944.

[75] 高兆明.伦理学理论与方法[M].北京：人民出版社，2005.

[76] 龚书铎.中国近代文化概论[M].北京：中华书局，1997.

[77] 龚书铎主编.中国社会通史[M].太原：山西教育出版社，1996.

[78] 郭松义.伦理与生活——清代的婚姻关系[M].北京：商务印书馆，2000.

[79] 郭景萍.情感社会学（理论·历史·现实）[M].上海：上海三联书店，2008.

[80] 贺 麟.文化与人生[M].北京：商务印书馆，1996.

[81] 胡 适.胡适文集[M].北京：人民文学出版社，1998.

[82] 黄明理.社会主义道德信仰研究[M].北京：人民出版社，2006.

[83] 黄钊.中国道德文化[M].武汉：湖北人民出版社，2000.

[84] 贾春增.外国社会学史[M].北京：中国人民大学出版社，2000.

[85] 鞠春彦.教化与惩戒——从清代家训和家法族规看传统乡土社会控制[M].哈尔
滨：黑龙江教育出版社，2008.

[86] 焦国成.传统伦理及其现代价值[M].北京：教育科学出版社，2000.

[87] 焦国成.中国伦理学通论（上）[M].太原：山西教育出版社，1997.

[88] 瞿同祖.中国法律与中国社会[M].北京：中国政法大学出版社，1999.

[89] 雷洁琼主编.改革以来农村婚姻家庭的新变化[M].北京：北京大学出版社，1994.

[90] 李长莉.晚清上海社会的变迁——生活与伦理的近代化[M].天津：天津人民出版
社，2002.

[91] 李书有主编.中国儒家伦理思想史[M].南京：江苏古籍出版社，1992.

[92] 李晓东.中国封建家礼[M].西安：陕西人民出版社，2002.

[93] 李亦园，杨国枢.中国人的性格[M].苗栗：台湾桂冠图书公司，1988.

[94] 李泽厚.中国思想史论（上、中、下）[M].合肥：安徽文艺出版社，1999.

[95] 李宗桂.中国文化概论[M].广州：中山大学出版社，1988.

[96] 李桂梅.冲突与融合——中国侍统家庭伦理的现代转向及现代价值[M].长沙：中
南大学出版社，2002.

[97] 李银河.中国女性的感情与性[M].北京：今日中国出版社，1998.

[98] 林少菊.家庭伦理与犯罪研究[M].北京：中国人民公安大学出版社，2005.

[99] 刘海鸥.从传统到启蒙：中国传统家庭伦理的近代嬗变[M].北京：中国社会科学出版社，2005.

[100] 鲁洁.教育社会学[M].北京：人民教育出版社，2001。

[101] 罗国杰主编.中国传统道德[M].北京：中国人民大学出版社，1995。

[102] 梁景和.近代中国陋俗文化嬗变研究[M].北京：首都师范大学出版社，1998。

[103] 梁漱溟.中国文化要义[M].上海：学林出版社，1987.

[104] 林存阳等.中国之伦理精神[M].成都：四川人民出版社，2000.

[105] 林建初.现代家庭伦理[M].合肥：安徽人民出版社，1992.

[106] 林语堂.中国人[M].杭州：浙江人民出版社，1988.

[107] 刘达临等.社会学家的观点——中国婚姻家庭变迁[M].北京：中国社会出版社，1998.

[108] 刘志琴主编.近代中国社会文化变迁录[M].杭州：浙江人民出版社，1998.

[109] 鲁迅.鲁迅全集（第1卷）[M].北京：人民文学出版社，1973.

[110] 吕思勉.中国婚姻制度小史[M].上海：中山书局，1929.

[111] 吕思勉.中国宗法制度小史[M].上海：中山书局，1929.

[112] 罗国杰主编.中国传统道德丛书[M].北京：中国人民大学出版社，1995.

[113] 麻国庆.家与中国社会结构[M].北京：文物出版社，1999.

[114] 麦惠庭.中国家庭改造问题[M].上海：上海商务印书馆，1929.

[115] 马和民.新编教育社会学[M].上海：华东师范大学出版社，2001.

[116] 马镛.中国家庭教育史[M].长沙：湖南教育出版社，1998.

[117] 毛策.浙江浦江郑氏家族考略（谱牒学研究第二辑）[M].杭州：浙江大学出版社，2009.

[118] 缪建东.家庭教育社会学[M].南京：南京师范大学出版社，1999.

[119] 潘光旦.中国之家庭问题[M].上海：新月书店，1928.

[120] 潘允康.家庭社会学[M].重庆：重庆出版社，1986.

[121] 潘允康.社会变迁中的家庭[M].天津：天津社会科学出版社，2002.

[122] 钱穆.中国文化史导论[M].北京：商务印书馆，1994.

[123] 钱广荣.中国道德国情论纲[M].合肥：安徽人民出版社，2002.

[124] 尚秉和.历代社会风俗事物考[M].长沙：岳麓书社，1991.

[125] 沈崇麟，杨善华，李东山主编.世纪之交的城乡家庭[M]. 北京：中国社会科学出版社，1999.

[126] 沈崇麟，杨善华主编.当代中国城市家庭研究——七城市调查报告和资料汇编[M]. 北京：中国社会科学出版社，1995.

[127] 沈善洪，王凤贤.中国伦理学说史（上）[M]. 杭州：浙江人民出版社，1985.

[128] 史凤仪.中国古代婚姻与家庭[M].武汉：湖北人民出版社，1987.

[129] 檀传宝.网络环境与青少年德育[M].福州：福建教育出版社，2007.

[130] 孙本书.社会学原理[M]. 上海：上海商务印书馆，1948.

[131] 陶圣希.婚姻与家族[M].北京：气象出版社，1992.

[132] 陶毅，明欣.中国婚姻家庭制度史[M].北京：东方出版社，1994.

[133] 田广清.和谐论——儒家文明与当代社会[M]. 北京：中国华侨出版社，1998.

[134] 万俊人.伦理学新论[M]. 北京：中国青年出版，1994.

[135] 汪玢玲.中国婚姻史[M]. 上海：上海人民出版社，2001.

[136] 王沪宁.当代中国村落家族文化[M]. 上海：上海人民出版社，1991.

[137] 王善军.宋代宗族与宗族制度研究[M].石家庄：河北教育出版社，2000.

[138] 王玉波.历史上的家长制[M]. 北京：人民出版社，1984.

[139] 王玉波.中国古代的家[M]. 北京：商务印书馆，1995.

[140] 王玉波.中国家长制家庭制度史[M]. 天津：天津社会科学出版社，1989.

[141] 王跃生.清代中期婚姻冲突透析[M]. 北京：社会科学文献出版社，2003.

[142] 王跃生.八世纪中国婚姻家庭研究[M].北京：法律出版社，2000.

[143] 王本陆.教育崇善论[M].广州：广东教育出版社，2001.

[144] 王长金.传统家训思想通论[M].长春：吉林人民出版社，2006.

[145] 韦政通.伦理思想的突破[M].台北：台湾水牛图书出版公司，1987.

[146] 魏英敏.孝与家庭伦理[M].郑州：大象出版社，1997.

[147] 温克勤主编.人伦丛书[M].天津：南开大学出版社，2000.

[148] 翁芝光.中国家庭伦理与国民性[M].昆明：云南人民出版社，2002.

[149] 武寅，石竣溟主编.家庭伦理与人格教育（上）[M].北京：中国社会科学出版社，2000.

[150] 夏家善.家训粹语[M].天津：南开大学出版社，2001.

[151] 肖群忠.孝与中国文化[M].北京：人民出版社，2001.

[152] 谢维扬.周代家庭形态[M].北京：中国社会科学出版社，1990.

[153] 邢 铁.宋代家庭研究[M].上海：上海人民出版社，2005.

[154] 徐建华.中国的家谱[M].天津：百花文艺出版社，2002.

[155] 徐扬杰.宋明家庭制度史论[M].北京：中华书局，1995.

[156] 徐扬杰.中国家族制度史[M].北京：人民出版社，1992.

[157] 谢宝联.中国家训精华[M].上海：上海社会科学院出版社，1997.

[158] 徐少锦，陈延斌.中国家训史[M].西安：陕西人民出版社，2003.

[159] 许烺光.美国人与中国人[M].北京：商务印书馆，1987.

[160] 薛君度，刘志琴主编.近代中国社会生活与观念变迁[M].北京：中国社会科学
出版社，2001.

[161] 杨懋春.中国家庭与伦理[M].台北：台湾中央文物供应社，1981.

[162] 杨威，孙永贺.返本与开新——中国传统家训文化中的优秀德育思想研究[M].
哈尔滨：黑龙江人民出版社，2012.

[163] 杨威.中国传统家庭伦理的历史阐释与现代转换[M].哈尔滨：黑龙江人民出版
社，2011.

[164] 易家钺，罗敦伟.中国家庭问题[M].上海：泰东图书局，1924.

[165] 殷海光.中国文化的展望[M].北京：中国和平出版社，1998.

[166] 喻岳衡.历代名人家训[M].长沙：岳麓书社，2002.

[167] 岳庆平.家庭变迁[M].北京：民主与建设出版社，1997.

[168] 岳庆平.中国的家与国[M].长春：吉林文史出版社，1990.

[169] 张邦炜.宋代婚姻与社会[M].成都：四川人民出版社，1989.

[170] 张岱年，方克立主编.中国文化概论[M].北京：北京师范大学出版社，2004.

[171] 张岱年.中国伦理思想研究[M].上海：上海人民出版社，1989.

[172] 张德强.嬗变中的婚姻家庭[M].兰州：兰州大学出版社，1993.

[173] 张国刚主编.家庭史研究的新视野[M].北京：三联书店，2004.

[174] 张怀承.天人之变——中国传统伦理道德的近代转型[M].长沙：湖南教育出版
社，1998.

[175] 张怀承.中国的家庭与伦理[M].北京：中国人民大学出版社，1993.

[176] 张铭远.黄色文明——中国文化的功能与模式[M].上海：上海文艺出版社，1990.

[177] 张培锋.人之子[M].天津：南开大学出版社，2000.

[178] 张岂之，陈国庆.近代伦理思想的变迁[M].北京：中华书局，2000.

[179] 张树栋，李秀领.中国婚姻家庭的嬗变[M].杭州：浙江人民出版社，1990.

[180] 张锡勤.中国传统道德举要[M].哈尔滨：黑龙江教育出版社，1996.

[181] 张锡勤.中国近代的文化革命[M].哈尔滨：黑龙江教育出版社，1992.

[182] 张锡勤.中国近代思想文化史稿（下卷）[M].哈尔滨：黑龙江教育出版社，2004.

[183] 张锡勤等主编.中国伦理思想通史[M].哈尔滨：黑龙江教育出版社，1992.

[184] 张岂之主编.中国历史·元明清卷[M].北京：高等教育出版社，2005.

[185] 张澍军.德育哲学引论[M].北京：人民出版社，2002.

[186] 张艳国.家训选读[M].武汉：湖北教育出版社，2006.

[187] 张艳国.家训辑览[M].武汉：武汉大学出版社，2007.

[188] 赵孟营.新家庭社会学[M].武汉：华中理工大学出版社，2000.

[189] 朱勇.清代宗族法研究[M].长沙：湖南教育出版社，1987.

[190] 朱贻庭主编.中国传统伦理思想史[M].上海：华东师范大学出版社，1989.

[191] 祝瑞开主编.中国婚姻家庭史[M].上海：学林出版社，1999.

[192] 赵忠心.家庭教育学[M].北京：人民教育出版社，1994.

[193] 郑杭生.社会学概论新修（第3版）[M].北京：中国人民大学出版社，2003.

[194] 中国蔡元培研究会编.蔡元培全集[M].杭州：浙江教育出版社，1997.

[195] 中国民主同盟中央委员会，中华炎黄文化研究会编.费孝通论文化与文化自觉[M].北京：群言出版社，2005.

[196] 恩格斯.家庭、私有制和国家的起源[M].北京：人民出版社，1972.

[197] 马克思恩格斯选集（第1卷）[M].北京：人民出版社，1995.

后 记

　　我对传统家训文化的研究最早始于我的博士论文《中国传统家庭伦理的历史阐释与现代转换》(完成于 2006 年 6 月，2011 年 4 月由黑龙江人民出版社出版)，按完成时间来算迄今已有十余年了，此后在这一研究领域也积累和发表了若干成果，如今应该可以凑成一本专门研究传统家训文化的著作了。

　　抚今追昔，我的授业恩师张锡勤先生的研究方向主要集中于中国近代哲学史、近代思想文化史，以及中国伦理思想史。因此，我在黑龙江大学哲学学院跟随先生攻读硕士、博士研究生的时候，主要也是学习中国近代的哲学史与思想文化史。我的学术处女作《走出传统日常生活世界的悸动——中国近代关于人自身现代化的构想及其当代启示》(刊载于母校黑龙江大学的学报《求是学刊》)一文发表于 1996 年的春天，即是来自于我的硕士学位论文。

　　长期从事传统家训文化的专门研究，之后将成果汇编整理成书乃是一个学者义不容辞的责任，同时也是我本人多年的愿望。因此，本书能够得以出版，在很大程度上是圆了我的一个"梦"。需要向读者诸君说明的是，本书所列文章基本上都保持了论文的原貌，只是在编撰时对个别问题进行了匡正；与曾发表的论文相比较而言，在内容上略有调整和增补。并且，所选文章内容大体相对集中，主要分为传统家训文化篇、现代家训文化篇和家庭伦理文化篇三部分。不过，本书中难免会出现几篇文章的一些基本观点和资料有时重复的问题，但是"木已成舟"不好做大的改动；同时也是为了追求原汁原味，因而并未做删节。此次的编撰和修改仅将书中的参考文献作了统一处理，除了古代文献随文夹注而外，当代文献均作为页下注来列示。

时光似水，生命如歌。自从我 1993 年读研、开始步入学术研究的殿堂，转瞬已过去 27 年的时间了。这期间是我不断学习积累，不断求索，因而逐渐有所感悟和学业精进的 27 年。但回顾自己所走过的这段学术之路，也是一条令人感慨万千、充满了挑战的艰辛之路。毋庸讳言，本书所列论文肯定会存在些许不足，敬请读者诸君批评指正。但愿拙作能为学界提供一些有参考价值的东西，若此吾心满意足矣。

尚须着重提及的是，本书的出版得到中共海南省委宣传部与海南师范大学马克思主义理论学科专项经费、海南省 A 类学科马克思主义理论建设经费和海南省重点马克思主义学院建设经费的资助，在此一并表达我的诚挚谢意！

人民日报出版社的袁兆英编辑为本书的出版做了大量的工作，谨向她表示感谢！

杨威

谨记于海南师范大学

2020 年 5 月 3 日